수학 좀 한다면

디딤돌 초등수학 응용 4-2
펴낸날 [초판 1쇄] 2025년 3월 5일 | **펴낸이** 이기열 | **펴낸곳** (주)디딤돌 교육 | **주소** (03972) 서울특별시 마포구 월드컵북로 122 청원선와이즈타워 | **대표전화** 02-3142-9000 | **구입문의** 02-322-8451 | **내용문의** 02-323-9166 | **팩시밀리** 02-338-3231 | **홈페이지** www.didimdol.co.kr | **등록번호** 제10-718호 | 구입한 후에는 철회되지 않으며 잘못 인쇄된 책은 바꾸어 드립니다. 이 책에 실린 모든 삽화 및 편집 형태에 대한 저작권은 (주)디딤돌 교육에 있으므로 무단으로 복사 복제할 수 없습니다. Copyright ⓒ Didimdol Co. [2502340]

내 실력에 딱!
최상위로 가는 '맞춤 학습 플랜'

STEP 1 On-line

나에게 맞는 공부법은?
맞춤 학습 가이드를 만나요.

교재 선택부터 공부법까지! 디딤돌에서 제공하는 시기별 맞춤 학습 가이드를 통해 아이에게 맞는 학습 계획을 세워 주세요. (학습 가이드는 디딤돌 학부모카페 '맘이가'를 통해 상시 공지합니다. cafe.naver.com/didimdolmom)

STEP 2 Book

맞춤 학습 스케줄표
계획에 따라 공부해요.

교재에 첨부된 '맞춤 학습 스케줄표'에 맞춰 공부 목표를 달성합니다.

STEP 3 On-line

이럴 땐 이렇게!
'맞춤 Q&A'로 해결해요.

궁금하거나 모르는 문제가 있다면, '맘이가' 카페를 통해 질문을 남겨 주세요. 디딤돌 수학쌤 및 선배맘님들이 친절히 답변해 드립니다.

STEP 4 Book

다음에는 뭐 풀지?
다음 교재를 추천받아요.

학습 결과에 따라 후속 학습에 사용할 교재를 제시해 드립니다. (교재 마지막 페이지 수록)

★ 디딤돌 플래너 만나러 가기

디딤돌 초등수학 응용 **4-2**

8 주 완성 학습 스케줄표

짧은 기간에 집중력 있게 한 학기 과정을 완성할 수 있도록 설계하였습니다.
방학 때 미리 공부하고 싶다면 주 5일 8주 완성 과정을 이용해요.

공부한 날짜를 쓰고 하루 분량 학습을 마친 후, 부모님께 확인 check ☑를 받으세요.

1 분수의 덧셈과 뺄셈

1주

월 일	월 일	월 일	월 일	월 일	**2주** 월 일	월 일
8~9쪽	10~13쪽	14~17쪽	18~20쪽	21~23쪽	24~27쪽	28~30쪽

3 소수의 덧셈과 뺄셈

3주

월 일	월 일	월 일	월 일	**4주** 월 일	월 일	월 일
44~46쪽	47~50쪽	51~53쪽	54~56쪽	60~63쪽	64~67쪽	68~71쪽

4 사각형

5주

월 일	월 일	월 일	월 일	월 일	**6주** 월 일	월 일
83~85쪽	88~90쪽	91~94쪽	95~98쪽	99~103쪽	104~107쪽	108~110쪽

6 다각형

7주

월 일	월 일	월 일	월 일	**8주** 월 일	월 일	월 일
124~127쪽	128~131쪽	132~134쪽	135~137쪽	140~144쪽	145~147쪽	148~150쪽

MEMO

효과적인 수학 공부 비법

시켜서 억지로

내가 스스로

억지로 하는 일과 즐겁게 하는 일은 결과가 달라요.
목표를 가지고 스스로 즐기면 능률이 배가 돼요.

가끔 한꺼번에

매일매일 꾸준히

급하게 쌓은 실력은 무너지기 쉬워요.
조금씩이라도 매일매일 단단하게 실력을 쌓아가요.

정답을 몰래

개념을 꼼꼼히

모든 문제는 개념을 바탕으로 출제돼요.
쉽게 풀리지 않을 땐, 개념을 펼쳐 봐요.

채점하면 끝

틀린 문제는 다시

왜 틀렸는지 알아야 다시 틀리지 않겠죠?
틀린 문제와 어림짐작으로 맞힌 문제는
꼭 다시 풀어 봐요.

수학 좀 한다면

디딤돌

초등수학
응용

상위권 도약, 실력 완성

4-2

개념 적용으로 **실력**을 높이는 **공부 비법!**

1 교과서 개념

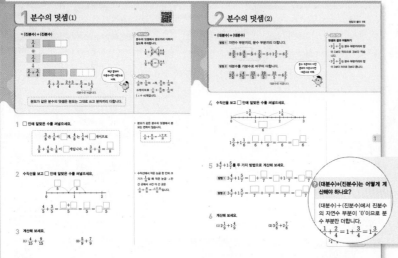

교과서 핵심 내용과 익힘책 기본 문제로 개념을 이해할 수 있도록 구성하였습니다.

교과서 개념 이외의 보충 개념, 연결 개념, 주의 개념을 함께 정리하여 심화 학습의 기본기를 갖출 수 있습니다.

2 기본에서 응용으로

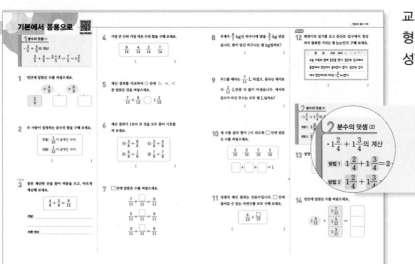

교과서·익힘책 문제와 서술형·창의형 문제를 풀면서 개념을 저절로 완성할 수 있도록 구성하였습니다.

차시별 핵심 개념을 정리하여 배운 내용을 복습하고 문제 해결에 도움이 되도록 구성하였습니다.

3 응용에서 최상위로

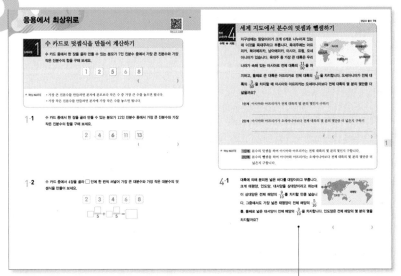

엄선된 심화 유형을 집중 학습함으로써 실력을 높이고 사고력을 향상시킬 수 있도록 구성하였습니다.

세계 지도에서 분수의 덧셈과 뺄셈하기

지구상에는 땅덩어리가 크게 6개로 나누어져 있는데 이것을 육대주라고 부릅니다. 육대주에는 아프리카, 북아메리카, 남아메리카, 아시아, 유럽, 오세아니아가 있습니다. 육대주 중 가장 큰 대륙은 우리

통합 교과유형 문제를 통해 문제 해결력과 더불어 추론, 정보처리 역량까지 완성할 수 있습니다.

4 단원 평가

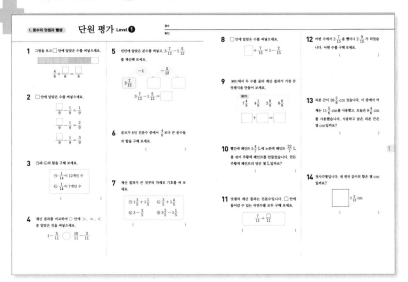

단원 학습을 마무리 할 수 있도록 기본 수준부터 응용 수준까지의 문제들로 구성하였습니다.
시험에 잘 나오는 문제들을 선별하였으므로 수시 평가 및 학교 시험 대비용으로 활용해 봅니다.

이 책의 **차례**

1 분수의 덧셈과 뺄셈

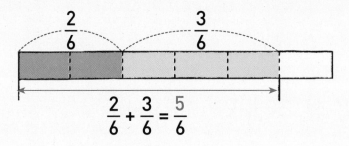

$$\frac{2}{6} + \frac{3}{6} = \frac{5}{6}$$

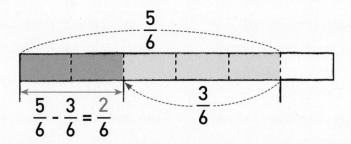

$$\frac{5}{6} - \frac{3}{6} = \frac{2}{6}$$

분모가 같으면 분자끼리 더하고 빼.

● 덧셈

$$\frac{2}{6} + \frac{3}{6} = \frac{5}{6}$$

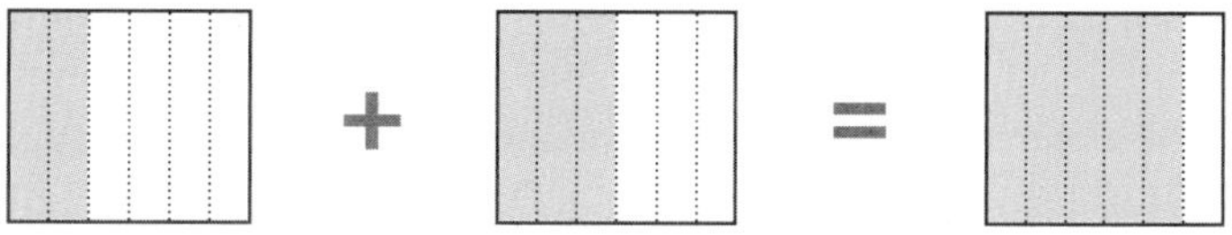

$\frac{1}{6}$이 2개 $\frac{1}{6}$이 3개 $\frac{1}{6}$이 5개

● 뺄셈

$$\frac{5}{6} - \frac{3}{6} = \frac{2}{6}$$

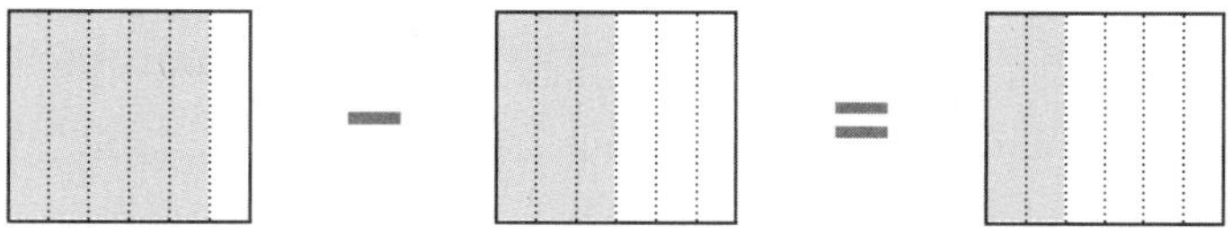

$\frac{1}{6}$이 5개 $\frac{1}{6}$이 3개 $\frac{1}{6}$이 2개

1 분수의 덧셈(1)

● (진분수) + (진분수)

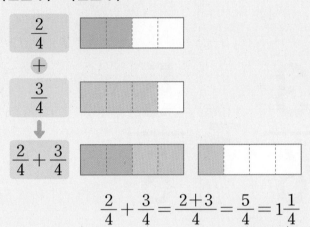

$$\frac{2}{4} + \frac{3}{4} = \frac{2+3}{4} = \frac{5}{4} = 1\frac{1}{4}$$

대분수로 바꿉니다.

계산 결과가 가분수이면 대분수로 바꿔.

분모가 같은 분수의 덧셈은 분모는 그대로 쓰고 분자끼리 더합니다.

⚡ **주의 개념**

분수의 덧셈에서 분모끼리 더하지 않도록 주의합니다.

$$\frac{1}{6} + \frac{4}{6} \ne \frac{1+4}{6+6}$$

$$\frac{1}{6} + \frac{4}{6} = \frac{1+4}{6}$$

🔧 **실전 개념**

$\dfrac{▲}{■}$ 는 $\dfrac{1}{■}$ 이 ▲개, $\dfrac{●}{■}$ 는 $\dfrac{1}{■}$ 이 ●개이므로 $\dfrac{▲}{■} + \dfrac{●}{■}$ 는 $\dfrac{1}{■}$ 이 (▲ + ●)개입니다.

---

1 ☐ 안에 알맞은 수를 써넣으세요.

$\dfrac{3}{8}$ 은 $\dfrac{1}{8}$ 이 ☐ 개, $\dfrac{4}{8}$ 는 $\dfrac{1}{8}$ 이 ☐ 개이므로

$\dfrac{3}{8} + \dfrac{4}{8}$ 는 $\dfrac{1}{8}$ 이 ☐ 개입니다. ➡ $\dfrac{3}{8} + \dfrac{4}{8} = \dfrac{☐}{8}$

▶ 분모가 같은 분수의 덧셈에서 분모는 변하지 않습니다.

$$\frac{▲}{■} + \frac{●}{■} = \frac{▲+●}{■}$$

2 수직선을 보고 ☐ 안에 알맞은 수를 써넣으세요.

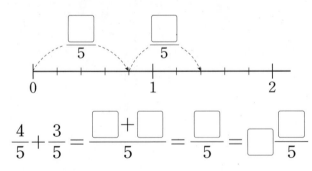

$$\frac{4}{5} + \frac{3}{5} = \frac{☐+☐}{5} = \frac{☐}{5} = ☐\frac{☐}{5}$$

▶ 수직선에서 작은 눈금 한 칸의 크기가 $\dfrac{1}{■}$ 일 때 작은 눈금 ▲칸 간 곳에서 ●칸 더 간 곳은 $\dfrac{▲}{■} + \dfrac{●}{■} = \dfrac{▲+●}{■}$ 입니다.

3 계산해 보세요.

(1) $\dfrac{4}{15} + \dfrac{9}{15}$

(2) $\dfrac{5}{9} + \dfrac{7}{9}$

2 분수의 덧셈(2)

정답과 풀이 1쪽

● (대분수) + (대분수)

방법 1 자연수 부분끼리, 분수 부분끼리 더합니다.

$$2\frac{3}{5} + 3\frac{4}{5} = 5 + \frac{7}{5} = 5 + 1\frac{2}{5} = 6\frac{2}{5}$$

방법 2 대분수를 가분수로 바꾸어 더합니다.

$$2\frac{3}{5} + 3\frac{4}{5} = \frac{13}{5} + \frac{19}{5} = \frac{32}{5} = 6\frac{2}{5}$$

대분수로 바꿉니다.

분수 부분끼리 더한 결과가 가분수이면 대분수로 바꿔.

실전 개념

덧셈의 결과 어림하기

• $2\frac{1}{4} + \frac{2}{4}$ 는 분수 부분끼리의 합이 1보다 작으므로 3보다 작습니다.

• $2\frac{3}{4} + \frac{2}{4}$ 는 분수 부분끼리의 합이 1보다 크므로 3보다 큽니다.

---

4 수직선을 보고 ☐ 안에 알맞은 수를 써넣으세요.

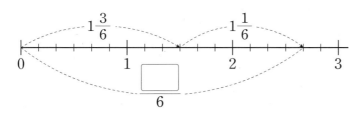

$$1\frac{3}{6} + 1\frac{1}{6} = \frac{\boxed{}}{6} + \frac{\boxed{}}{6} = \frac{\boxed{}}{6} = \boxed{}\frac{\boxed{}}{6}$$

5 $3\frac{4}{7} + 1\frac{5}{7}$ 를 두 가지 방법으로 계산해 보세요.

방법 1 $3\frac{4}{7} + 1\frac{5}{7} = \boxed{} + \frac{\boxed{}}{7} = \boxed{} + 1\frac{\boxed{}}{7} = \boxed{}\frac{\boxed{}}{7}$

방법 2 $3\frac{4}{7} + 1\frac{5}{7} = \frac{\boxed{}}{7} + \frac{\boxed{}}{7} = \frac{\boxed{}}{7} = \boxed{}\frac{\boxed{}}{7}$

▶ 방법 1 은 자연수 부분끼리, 분수 부분끼리 더하는 방법이고, 방법 2 는 대분수를 가분수로 바꾸어 더하는 방법입니다.

6 계산해 보세요.

(1) $2\frac{1}{9} + 1\frac{4}{9}$

(2) $3\frac{5}{8} + 2\frac{7}{8}$

? (대분수)+(진분수)는 어떻게 계산해야 하나요?

(대분수)+(진분수)에서 진분수의 자연수 부분이 '0'이므로 분수 부분만 더합니다.

$$1\frac{1}{4} + \frac{2}{4} = 1 + \frac{3}{4} = 1\frac{3}{4}$$

기본에서 응용으로

1 분수의 덧셈 (1)

- $\frac{3}{5} + \frac{4}{5}$의 계산

$$\frac{3}{5} + \frac{4}{5} = \frac{3+4}{5} = \frac{7}{5} = 1\frac{2}{5}$$

1 빈칸에 알맞은 수를 써넣으세요.

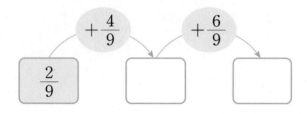

2 두 사람이 설명하는 분수의 합을 구해 보세요.

주호: $\frac{1}{15}$이 6개인 수야.

라윤: $\frac{1}{15}$이 8개인 수야.

( )

서술형

3 잘못 계산한 곳을 찾아 까닭을 쓰고, 바르게 계산해 보세요.

$$\frac{4}{6} + \frac{5}{6} = \frac{9}{12}$$

까닭 ....

....

바른 계산 ....

4 가장 큰 수와 가장 작은 수의 합을 구해 보세요.

| $\frac{9}{14}$ | $\frac{4}{14}$ | $\frac{3}{14}$ | $\frac{7}{14}$ |

( )

5 계산 결과를 비교하여 ○ 안에 >, =, < 중 알맞은 것을 써넣으세요.

$$\frac{7}{13} + \frac{9}{13} \bigcirc 1\frac{2}{13}$$

6 계산 결과가 1보다 큰 것을 모두 찾아 기호를 써 보세요.

| ㉠ $\frac{3}{8} + \frac{6}{8}$ | ㉡ $\frac{2}{8} + \frac{4}{8}$ |
| ㉢ $\frac{6}{8} + \frac{1}{8}$ | ㉣ $\frac{7}{8} + \frac{7}{8}$ |

( )

7 □ 안에 알맞은 수를 써넣으세요.

$$\frac{7}{11} + \frac{\square}{11} = \frac{9}{11}$$

$$\frac{5}{11} + \frac{\square}{11} = \frac{9}{11}$$

$$\frac{3}{11} + \frac{\square}{11} = \frac{9}{11}$$

8 무게가 $\frac{6}{7}$ kg인 바구니에 밤을 $\frac{3}{7}$ kg 담았습니다. 밤이 담긴 바구니는 몇 kg일까요?

( )

9 주스를 예서는 $\frac{7}{11}$ L 마셨고, 준수는 예서보다 $\frac{2}{11}$ L만큼 더 많이 마셨습니다. 예서와 준수가 마신 주스는 모두 몇 L일까요?

( )

10 세 수를 골라 합이 1이 되도록 □ 안에 알맞은 수를 써넣으세요.

$$\frac{3}{10} \qquad \frac{5}{10} \qquad \frac{7}{10} \qquad \frac{2}{10}$$

$$\boxed{} + \boxed{} + \boxed{} = 1$$

11 덧셈의 계산 결과는 진분수입니다. □ 안에 들어갈 수 있는 자연수를 모두 구해 보세요.

$$\frac{6}{13} + \frac{\boxed{}}{13}$$

( )

창의+
12 태영이의 일기를 보고 등산로 입구에서 정상까지 왕복한 거리는 몇 km인지 구해 보세요.

월 일 요일 날씨 ☀ ☁ ☂
오늘 가족과 함께 등산을 했다. 등산로 입구에서 출발하여 정상까지 올라갔다 왔다. 등산로 입구에서 정상까지의 거리는 $1\frac{3}{4}$ km였다.

( )

2 분수의 덧셈 (2)

• $1\frac{2}{4} + 1\frac{3}{4}$ 의 계산

방법 1 $\quad 1\frac{2}{4} + 1\frac{3}{4} = 2 + \frac{5}{4} = 2 + 1\frac{1}{4} = 3\frac{1}{4}$

방법 2 $\quad 1\frac{2}{4} + 1\frac{3}{4} = \frac{6}{4} + \frac{7}{4} = \frac{13}{4} = 3\frac{1}{4}$

13 설명하는 수를 구해 보세요.

$$3\frac{4}{7} 보다 \ 2\frac{2}{7} 만큼 더 큰 수$$

( )

14 빈칸에 알맞은 수를 써넣으세요.

$$1\frac{3}{11} \quad + \quad \begin{array}{|c|} \hline 1\frac{7}{11} \\ \hline 1\frac{5}{11} \\ \hline 1\frac{3}{11} \\ \hline \end{array} \quad = \quad \begin{array}{|c|} \hline \\ \hline \\ \hline \\ \hline \end{array}$$

15 계산 결과가 3과 4 사이인 덧셈을 어림하여 모두 찾아 기호를 써 보세요.

$$\bigcirc \ 1\frac{2}{8} + 2\frac{3}{8} \qquad \bigcirc \ \frac{5}{7} + 1\frac{2}{7}$$

$$\bigcirc \ 1 + 1\frac{3}{4} \qquad \bigcirc \ \frac{12}{11} + 2\frac{2}{11}$$

( )

서술형
16 대분수 중 2개를 골라 합이 가장 작은 덧셈을 만들어 계산하려고 합니다. 풀이 과정을 쓰고 답을 구해 보세요.

$$3\frac{2}{6} \qquad 2\frac{3}{6} \qquad 1\frac{1}{6} \qquad 4\frac{2}{6}$$

풀이 ....

....

....

답 ....

17 계산 결과가 $6\frac{11}{12}$ 이 되도록 ☐ 안에 알맞은 대분수를 써넣으세요.

$$\boxed{} + \boxed{} = 6\frac{11}{12}$$

$$\boxed{} + \boxed{} = 6\frac{11}{12}$$

18 친구들이 환경보호를 위해 길을 걸으면서 쓰레기를 주웠습니다. 태준이와 서하가 주운 쓰레기의 양은 모두 몇 kg일까요?

태준	주찬	서하	원재
$1\frac{4}{9}$ kg	2 kg	$2\frac{7}{9}$ kg	$3\frac{1}{9}$ kg

( )

19 자연수를 대분수의 합으로 나타냈습니다. ☐ 안에 알맞은 수를 써넣으세요.

(1) $5 = 3\frac{2}{10} + \boxed{}\frac{\boxed{}}{10}$

(2) $6 = \boxed{}\frac{7}{13} + 2\frac{11}{13} + 1\frac{\boxed{}}{13}$

20 성민이가 수학 공부를 수요일에는 $2\frac{3}{8}$ 시간, 목요일에는 $1\frac{5}{8}$ 시간, 금요일에는 $1\frac{7}{8}$ 시간 했습니다. 성민이가 수요일부터 3일 동안 수학 공부를 한 시간은 모두 몇 시간일까요?

( )

3 사각형의 모든 변의 길이의 합 구하기

- 정사각형 ➡ 네 변의 길이가 모두 같습니다.
- 직사각형 ➡ 마주 보는 두 변의 길이가 각각 같습니다.

21 정사각형의 네 변의 길이의 합은 몇 cm일까요?

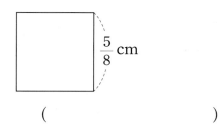

$\dfrac{5}{8}$ cm

(   )

22 직사각형의 네 변의 길이의 합은 몇 cm일까요?

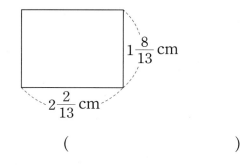

$1\dfrac{8}{13}$ cm

$2\dfrac{2}{13}$ cm

(   )

23 직사각형의 가로가 세로보다 $1\dfrac{3}{7}$ cm 더 길 때 직사각형의 네 변의 길이의 합은 몇 cm일까요?

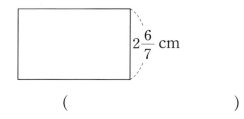

$2\dfrac{6}{7}$ cm

(   )

4 ☐ 안에 들어갈 수 있는 수 구하기

$$\dfrac{\square}{6} + \dfrac{2}{6} < \dfrac{5}{6}$$

① $\dfrac{\square + 2}{6} = \dfrac{5}{6}$ 일 때 ☐ = 3입니다.

② ☐ 안에 들어갈 수 있는 자연수는 3보다 작은 수인 1, 2입니다.

24 ☐ 안에 들어갈 수 있는 자연수를 모두 구해 보세요.

$$\dfrac{3}{8} + \dfrac{\square}{8} < 1$$

(   )

25 ☐ 안에 들어갈 수 있는 자연수 중에서 가장 큰 수를 구해 보세요.

$$\dfrac{7}{11} + \dfrac{\square}{11} < 1\dfrac{3}{11}$$

(   )

26 ☐ 안에 들어갈 수 있는 자연수는 모두 몇 개일까요?

$$1 < \dfrac{7}{9} + \dfrac{\square}{9} < 1\dfrac{5}{9}$$

(   )

3 분수의 뺄셈 (1)

개념 강의

● (진분수) − (진분수)

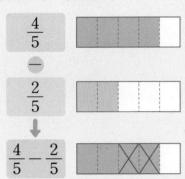

$$\frac{4}{5} - \frac{2}{5} = \frac{4-2}{5} = \frac{2}{5}$$

● 1 − (진분수)

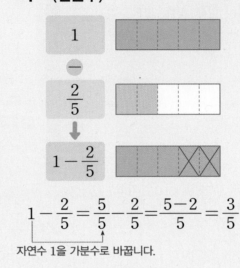

$$1 - \frac{2}{5} = \frac{5}{5} - \frac{2}{5} = \frac{5-2}{5} = \frac{3}{5}$$

자연수 1을 가분수로 바꿉니다.

> 분모가 같은 분수의 뺄셈은 분모는 그대로 쓰고 분자끼리 뺍니다.

+ 보충 개념

1 − (진분수)의 계산
1을 빼는 분수와 분모가 같은 가분수로 바꾸고 분자끼리 뺍니다.

→ $1 = \frac{2}{2} = \frac{3}{3} = \frac{4}{4} = \cdots$

---

1 ☐ 안에 알맞은 수를 써넣으세요.

$\frac{5}{7}$는 $\frac{1}{7}$이 ☐개, $\frac{2}{7}$는 $\frac{1}{7}$이 ☐개이므로

$\frac{5}{7} - \frac{2}{7}$는 $\frac{1}{7}$이 ☐개입니다. → $\frac{5}{7} - \frac{2}{7} = \frac{\boxed{}}{7}$

> 분모가 같은 분수의 뺄셈에서 분모는 변하지 않습니다.
>
> $\frac{\triangle}{\blacksquare} - \frac{\bullet}{\blacksquare} = \frac{\triangle - \bullet}{\blacksquare}$

2 수직선을 보고 ☐ 안에 알맞은 수를 써넣으세요.

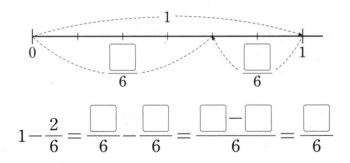

$1 - \frac{2}{6} = \frac{\boxed{}}{6} - \frac{\boxed{}}{6} = \frac{\boxed{} - \boxed{}}{6} = \frac{\boxed{}}{6}$

3 계산해 보세요.

(1) $\frac{11}{13} - \frac{3}{13}$

(2) $1 - \frac{3}{9}$

> $1 - \frac{\triangle}{\blacksquare} = \frac{\blacksquare}{\blacksquare} - \frac{\triangle}{\blacksquare} = \frac{\blacksquare - \triangle}{\blacksquare}$

4 분수의 뺄셈(2)

● 받아내림이 없는 (대분수) – (대분수)

방법 1 자연수 부분끼리, 분수 부분끼리 뺍니다.

$$2\frac{2}{5} - 1\frac{1}{5} = 1 + \frac{1}{5} = 1\frac{1}{5}$$

방법 2 대분수를 가분수로 바꾸어 뺍니다.

$$2\frac{2}{5} - 1\frac{1}{5} = \frac{12}{5} - \frac{6}{5} = \frac{6}{5} = 1\frac{1}{5}$$

대분수로 바꿉니다.

＋ 보충 개념

분수 부분이 같은 대분수의 뺄셈 결과는 자연수입니다.

$$4\frac{5}{8} - 2\frac{5}{8} = 2 + 0 = 2$$

심화 개념

덧셈과 뺄셈의 관계

$$4\frac{7}{8} - 1\frac{2}{8} = 3\frac{5}{8}$$

$$\rightarrow 3\frac{5}{8} + 1\frac{2}{8} = 4\frac{7}{8}$$

확인 !

$$3\frac{2}{4} - 2\frac{1}{4} = (3\bigcirc 2)\bigcirc(\frac{2}{4}\bigcirc\frac{1}{4}) = 1\bigcirc\frac{1}{4} = 1\frac{1}{4}$$

---

4 그림을 보고 □ 안에 알맞은 수를 써넣으세요.

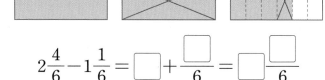

$$2\frac{4}{6} - 1\frac{1}{6} = \boxed{} + \frac{\boxed{}}{6} = \boxed{}\frac{\boxed{}}{6}$$

▶ 세로로 나타내 계산할 수도 있습니다.

$$\begin{array}{r} 2\frac{4}{6} \\ -\ 1\frac{1}{6} \\ \hline \boxed{}\frac{\boxed{}}{6} \end{array}$$

5 보기 와 같은 방법으로 계산해 보세요.

보기

$$3\frac{4}{5} - 2\frac{1}{5} = \frac{19}{5} - \frac{11}{5} = \frac{8}{5} = 1\frac{3}{5}$$

$$4\frac{5}{7} - 1\frac{2}{7} =$$

? (대분수)–(가분수)의 계산도 할 수 있나요?

(대분수)–(가분수)는 대분수를 가분수로 바꾸어 계산하거나 가분수를 대분수로 바꾸어 계산합니다.

$$2\frac{3}{4} - \frac{6}{4} \quad \begin{array}{l} \rightarrow 2\frac{3}{4} - 1\frac{2}{4} \\ \rightarrow \frac{11}{4} - \frac{6}{4} \end{array}$$

6 계산해 보세요.

(1) $3\frac{5}{11} - 2\frac{1}{11}$

(2) $4\frac{7}{8} - \frac{23}{8}$

5 분수의 뺄셈(3)

● (자연수) − (대분수)

방법 1 자연수에서 1만큼을 가분수로 바꾸고 자연수 부분끼리, 분수 부분끼리 뺍니다.

$$4 - 1\frac{2}{4} = 3\frac{4}{4} - 1\frac{2}{4} = 2 + \frac{2}{4} = 2\frac{2}{4}$$

$$3 + 1 = 3 + \frac{4}{4}$$

방법 2 자연수와 대분수를 가분수로 바꾸어 뺍니다.

$$4 - 1\frac{2}{4} = \frac{16}{4} - \frac{6}{4} = \frac{10}{4} = 2\frac{2}{4}$$

확인 !

$2 - 1\dfrac{1}{3}$ 에서 2를 $\dfrac{\Box}{3}$ (으)로 바꾸어 계산합니다.

➕ 보충 개념

2를 여러 가지 분수로 나타내기

분모에 따라 여러 가지 방법으로 나타낼 수 있습니다.

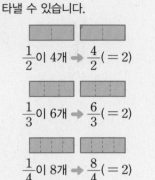

$\dfrac{1}{2}$이 4개 ➡ $\dfrac{4}{2}$ (= 2)

$\dfrac{1}{3}$이 6개 ➡ $\dfrac{6}{3}$ (= 2)

$\dfrac{1}{4}$이 8개 ➡ $\dfrac{8}{4}$ (= 2)

---

7 $\Box$ 안에 알맞은 수를 써넣으세요.

3은 $\dfrac{1}{7}$이 $\Box$개, $2\dfrac{2}{7}$는 $\dfrac{1}{7}$이 $\Box$개이므로

$3 - 2\dfrac{2}{7}$는 $\dfrac{1}{7}$이 $\Box$개입니다.

➡ $3 - 2\dfrac{2}{7} = \dfrac{\Box}{7} - \dfrac{\Box}{7} = \dfrac{\Box}{7}$

❓ 자연수를 분수로 바꿀 때 분모는 어떻게 정하나요?

자연수를 분수로 바꿀 때에는 빼는 분수와 분모가 같은 분수로 바꿔야 합니다.

$$3 - 1\frac{2}{8} = 2\frac{7}{7} - 1\frac{2}{8} \;(×)$$

$$3 - 1\frac{2}{8} = 2\frac{8}{8} - 1\frac{2}{8} \;(○)$$

---

8 계산 결과가 2와 3 사이인 뺄셈을 어림하여 찾아 ○표 하세요.

$$8 - 6\frac{1}{2}$$

$$7 - 4\frac{3}{8}$$

$$5 - \frac{13}{4}$$

(   )   (   )   (   )

▶ 뺄셈의 결과 어림하기

• $2 - 1\dfrac{1}{5}$은 $2 - 1 = 1$이고, 여기에서 $\dfrac{1}{5}$을 더 빼야 하기 때문에 계산 결과는 1보다 작습니다.

• $3 - 1\dfrac{1}{5}$은 $3 - 1 = 2$이고, 여기에서 $\dfrac{1}{5}$을 더 빼야 하기 때문에 계산 결과는 1과 2 사이입니다.

---

9 계산해 보세요.

(1) $4 - 2\dfrac{5}{6}$

(2) $7 - 6\dfrac{1}{9}$

6 분수의 뺄셈(4)

정답과 풀이 4쪽

● **받아내림이 있는 (대분수) − (대분수)**

방법 1 분수 부분끼리 뺄 수 없으면 자연수에서 1만큼을 가분수로 바꾸고 자연수 부분끼리, 분수 부분끼리 뺍니다.

$$3\frac{1}{6}-1\frac{5}{6}=2\frac{7}{6}-1\frac{5}{6}=1+\frac{2}{6}=1\frac{2}{6}$$

$$2\frac{1}{6}+1=2\frac{1}{6}+\frac{6}{6}$$

방법 2 대분수를 가분수로 바꾸어 뺍니다.

$$3\frac{1}{6}-1\frac{5}{6}=\frac{19}{6}-\frac{11}{6}=\frac{8}{6}=1\frac{2}{6}$$

실전 개념

뺄셈의 결과 어림하기

· $4\frac{3}{5}-2\frac{1}{5}$ 은 $4-2=2$이고, $\frac{3}{5}>\frac{1}{5}$이므로 계산 결과는 2보다 큽니다.

· $4\frac{1}{5}-2\frac{4}{5}$ 는 $4-2=2$이고, $\frac{1}{5}<\frac{4}{5}$이므로 계산 결과는 2보다 작습니다.

---

10 $3\frac{3}{5}-1\frac{4}{5}$ 를 두 가지 방법으로 계산해 보세요.

방법 1 $3\frac{3}{5}-1\frac{4}{5}=2\frac{\square}{5}-1\frac{4}{5}=\square+\frac{\square}{5}=\square\frac{\square}{5}$

방법 2 $3\frac{3}{5}-1\frac{4}{5}=\frac{\square}{5}-\frac{\square}{5}=\frac{\square}{5}=\square\frac{\square}{5}$

▶ 먼저 분수 부분끼리 뺄 수 있는지 확인합니다. 분수 부분끼리 뺄 수 없는 경우에는 빼지는 분수의 자연수에서 1만큼을 가분수로 바꿉니다.

11 계산해 보세요.

(1) $2\frac{1}{7}-1\frac{3}{7}$　　　　　(2) $7\frac{3}{10}-3\frac{6}{10}$

▶ 자연수에서 1만큼을 가분수로 바꿀 때 분자는 분모만큼 커집니다.
$$2\frac{1}{3}=1\frac{1+3}{3}$$
$$2\frac{1}{4}=1\frac{1+4}{4}$$
⋮

12 ☐ 안에 알맞은 수를 써넣으세요.

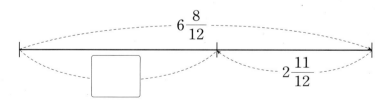

5 분수의 뺄셈 (1)

• $\dfrac{7}{8} - \dfrac{2}{8}$ 의 계산

$$\dfrac{7}{8} - \dfrac{2}{8} = \dfrac{7-2}{8} = \dfrac{5}{8}$$

• $1 - \dfrac{3}{5}$ 의 계산

$$1 - \dfrac{3}{5} = \dfrac{5}{5} - \dfrac{3}{5} = \dfrac{5-3}{5} = \dfrac{2}{5}$$

27 설명하는 수를 구해 보세요.

> 1보다 $\dfrac{5}{12}$ 만큼 더 작은 수

(   )

28 계산 결과가 다른 하나를 찾아 기호를 써 보세요.

> ㉠ $\dfrac{9}{11} - \dfrac{5}{11}$ ㉡ $\dfrac{6}{11} - \dfrac{2}{11}$
>
> ㉢ $1 - \dfrac{7}{11}$ ㉣ $\dfrac{10}{11} - \dfrac{5}{11}$

(   )

29 수직선에서 ㉠과 ㉡이 나타내는 수의 차를 구해 보세요.

(   )

30 보기 와 같이 계산 결과가 주어진 분수가 되는 진분수의 뺄셈을 3개 써 보세요.

> **보기**
>
> $\dfrac{5}{8}$ ➡ $\dfrac{8}{8} - \dfrac{3}{8}$, $\dfrac{7}{8} - \dfrac{2}{8}$, $\dfrac{6}{8} - \dfrac{1}{8}$

$\dfrac{4}{11}$ ➡ ....

31 선미는 음료수 $\dfrac{7}{10}$ L 중에서 $\dfrac{3}{10}$ L를 마셨습니다. 마시고 남은 음료수는 몇 L일까요?

(   )

32 설탕 $1\,\mathrm{kg}$ 중에서 딸기잼을 만드는 데 $\dfrac{3}{9}\,\mathrm{kg}$, 포도잼을 만드는 데 $\dfrac{5}{9}\,\mathrm{kg}$을 사용하였습니다. 사용하고 남은 설탕은 몇 kg일까요?

(   )

서술형
33 집에서 문구점까지의 거리를 나타낸 것입니다. 집에서 학교까지의 거리는 몇 km인지 풀이 과정을 쓰고 답을 구해 보세요.

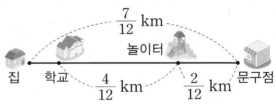

풀이 ....

....

답 ....

6 분수의 뺄셈 (2)

• $3\frac{2}{5} - 1\frac{1}{5}$ 의 계산

방법 1 $3\frac{2}{5} - 1\frac{1}{5} = 2 + \frac{1}{5} = 2\frac{1}{5}$

방법 2 $3\frac{2}{5} - 1\frac{1}{5} = \frac{17}{5} - \frac{6}{5} = \frac{11}{5} = 2\frac{1}{5}$

34 빈칸에 알맞은 수를 써넣으세요.

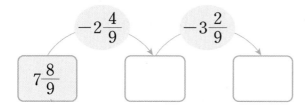

35 빈칸에 알맞은 수를 써넣으세요.

$$\begin{array}{c} 2\frac{7}{8} \\ 2\frac{6}{8} \\ 2\frac{5}{8} \end{array} - \boxed{1\frac{3}{8}} =$$

36 가장 큰 수와 가장 작은 수의 차를 구해 보세요.

$$5\frac{13}{14} \qquad 2\frac{9}{14} \qquad 4\frac{11}{14} \qquad 5\frac{4}{14}$$

(   )

37 설명하는 수와 $2\frac{1}{6}$ 의 차를 구해 보세요.

$$\frac{1}{6}\text{이 27개인 수}$$

(   )

38 ☐ 안에 알맞은 수를 써넣으세요.

$$4\frac{5}{7} - 2\frac{2}{7} = \boxed{}$$

$$\boxed{} + 2\frac{2}{7} = \boxed{}$$

39 ☐ 안에 들어갈 수 있는 자연수를 모두 구해 보세요.

$$5\frac{7}{8} - 3\frac{5}{8} < 5\frac{7}{8} - 3\frac{\boxed{}}{8}$$

(   )

40 그릇에 물이 $2\frac{7}{9}$ L 들어 있었습니다. 승호가 $1\frac{2}{9}$ L를 사용하고, 다시 $\frac{14}{9}$ L를 채워 놓았다면 그릇에 들어 있는 물은 몇 L일까요?

(   )

7 분수의 뺄셈 (3)

• $3 - 1\frac{4}{6}$ 의 계산

방법 1 $3 - 1\frac{4}{6} = 2\frac{6}{6} - 1\frac{4}{6} = 1\frac{2}{6}$

방법 2 $3 - 1\frac{4}{6} = \frac{18}{6} - \frac{10}{6} = \frac{8}{6} = 1\frac{2}{6}$

41 빈칸에 알맞은 수를 써넣으세요.

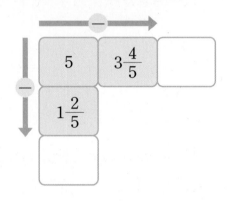

42 계산 결과를 비교하여 ○ 안에 >, =, < 중 알맞은 것을 써넣으세요.

$$10 - 4\frac{3}{9} \bigcirc 12\frac{8}{9} - 7\frac{1}{9}$$

43 빈칸에 알맞은 수를 써넣으세요.

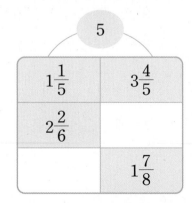

44 귤따기 체험 농장에서 귤을 태준이는 $4\,\text{kg}$, 이서는 $1\frac{5}{8}\,\text{kg}$ 땄습니다. 태준이는 이서보다 귤을 몇 kg 더 많이 땄을까요?

(   )

45 계산 결과가 9에 가장 가까운 것을 찾아 기호를 써 보세요.

㉠ $9 - 1\frac{5}{6}$	㉡ $8 - \frac{1}{6}$
㉢ $12 - 2\frac{3}{6}$	㉣ $10 - 1\frac{4}{6}$

(   )

46 분수 카드 중 2장을 골라 더하여 10을 만들려고 합니다. 첫째로 $6\frac{5}{8}$ 를 골랐다면 둘째에는 어떤 수가 적힌 카드를 골라야 할까요?

$6\frac{5}{8}$ $4\frac{3}{8}$ $3\frac{4}{8}$ $3\frac{3}{8}$

(   )

8 분수의 뺄셈 (4)

• $3\frac{1}{8} - 1\frac{3}{8}$의 계산

방법 1 $3\frac{1}{8} - 1\frac{3}{8} = 2\frac{9}{8} - 1\frac{3}{8} = 1\frac{6}{8}$

방법 2 $3\frac{1}{8} - 1\frac{3}{8} = \frac{25}{8} - \frac{11}{8} = \frac{14}{8} = 1\frac{6}{8}$

47 빈칸에 두 수의 차를 써넣으세요.

$1\frac{7}{10}$	$5\frac{3}{10}$

48 대분수 중 2개를 골라 차가 가장 큰 뺄셈을 만들어 차를 구해 보세요.

$$5\frac{9}{17} \qquad 4\frac{8}{17} \qquad 7\frac{2}{17}$$

(   )

49 어제 하루 동안 물을 윤하는 $1\frac{4}{7}$ L 마셨고, 성현이는 $2\frac{2}{7}$ L 마셨습니다. 성현이는 윤하보다 물을 몇 L만큼 더 많이 마셨을까요?

(   )

창의➕

50 은호와 태하가 뺄셈식 $4\frac{2}{9} - 1\frac{5}{9} = 3\frac{3}{9}$이 잘못 계산된 까닭을 설명하고 있습니다. ㉠과 ㉡을 구해 보세요.

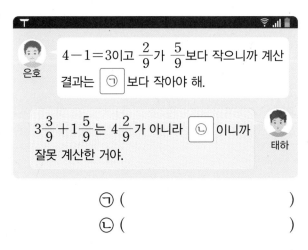

은호: $4 - 1 = 3$이고 $\frac{2}{9}$가 $\frac{5}{9}$보다 작으니까 계산 결과는 ㉠ 보다 작아야 해.

태하: $3\frac{3}{9} + 1\frac{5}{9}$는 $4\frac{2}{9}$가 아니라 ㉡ 이니까 잘못 계산한 거야.

㉠ (   )
㉡ (   )

51 가 ★ 나 = 가 − 나 − 나라고 약속할 때 다음을 계산해 보세요.

$$7\frac{5}{13} ★ 1\frac{8}{13}$$

(   )

서술형

52 밀가루 7 kg이 있습니다. 빵 한 개를 만드는 데 밀가루를 $2\frac{8}{11}$ kg씩 사용한다면 만들 수 있는 빵은 몇 개이고, 남는 밀가루는 몇 kg인지 풀이 과정을 쓰고 답을 구해 보세요.

풀이

답   ,

53 식품 10 g에 들어 있는 단백질 양입니다. 단백질 양이 가장 많은 식품과 가장 적은 식품의 단백질 양의 차는 몇 g인지 구해 보세요.

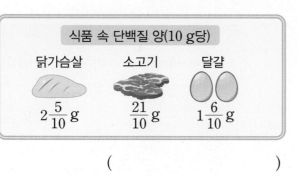

식품 속 단백질 양(10 g당)

닭가슴살 $2\frac{5}{10}$ g 소고기 $\frac{21}{10}$ g 달걀 $1\frac{6}{10}$ g

(   )

9 바르게 계산한 값 구하기

(예) 어떤 수에 $\frac{1}{4}$ 을 더해야 할 것을 잘못하여 뺐더니 $\frac{2}{4}$ 가 되었을 때 바르게 계산한 값 구하기

① 어떤 수를 □라고 하면 $□ - \frac{1}{4} = \frac{2}{4}$ 입니다.

② $□ = \frac{2}{4} + \frac{1}{4} = \frac{3}{4}$

③ 바르게 계산하면 $\frac{3}{4} + \frac{1}{4} = \frac{4}{4} = 1$ 입니다.

54 어떤 수를 구해 보세요.

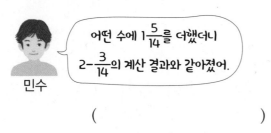

어떤 수에 $1\frac{5}{14}$ 를 더했더니 $2 - \frac{3}{14}$ 의 계산 결과와 같아졌어.

민수

(   )

55 어떤 수에 $\frac{2}{11}$ 를 더해야 할 것을 잘못하여 뺐더니 $\frac{5}{11}$ 가 되었습니다. 바르게 계산하면 얼마인지 구해 보세요.

(   )

56 어떤 수에서 $2\frac{4}{9}$ 를 빼야 할 것을 잘못하여 더했더니 $5\frac{4}{9}$ 가 되었습니다. 바르게 계산하면 얼마인지 풀이 과정을 쓰고 답을 구해 보세요.

풀이 _____

_____

_____

_____

답 _____

10 조건에 알맞은 식 완성하기

계산 결과가 가장 작은 뺄셈은 빼는 수가 가장 큰 수일 때입니다.

(예)

1, 2, 4 $5 - \dfrac{□}{5}$

→ $5 - 4\frac{2}{5} = 4\frac{5}{5} - 4\frac{2}{5} = \frac{3}{5}$

57 두 수를 골라 □ 안에 써넣어 계산 결과가 가장 큰 뺄셈을 만들고 계산해 보세요.

2, 6, 9 $10\dfrac{□}{13} - 4\dfrac{□}{13}$

(   )

58 두 수를 골라 □ 안에 써넣어 계산 결과가 가장 작은 뺄셈을 만들고 계산해 보세요.

3, 5, 7 $8 - □\dfrac{□}{9}$

(   )

59 두 수를 골라 ▢ 안에 써넣어 계산 결과가 가장 작은 뺄셈을 만들고 계산해 보세요.

$$3, 4, 5 \qquad 7\dfrac{\square}{7} - 6\dfrac{\square}{7}$$

(   )

---

11 합과 차가 주어진 두 분수 구하기

예 합이 $\dfrac{3}{5}$, 차가 $\dfrac{1}{5}$이고 분모가 5인 두 진분수 구하기

① 두 진분수의 분자 구하기

합이 3이고, 차가 1인 두 수를 구하면 1, 2입니다.

② 두 진분수 구하기

분모가 5이므로 두 진분수는 $\dfrac{1}{5}$, $\dfrac{2}{5}$입니다.

60 분모가 8인 진분수가 2개 있습니다. 합이 $\dfrac{5}{8}$

이고 차가 $\dfrac{1}{8}$인 두 진분수를 구해 보세요.

(   )

61 분모가 9인 진분수가 2개 있습니다. 합이 $1\dfrac{2}{9}$이고 차가 $\dfrac{3}{9}$인 두 진분수를 구해 보세요.

(   )

---

62 분모가 6인 진분수와 대분수가 있습니다. 합이 $2\dfrac{3}{6}$이고 차가 $\dfrac{5}{6}$인 진분수와 대분수를 구해 보세요.

(   )

---

12 조건에 알맞은 분수 찾기

대분수로 만들어진 뺄셈식에서 ㉠＋㉡이 가장 클 때의 값 구하기

$$2\dfrac{㉠}{7} - 1\dfrac{㉡}{7} = 1\dfrac{2}{7}$$

① ㉠－㉡＝2이고, ㉠과 ㉡은 7보다 작아야 합니다. ➡ (6, 4), (5, 3), (4, 2), (3, 1)

② ㉠＝6, ㉡＝4일 때 ㉠＋㉡이 10으로 가장 큽니다.

63 대분수로 만들어진 뺄셈식에서 ㉠＋㉡이 가장 클 때의 값을 구해 보세요.

$$5\dfrac{㉠}{9} - 3\dfrac{㉡}{9} = 2\dfrac{5}{9}$$

(   )

64 대분수로 만들어진 뺄셈식에서 ㉠＋㉡이 둘째로 클 때의 값을 구해 보세요.

$$9\dfrac{㉠}{13} - 3\dfrac{㉡}{13} = 6\dfrac{7}{13}$$

(   )

심화유형 1 수 카드로 덧셈식을 만들어 계산하기

수 카드 중에서 한 장을 골라 만들 수 있는 분모가 7인 진분수 중에서 가장 큰 진분수와 가장 작은 진분수의 합을 구해 보세요.

(   )

● 핵심 NOTE
  • 가장 큰 진분수를 만들려면 분자에 분모보다 작은 수 중 가장 큰 수를 놓으면 됩니다.
  • 가장 작은 진분수를 만들려면 분자에 가장 작은 수를 놓으면 됩니다.

1-1 수 카드 중에서 한 장을 골라 만들 수 있는 분모가 12인 진분수 중에서 가장 큰 진분수와 가장 작은 진분수의 합을 구해 보세요.

| 2 | 4 | 6 | 11 | 13 |

(   )

1-2 수 카드 중에서 4장을 골라 ☐ 안에 한 번씩 써넣어 가장 큰 대분수와 가장 작은 대분수의 덧셈식을 만들어 보세요.

| 2 | 3 | 4 | 6 | 8 |

$$\boxed{}\dfrac{\boxed{}}{5}+\boxed{}\dfrac{\boxed{}}{5}=\boxed{}$$

2 남은 물의 양 구하기

심화유형 2

물통에 물이 $10\,L$ 들어 있습니다. 이 물통에서 물이 1분에 $1\frac{4}{10}\,L$씩 빠져나간다면 2분 후에 물통에 남아 있는 물은 몇 L일까요?

(   )

● **핵심 NOTE**
- 2분＝1분＋1분이므로 2분 동안 빠져나가는 물의 양은 1분 동안 빠져나가는 물의 양을 2번 더한 것과 같습니다.
- (남아 있는 물의 양)＝(처음 물의 양)－(빠져나가는 물의 양)

2-1 물통에 물이 $20\frac{8}{11}\,L$ 들어 있습니다. 이 물통에서 물이 10분에 $5\frac{6}{11}\,L$씩 빠져나간다면 20분 후에 물통에 남아 있는 물은 몇 L일까요?

(   )

2-2 물탱크에 물이 $15\frac{4}{8}\,L$ 들어 있습니다. 이 물탱크에 1분에 $1\frac{5}{8}\,L$씩 물이 채워지고 동시에 1분에 $2\frac{3}{8}\,L$씩 물이 빠져나간다면 1분 후에 물탱크에 들어 있는 물은 몇 L일까요?

(   )

이어 붙인 색 테이프의 전체 길이 구하기

심화유형 3

길이가 5 cm인 색 테이프 3장을 $\frac{1}{4}$ cm씩 겹치게 이어 붙였습니다. 이어 붙인 색 테이프의 전체 길이는 몇 cm일까요?

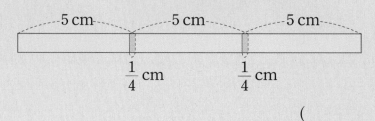

(   )

● **핵심 NOTE**

• 색 테이프 3장을 겹치게 이어 붙이면 겹쳐진 부분은 2군데입니다.

• (이어 붙인 색 테이프의 전체 길이)=(색 테이프 3장의 길이의 합)−(겹쳐진 부분의 길이의 합)

3-1

길이가 4 cm인 색 테이프 3장을 $\frac{1}{5}$ cm씩 겹치게 이어 붙였습니다. 이어 붙인 색 테이프의 전체 길이는 몇 cm일까요?

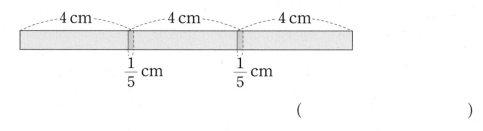

(   )

3-2

길이가 $30\frac{3}{6}$ cm인 끈과 $26\frac{5}{6}$ cm인 끈을 한 번 묶은 후 전체 길이를 재었더니 $48\frac{1}{6}$ cm였습니다. 끈을 한 번 묶은 후의 길이는 묶기 전 두 끈의 길이의 합보다 몇 cm 줄어들었을까요?

(   )

세계 지도에서 분수의 덧셈과 뺄셈하기

통합 교과유형 4
수학 ✚ 사회

지구상에는 땅덩어리가 크게 6개로 나누어져 있는 데 이것을 육대주라고 부릅니다. 육대주에는 아프리카, 북아메리카, 남아메리카, 아시아, 유럽, 오세아니아가 있습니다. 육대주 중 가장 큰 대륙은 우리나라가 속해 있는 아시아로 전체 대륙의 $\frac{11}{50}$을 차지하고, 둘째로 큰 대륙은 아프리카로 전체 대륙의 $\frac{7}{50}$을 차지합니다. 오세아니아가 전체 대륙의 $\frac{3}{50}$을 차지할 때 아시아와 아프리카는 오세아니아보다 전체 대륙의 몇 분의 몇만큼 더 넓을까요?

1단계 아시아와 아프리카가 전체 대륙의 몇 분의 몇인지 구하기

2단계 아시아와 아프리카가 오세아니아보다 전체 대륙의 몇 분의 몇만큼 더 넓은지 구하기

(   )

● 핵심 NOTE   **1단계** 분수의 덧셈을 하여 아시아와 아프리카는 전체 대륙의 몇 분의 몇인지 구합니다.
               2단계 분수의 뺄셈을 하여 아시아와 아프리카는 오세아니아보다 전체 대륙의 몇 분의 몇만큼 더 넓은지 구합니다.

4-1

대륙에 의해 분리된 넓은 바다를 대양이라고 부릅니다. 크게 태평양, 인도양, 대서양을 삼대양이라고 하는데 이 삼대양은 전체 해양의 $\frac{9}{10}$를 차지할 만큼 넓습니다. 그중에서도 가장 넓은 태평양이 전체 해양의 $\frac{5}{10}$를, 둘째로 넓은 대서양이 전체 해양의 $\frac{3}{10}$을 차지합니다. 인도양은 전체 해양의 몇 분의 몇을 차지할까요?

(   )

단원 평가 Level ❶

점수

확인

1 그림을 보고 □ 안에 알맞은 수를 써넣으세요.

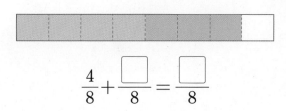

$$\frac{4}{8} + \frac{\boxed{}}{8} = \frac{\boxed{}}{8}$$

2 □ 안에 알맞은 수를 써넣으세요.

$$\frac{\boxed{}}{9} - \frac{1}{9} = \frac{1}{9}$$

$$\frac{\boxed{}}{9} - \frac{1}{9} = \frac{2}{9}$$

$$\frac{\boxed{}}{9} - \frac{1}{9} = \frac{3}{9}$$

3 ㉠과 ㉡의 합을 구해 보세요.

> ㉠ $\frac{1}{14}$이 12개인 수
>
> ㉡ $\frac{1}{14}$이 7개인 수

(   )

4 계산 결과를 비교하여 ○ 안에 $>$, $=$, $<$ 중 알맞은 것을 써넣으세요.

$$1 - \frac{5}{11} \bigcirc \frac{10}{11} - \frac{3}{11}$$

5 빈칸에 알맞은 분수를 써넣고, $3\frac{7}{12} - 1\frac{5}{12}$ 를 계산해 보세요.

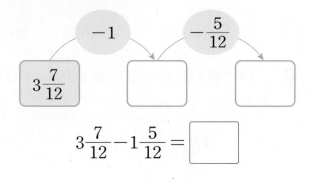

$$3\frac{7}{12} - 1\frac{5}{12} = \boxed{}$$

6 분모가 8인 진분수 중에서 $\frac{4}{8}$보다 큰 분수들의 합을 구해 보세요.

(   )

7 계산 결과가 큰 것부터 차례로 기호를 써 보세요.

> ㉠ $1\frac{3}{5} + 1\frac{1}{5}$ ㉡ $\frac{3}{5} + 1\frac{4}{5}$
>
> ㉢ $3 - \frac{2}{5}$ ㉣ $3\frac{2}{5} - 1\frac{1}{5}$

(   )

8 □ 안에 알맞은 수를 써넣으세요.

$$\boxed{} + \frac{7}{15} = 1 - \frac{2}{15}$$

9 보기 에서 두 수를 골라 계산 결과가 가장 큰 덧셈식을 만들어 보세요.

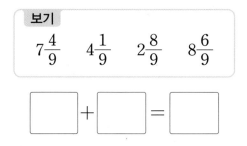

보기

$$7\frac{4}{9} \qquad 4\frac{1}{9} \qquad 2\frac{8}{9} \qquad 8\frac{6}{9}$$

$$\boxed{} + \boxed{} = \boxed{}$$

10 빨간색 페인트 $5\frac{4}{7}$ L에 노란색 페인트 $\frac{22}{7}$ L를 섞어 주황색 페인트를 만들었습니다. 만든 주황색 페인트의 양은 몇 L일까요?

(   )

11 덧셈의 계산 결과는 진분수입니다. □ 안에 들어갈 수 있는 자연수를 모두 구해 보세요.

$$\frac{7}{11} + \frac{\boxed{}}{11}$$

(   )

12 어떤 수에서 $2\frac{7}{15}$ 을 뺐더니 $2\frac{9}{15}$ 가 되었습니다. 어떤 수를 구해 보세요.

(   )

13 리본 끈이 $26\frac{2}{6}$ cm 있습니다. 이 중에서 어제는 $11\frac{5}{6}$ cm를 사용했고, 오늘은 $9\frac{4}{6}$ cm 를 사용했습니다. 사용하고 남은 리본 끈은 몇 cm일까요?

(   )

14 정사각형입니다. 네 변의 길이의 합은 몇 cm 일까요?

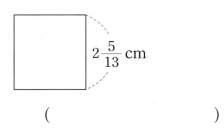

$2\frac{5}{13}$ cm

(   )

15 1부터 8까지의 수 중에서 ☐ 안에 들어갈 수 있는 수를 모두 구해 보세요.

$$7 - 3\frac{\square}{9} < 3\frac{4}{9}$$

( )

16 분모가 12인 진분수가 2개 있습니다. 합이 $\frac{7}{12}$이고 차가 $\frac{3}{12}$인 두 진분수를 구해 보세요.

( )

17 대분수로 만들어진 뺄셈식에서 ㉠＋㉡이 가장 클 때의 값을 구해 보세요.

$$4\frac{㉠}{7} - 1\frac{㉡}{7} = 3\frac{2}{7}$$

( )

18 수 카드 중에서 2장을 골라 만들 수 있는 분모가 11인 대분수 중에서 가장 큰 대분수와 가장 작은 대분수의 차를 구해 보세요.

| 1 | 3 | 6 | 7 | 5 |

( )

19 잘못 계산한 곳을 찾아 까닭을 쓰고, 바르게 계산해 보세요.

$$7\frac{5}{10} - 4\frac{9}{10} = 7\frac{15}{10} - 4\frac{9}{10} = 3\frac{6}{10}$$

까닭

바른 계산

20 길이가 $4\frac{3}{8}$ cm인 색 테이프 2장을 그림과 같이 $2\frac{7}{8}$ cm만큼 겹치게 이어 붙였습니다. 이어 붙인 색 테이프의 전체 길이는 몇 cm인지 풀이 과정을 쓰고 답을 구해 보세요.

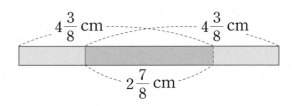

풀이

답

단원 평가 Level ❷

1 ☐ 안에 알맞은 수를 써넣으세요.

$\frac{3}{9}$은 $\frac{1}{9}$이 ☐ 개, $\frac{5}{9}$는 $\frac{1}{9}$이 ☐ 개

이므로 $\frac{3}{9} + \frac{5}{9}$는 $\frac{1}{9}$이 ☐ 개입니다.

➡ $\frac{3}{9} + \frac{5}{9} = \frac{☐}{9}$

2 ☐ 안에 알맞은 수를 써넣으세요.

$1\frac{3}{13} + 2\frac{6}{13} = \boxed{}$

$1\frac{5}{13} + 2\frac{4}{13} = \boxed{}$

$1\frac{7}{13} + 2\frac{2}{13} = \boxed{}$

3 계산해 보세요.

(1) $2\frac{9}{11} - 1\frac{3}{11}$

(2) $4 - 1\frac{7}{9}$

4 보기 와 같은 방법으로 계산해 보세요.

보기

$7 - 2\frac{3}{5} = \frac{35}{5} - \frac{13}{5} = \frac{22}{5} = 4\frac{2}{5}$

$8 - 3\frac{2}{7} = $ _____

5 두 색 테이프의 길이의 차는 몇 m일까요?

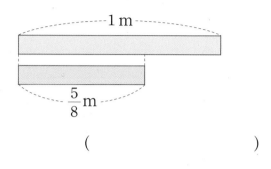

(   )

6 설명하는 수를 구해 보세요.

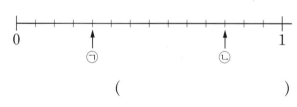

$3\frac{5}{12}$보다 $1\frac{9}{12}$만큼 더 작은 수

(   )

7 수직선에서 ㉠과 ㉡이 나타내는 분수의 합을 구해 보세요.

```
   |--+--+--+--+--+--+--+--+--+--|
   0        ↑              ↑        1
            ㉠              ㉡
```

(   )

8 윤수네 가족은 주말 농장에서 고구마를 토요일에는 $4\frac{5}{9}$ kg, 일요일에는 $4\frac{6}{9}$ kg 캤습니다. 윤수네 가족이 주말 농장에서 캔 고구마는 모두 몇 kg일까요?

(   )

9 가장 큰 수와 가장 작은 수의 합을 구해 보세요.

$$2\frac{5}{12} \qquad 1\frac{11}{12} \qquad 1\frac{5}{12} \qquad 2\frac{1}{12}$$

(   )

10 세 수를 골라 합이 1인 식을 만들어 보세요.

$$\frac{6}{8} \qquad \frac{3}{8} \qquad \frac{4}{8} \qquad \frac{1}{8}$$

$$\boxed{} + \boxed{} + \boxed{} = 1$$

11 □ 안에 알맞은 수를 구해 보세요.

$$\square + 2\frac{2}{13} = 3\frac{2}{13} + 4\frac{5}{13}$$

(   )

12 가 ⊙ 나 = 가 + 가 − 나 라고 약속할 때 다음을 계산해 보세요.

$$3\frac{2}{8} \; ⊙ \; 4\frac{7}{8}$$

(   )

13 경진이와 민우는 두 수를 모아 7 만들기 놀이를 하고 있습니다. 경진이가 $\boxed{5\frac{3}{4}}$ 을 먼저 골랐다면 민우는 어떤 수가 적힌 카드를 골라야 할까요?

$$\boxed{5\frac{3}{4}} \qquad \boxed{\frac{7}{4}} \qquad \boxed{1\frac{1}{4}} \qquad \boxed{2\frac{2}{4}}$$

(   )

14 계산 결과가 5에 가장 가까운 것을 찾아 기호를 써 보세요.

㉠ $5 + \dfrac{2}{11}$ ㉡ $8\dfrac{5}{11} - 2\dfrac{9}{11}$

㉢ $6\dfrac{4}{11} - \dfrac{10}{11}$ ㉣ $1\dfrac{10}{11} + 2\dfrac{8}{11}$

(   )

15 세 친구의 대화를 보고 책을 가장 오랫동안 읽은 사람의 이름을 써 보세요.

현수: 난 $2\dfrac{3}{8}$ 시간 동안 책을 읽었어.

승연: 난 $3\dfrac{4}{8}$ 시간 동안 읽었어.

혜림: 난 현수보다 $\dfrac{7}{8}$ 시간 더 오래 읽었지.

(   )

16 삼각형의 세 변의 길이의 합이 $\frac{14}{15}$ cm일 때 ☐ 안에 알맞은 수를 구해 보세요.

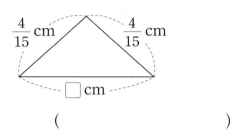

(   )

17 두 수를 골라 ☐ 안에 써넣어 계산 결과가 가장 작은 **뺄셈**을 만들고 계산해 보세요.

$$\boxed{4, 5, 6} \qquad 5\frac{\square}{11} - 4\frac{\square}{11}$$

(   )

18 물통에 물이 21 L 들어 있습니다. 이 물통에서 물이 1시간에 $2\frac{2}{3}$ L씩 **빠져나간다면** 2시간 후에 물통에 남아 있는 물은 몇 L일까요?

(   )

19 어떤 수에서 $\frac{9}{15}$ 를 빼야 할 것을 잘못하여 더했더니 $6\frac{1}{15}$ 이 되었습니다. 바르게 계산한 값은 얼마인지 풀이 과정을 쓰고 답을 구해 보세요.

풀이 _____

_____

_____

_____

답 _____

20 집에서 은행까지의 거리를 나타낸 것입니다. 학교에서 공원까지의 거리는 몇 km인지 풀이 과정을 쓰고 답을 구해 보세요.

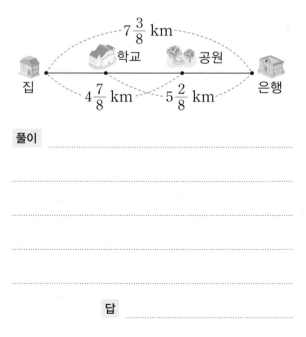

풀이 _____

_____

_____

_____

답 _____

1

삼각형

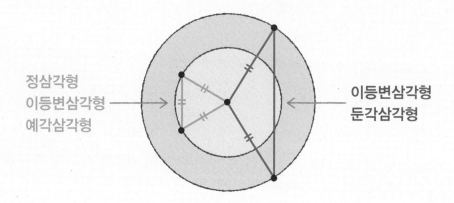

정삼각형
이등변삼각형 →
예각삼각형

이등변삼각형
둔각삼각형

변의 길이와 각의 크기에 따라 삼각형을 나눌 수 있어!

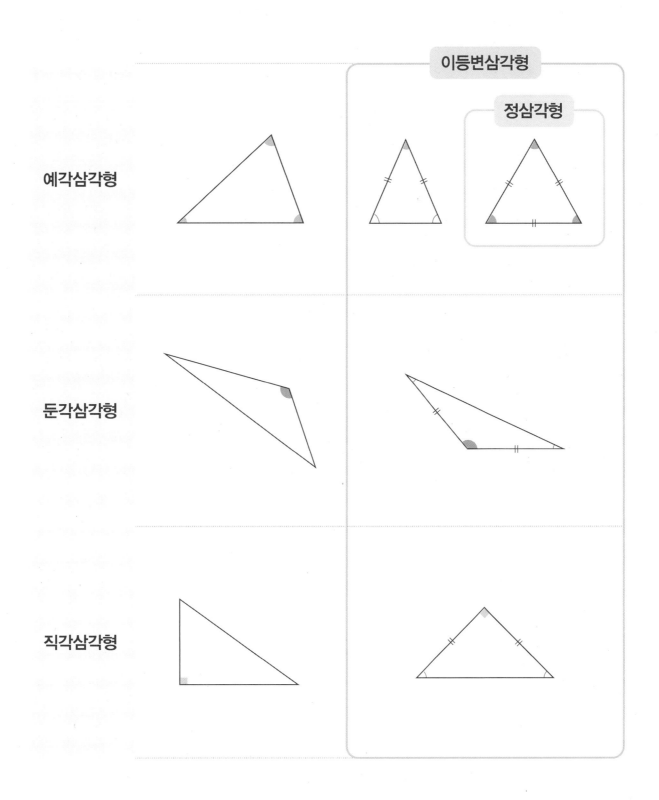

1 변의 길이에 따라 삼각형 분류하기

개념 강의

● 이등변삼각형: 두 변의 길이가 같은 삼각형

● 정삼각형: 세 변의 길이가 같은 삼각형

정삼각형은 크기는 달라도 모양은 모두 같아.

⚡ 주의 개념

정상각형은 두 변의 길이가 같으므로 이등변삼각형이라고 할 수 있지만 이등변삼각형은 두 변의 길이가 같고 나머지 한 변의 길이는 다를 수 있으므로 정삼각형이라고 할 수 없습니다.

정삼각형 ⇄✕ 이등변삼각형

---

1 삼각형을 분류하여 빈칸에 알맞은 기호를 모두 써 보세요.

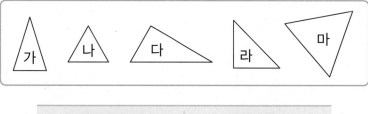

이등변삼각형	정삼각형

▶ 세 변의 길이가 같은 삼각형은 두 변의 길이가 같다고도 할 수 있습니다.

2 ☐ 안에 알맞은 수를 써넣으세요.

(1) 이등변삼각형

6 cm
☐ cm
4 cm

(2) 정삼각형

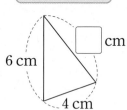
4 cm
☐ cm   ☐ cm

3 주어진 선분을 한 변으로 하는 삼각형을 완성해 보세요.

이등변삼각형

정삼각형

▶ **주어진 선분을 한 변으로 하는 이등변삼각형 그리는 방법**

• 주어진 선분과 길이가 같은 한 변을 그린 후 삼각형을 그립니다.

• 나머지 두 변의 길이가 같은 삼각형을 그립니다.

2 이등변삼각형의 성질

정답과 풀이 11쪽

● 이등변삼각형의 성질

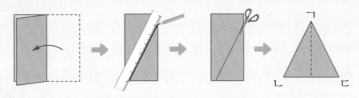

가위로 자른 두 변의 길이가 같으므로 이등변삼각형이 만들어집니다.
겹쳐서 잘랐으므로 각 ㄱㄴㄷ과 각 ㄱㄷㄴ이 꼭 맞게 포개어집니다.
➡ (각 ㄱㄴㄷ)=(각 ㄱㄷㄴ)

> 이등변삼각형은 길이가 같은 두 변에 있는 두 각의 크기가 같습니다.

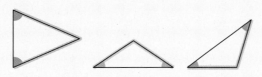

심화 개념

한 원에서 반지름의 길이는 모두 같으므로 원의 중심과 원 위의 두 점을 연결하면 항상 이등변삼각형이 그려집니다.

4 이등변삼각형입니다. ☐ 안에 알맞은 수를 써넣으세요.

(1)
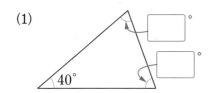

(2)
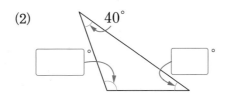

❓ 한 각이 ■°인 이등변삼각형은 한 가지로 그릴 수 있나요?

두 가지로 그릴 수 있어요.
① 크기가 같은 두 각이 각각 ■° 인 이등변삼각형
② 한 각이 ■°이고 나머지 두 각이 같은 이등변삼각형

5 이등변삼각형의 세 각의 크기로 알맞은 것을 모두 찾아 ○표 하세요.

| 50°, 60°, 70° | 35°, 110°, 35° | 45°, 45°, 90° | 80°, 90°, 10° |

(   )   (   )   (   )   (   )

6 ☐ 안에 알맞은 수를 써넣으세요.

(1)
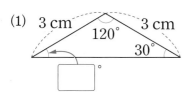

(2)
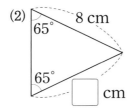

▶ 두 변의 길이가 같은 삼각형
  ➡ 이등변삼각형
  ➡ 길이가 같은 두 변에 있는 두 각의 크기가 같습니다.

3 정삼각형의 성질

● 정삼각형의 성질

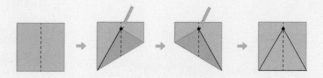

색종이에 그린 두 변의 길이는 색종이의 한 변의 길이와 같으므로 세 변의 길이가 같은 정삼각형이 만들어집니다.

두 변이 만나도록 각각 접으면 두 각이 완전히 포개어지므로 세 각의 크기가 같습니다.

> 정삼각형은 세 각의 크기가 같습니다.
>
> (한 각의 크기)
> =180°÷3=60°

실전 개념

정삼각형 그리기
선분을 긋습니다. 선분의 양 끝 점을 중심으로 하고 선분을 반지름으로 하는 두 원을 그립니다. 두 원이 만나는 점을 선분의 양 끝 점과 연결하여 정삼각형을 완성합니다.

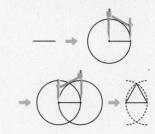

7 정삼각형입니다. □ 안에 알맞은 수를 써넣으세요.

(1)

(2)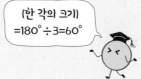

8 정삼각형에 대해 옳게 설명한 것에 ○표, 잘못 설명한 것에 ×표 하세요.

(1) 정삼각형의 세 각의 크기는 모두 같습니다. ( )

(2) 정삼각형은 모양과 크기가 모두 같습니다. ( )

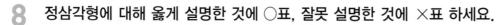

9 □ 안에 알맞은 수를 써넣으세요.

(1)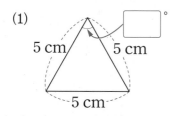

(2)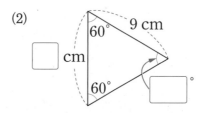

? 정삼각형의 한 각의 크기는 왜 60°인가요?

삼각형의 세 각의 크기의 합은 180°입니다. 정삼각형은 세 각의 크기가 모두 같으므로 한 각의 크기는 180° ÷ 3 = 60°입니다.

→ 세 변의 길이가 같은 삼각형
➡ 정삼각형
➡ 세 각의 크기가 같습니다.

4. 각의 크기에 따라 삼각형 분류하기

정답과 풀이 12쪽

● **예각삼각형**: 세 각이 모두 예각인 삼각형
→ 0°보다 크고 직각(90°)보다 작은 각

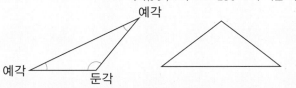

● **둔각삼각형**: 한 각이 둔각인 삼각형
→ 직각(90°)보다 크고 180°보다 작은 각

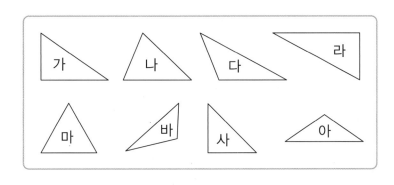

➕ 보충 개념

예각의 수

삼각형의 세 각의 크기의 합이 180°이므로 세 각 중 어느 한 각이 직각 또는 둔각이면 나머지 두 각은 예각입니다.

	예각	직각	둔각
예각삼각형	3개		
직각삼각형	2개	1개	
둔각삼각형	2개		1개

확인 ❗

예각삼각형은 (한, 두, 세) 각이 (예각, 둔각)인 삼각형입니다.

---

10 삼각형을 예각삼각형, 직각삼각형, 둔각삼각형으로 분류하여 기호를 모두 써넣으세요.

가 나 다 라
마 바 사 아

예각삼각형	직각삼각형	둔각삼각형

▶ **직각삼각형**

한 각이 직각인 삼각형입니다.

직각삼각형은 예각삼각형도 둔각삼각형도 아닙니다.

2

---

11 주어진 선분을 한 변으로 하는 삼각형을 그려 보세요.

예각삼각형

둔각삼각형

❓ **둔각이 2개인 삼각형이 있나요?**

둔각이 2개이면 두 변이 만나지 않아서 삼각형이 될 수 없습니다.

둔각   둔각

● 변의 길이와 각의 크기에 따라 삼각형 분류하기

	예각삼각형	직각삼각형	둔각삼각형
이등변삼각형	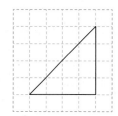		
정삼각형			
세 변의 길이가 모두 다른 삼각형			

+ 보충 개념

• 이등변삼각형은 각의 크기에 따라 분류하면 예각삼각형, 직각삼각형, 둔각삼각형이 될 수 있습니다.

• 정삼각형은 각의 크기에 따라 분류하면 예각삼각형입니다.

12 삼각형을 보고 ☐ 안에 알맞은 삼각형의 이름을 써넣으세요.

• 두 변의 길이가 같으므로 [   ]입니다.

• 한 각이 직각이므로 [   ]입니다.

? 이등변삼각형이면서 직각삼각형인 삼각형은 이름이 없나요?

이름이 있습니다. 이등변과 직각을 합쳐서 '직각이등변삼각형'이라고 부릅니다.

직각이등변삼각형

13 변의 길이와 각의 크기에 따라 삼각형을 분류하여 기호를 써넣으세요.

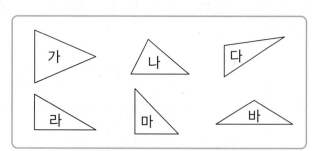

▶ 하나의 삼각형이지만 변의 길이와 각의 크기에 따라 여러 가지 이름이 있습니다.

	예각삼각형	직각삼각형	둔각삼각형
이등변삼각형			
세 변의 길이가 모두 다른 삼각형			

기본에서 응용으로

1 변의 길이에 따라 삼각형 분류하기

- 이등변삼각형: 두 변의 길이가 같은 삼각형
- 정삼각형: 세 변의 길이가 같은 삼각형

[1~2] 삼각형을 보고 물음에 답하세요.

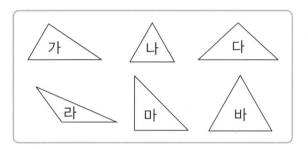

1 이등변삼각형을 모두 찾아 기호를 써 보세요.

( )

2 정삼각형을 모두 찾아 기호를 써 보세요.

( )

3 삼각형에 대해 잘못 말한 사람의 이름을 쓰고, 바르게 고쳐 써 보세요.

> 진아: 정삼각형은 이등변삼각형이야.
> 석현: 이등변삼각형은 정삼각형이야.

이름 _____

바르게 고치기

_____

4 정삼각형입니다. 세 변의 길이의 합은 몇 cm 일까요?

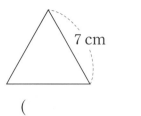

( )

5 세 막대로 만들 수 있는 삼각형의 이름을 써 보세요.

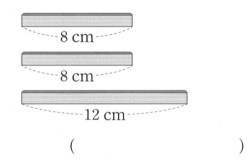

( )

6 세 변의 길이가 다음과 같은 이등변삼각형이 있습니다. ▢ 안에 들어갈 수 있는 수를 모두 구해 보세요.

4 cm, 7 cm, ▢ cm

( )

7 한 변의 길이가 4 cm인 정삼각형 6개를 겹치지 않게 이어 붙여 만든 도형입니다. 굵은 선의 길이는 몇 cm일까요?

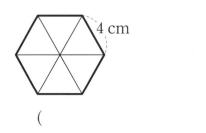

( )

2. 삼각형 **41**

8 이등변삼각형입니다. 세 변의 길이의 합이 44 cm일 때 변 ㄱㄴ의 길이는 몇 cm일까요?

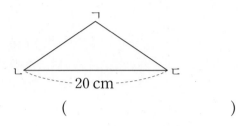

(   )

9 컴퍼스를 5 cm만큼 벌려서 점 ㄱ, 점 ㄴ을 중심으로 하는 두 원을 그린 것입니다. 삼각형 ㄱㄴㄷ의 세 변의 길이의 합은 몇 cm일까요?

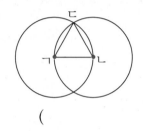

(   )

2 이등변삼각형의 성질

이등변삼각형은 길이가 같은 두 변에 있는 두 각의 크기가 같습니다.

10 이등변삼각형입니다. ☐ 안에 알맞은 수를 써넣으세요.

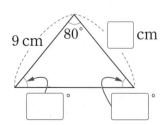

11 삼각형 ㄱㄴㄷ에서 각 ㄴㄷㄱ의 크기는 몇 도일까요?

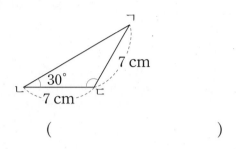

(   )

창의➕

12 목장에 울타리를 만들려고 합니다. 양 두 마리를 둘러싸고 다음을 모두 만족시키는 울타리를 그려 보세요.

> • 3개의 변으로 둘러싸인 도형입니다.
> • 두 각의 크기가 같습니다.

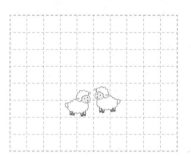

서술형

13 이등변삼각형이 아닌 까닭을 써 보세요.

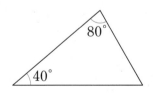

까닭 ....

....

....

14 삼각형 ㄱㄴㄷ은 이등변삼각형입니다. ☐ 안에 알맞은 수를 써넣으세요.

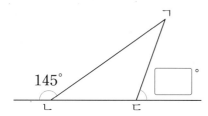

15 삼각형 ㄱㄴㄹ은 직각삼각형이고, 삼각형 ㄱㄴㄷ은 이등변삼각형입니다. 각 ㄷㄱㄹ의 크기를 구해 보세요.

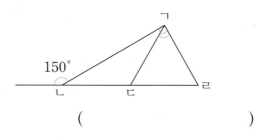

( )

3 정삼각형의 성질

정삼각형은 세 각의 크기가 같습니다.

16 횡단보도 표지판에서 찾을 수 있는 정삼각형에서 ㉠과 ㉡의 각도의 합은 몇 도일까요?

( )

17 정삼각형 2개를 겹치지 않게 이어 붙여 만든 도형입니다. 각 ㄴㄱㄹ의 크기는 몇 도일까요?

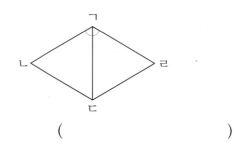

( )

18 삼각형 ㄱㄴㄷ은 정삼각형입니다. ㉠의 각도는 몇 도일까요?

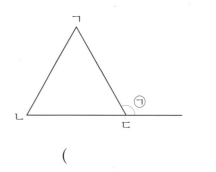

( )

19 삼각형 ㄱㄴㄷ과 삼각형 ㅁㄷㄹ은 정삼각형입니다. 각 ㄱㄷㅁ의 크기는 몇 도일까요?

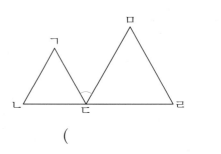

( )

20 삼각형 ㄱㄴㄷ의 세 변의 길이의 합은 몇 cm 인지 풀이 과정을 쓰고 답을 구해 보세요.

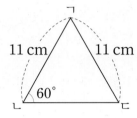

풀이

답

21 20° 간격으로 그린 원의 반지름을 두 변으로 하는 정삼각형을 그려 보세요.

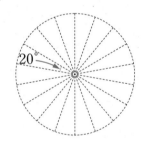

22 삼각형 ㄱㄴㄷ과 삼각형 ㄱㄹㅁ은 정삼각형 입니다. 변 ㄹㅁ과 변 ㄴㄷ의 길이의 합은 몇 cm일까요?

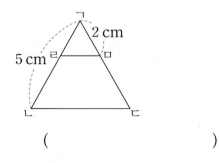

(   )

---

4 **각의 크기에 따라 삼각형 분류하기**

- 예각삼각형: 세 각이 모두 예각인 삼각형
- 직각삼각형: 한 각이 직각인 삼각형
- 둔각삼각형: 한 각이 둔각인 삼각형

23 각의 크기에 따라 삼각형을 분류하여 기호를 모두 써 보세요.

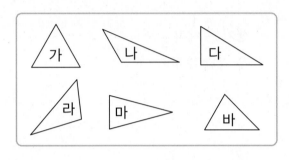

예각삼각형	직각삼각형	둔각삼각형

[24~25] 도형판에 삼각형을 만들었습니다. 물음 에 답하세요.

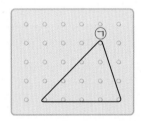

24 꼭짓점 ㉠을 오른쪽으로 한 칸 움직이면 어떤 삼각형이 될까요?

(   )

25 꼭짓점 ㉠을 왼쪽으로 몇 칸 움직이면 둔각삼 각형이 될까요?

(   )

26 삼각형의 세 각의 크기를 나타낸 것입니다. 예각삼각형을 찾아 기호를 써 보세요.

> ㉠ 25°, 25°, 130°   ㉡ 45°, 40°, 95°
> ㉢ 40°, 60°, 80°   ㉣ 30°, 100°, 50°

(   )

27 직사각형 모양의 종이를 선을 따라 잘랐을 때 생기는 예각삼각형, 직각삼각형, 둔각삼각형을 각각 모두 찾아 기호를 써 보세요.

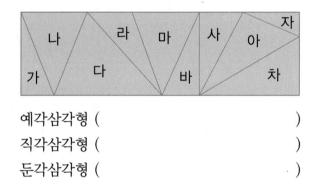

예각삼각형 (   )
직각삼각형 (   )
둔각삼각형 (   )

28 두 각의 크기가 다음과 같은 삼각형은 예각삼각형인지 둔각삼각형인지 써 보세요.

> 55°   25°

(   )

29 도형에서 찾을 수 있는 크고 작은 예각삼각형은 모두 몇 개일까요?

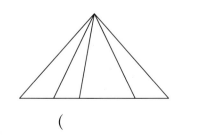

(   )

5 두 가지 기준으로 삼각형 분류하기

- 변의 길이에 따라 삼각형 분류하기
  ➡ 이등변삼각형, 정삼각형, 세 변의 길이가 모두 다른 삼각형
- 각의 크기에 따라 삼각형 분류하기
  ➡ 예각삼각형, 직각삼각형, 둔각삼각형

30 삼각형의 이름으로 알맞은 것을 모두 찾아 기호를 써 보세요.

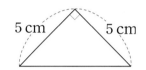

> ㉠ 이등변삼각형   ㉡ 정삼각형
> ㉢ 예각삼각형   ㉣ 둔각삼각형
> ㉤ 직각삼각형

(   )

서술형
31 정삼각형이 예각삼각형인 까닭을 써 보세요.

까닭 _____

_____

_____

32 삼각형의 세 각의 크기를 나타낸 것입니다. 이 삼각형의 이름을 모두 써 보세요.

> 50°   50°   80°

(   )

33 삼각형의 일부가 지워졌습니다. 이 삼각형의 이름을 모두 써 보세요.

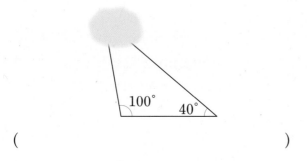

(   )

34 설명하는 삼각형을 그려 보세요.

> • 세 변의 길이가 모두 다릅니다.
> • 한 각이 직각입니다.

창의+

35 삼각형 모양의 꽃밭을 만들려고 합니다. 장애물에 닿지 않게 점을 이어 삼각형을 그리고, 그린 삼각형의 이름으로 알맞지 않은 것을 찾아 기호를 써 보세요.

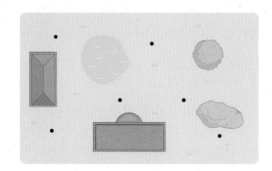

> ㉠ 이등변삼각형   ㉡ 예각삼각형
> ㉢ 정삼각형   ㉣ 둔각삼각형

(   )

6 겹친 이등변삼각형과 정삼각형에서 각의 크기 구하기

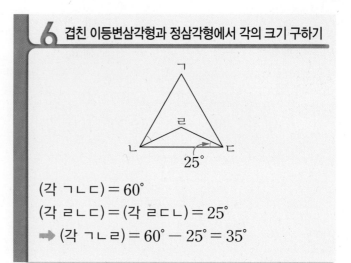

(각 ㄱㄴㄷ) = 60°
(각 ㄹㄴㄷ) = (각 ㄹㄷㄴ) = 25°
➡ (각 ㄱㄴㄹ) = 60° — 25° = 35°

서술형

36 삼각형 ㄱㄴㄷ은 정삼각형이고, 삼각형 ㄹㄴㄷ은 이등변삼각형입니다. 각 ㄴㄹㄷ의 크기는 몇 도인지 풀이 과정을 쓰고 답을 구해 보세요.

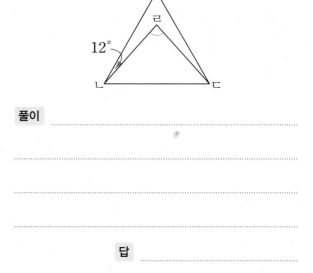

풀이 ....

....

....

....

답 ....

37 삼각형 ㄱㄴㄷ은 정삼각형이고, 삼각형 ㄹㄴㄷ은 이등변삼각형입니다. 각 ㄱㄴㄹ의 크기는 몇 도일까요?

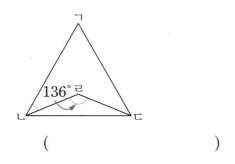

(   )

정답과 풀이 15쪽

심화유형 **1** 세 변의 길이의 합을 알 때 변의 길이 구하기

세 변의 길이의 합이 24 cm인 똑같은 이등변삼각형 3개를 겹치지 않게 이어 붙여서 사각형 ㄱㄴㄹㅁ을 만들었습니다. 이 사각형의 네 변의 길이의 합은 몇 cm일까요?

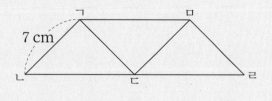

( )

● **핵심 NOTE** • 이등변삼각형의 세 변의 길이를 ● cm, ● cm, ■ cm라고 하면

■ cm =(세 변의 길이의 합)− ● cm − ● cm입니다.

1-1 세 변의 길이의 합이 28 cm인 똑같은 이등변삼각형 4개를 겹치지 않게 이어 붙여서 사각형 ㄱㄴㄹㅁ을 만들었습니다. 이 사각형의 네 변의 길이의 합은 몇 cm일까요?

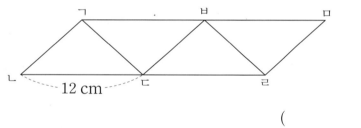

( )

1-2 똑같은 이등변삼각형 5개를 겹치지 않게 이어 붙여서 사각형 ㄱㄴㅁㅂ을 만들었습니다. 빨간색 선의 길이가 53 cm일 때 이등변삼각형 한 개의 세 변의 길이의 합은 몇 cm일까요?

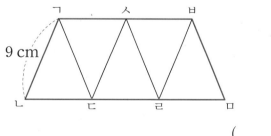

( )

두 삼각형의 세 변의 길이의 합이 같을 때 변의 길이 구하기

이등변삼각형 가와 정삼각형 나의 세 변의 길이의 합이 같습니다. 정삼각형 나의 한 변의 길이는 몇 cm일까요?

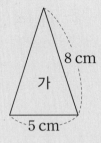

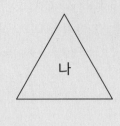

(   )

● 핵심 NOTE
- 이등변삼각형의 세 변의 길이의 합을 구합니다.
- (정삼각형의 한 변의 길이)=(이등변삼각형의 세 변의 길이의 합)÷3

2-1 이등변삼각형 가와 정삼각형 나의 세 변의 길이의 합이 같습니다. 이등변삼각형 가의 변 ㄴㄷ의 길이는 몇 cm일까요?

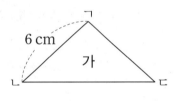

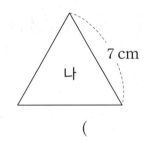

(   )

2-2 끈을 남김없이 모두 사용하여 짧은 두 변이 각각 19 cm이고, 긴 변이 28 cm인 이등변삼각형을 만들었습니다. 같은 길이의 끈을 남김없이 사용하여 똑같은 정삼각형을 두 개 만들었을 때 만든 정삼각형의 한 변의 길이는 몇 cm일까요?

(   )

심화유형 3 겹치지 않게 이어 붙인 두 삼각형에서 각의 크기 구하기

삼각형 ㄱㄴㄹ과 삼각형 ㄴㄷㄹ은 각각 이등변삼각형입니다. 각 ㄱㄴㄷ의 크기는 몇 도일까요?

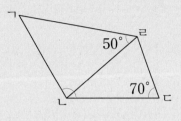

( )

● 핵심 NOTE
• 이등변삼각형은 길이가 같은 두 변에 있는 두 각의 크기가 같습니다.
• 정삼각형의 세 각의 크기는 모두 60°로 같습니다.

3-1 삼각형 ㄱㄴㄷ은 이등변삼각형이고 삼각형 ㄱㄷㄹ은 정삼각형입니다. 각 ㄴㄱㄹ의 크기는 몇 도일까요?

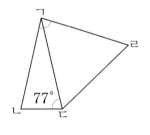

( )

3-2 변 ㄱㄴ과 변 ㄴㄷ의 길이가 같고, 변 ㄹㄴ과 변 ㄹㄷ의 길이가 같을 때 각 ㄱㄴㄹ의 크기는 몇 도일까요?

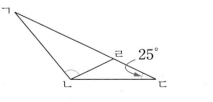

( )

크고 작은 삼각형의 수 구하기

모자이크는 돌이나 유리 등 작은 조각들을 붙여서 무늬를 만드는 기법입니다. 오른쪽과 같이 색종이로 만든 모자이크에서 가장 작은 삼각형이 모두 정삼각형이라고 할 때 크고 작은 정삼각형은 모두 몇 개인지 구해 보세요.

1단계 작은 정삼각형 1개로 이루어진 정삼각형의 수 구하기

....

2단계 작은 정삼각형 4개로 이루어진 정삼각형의 수 구하기

....

....

3단계 작은 정삼각형 9개로 이루어진 정삼각형의 수 구하기

....

....

4단계 크고 작은 정삼각형은 모두 몇 개인지 구하기

....

(   )

● **핵심 NOTE**   **1단계** 작은 정삼각형 1개로 이루어진 정삼각형의 수 구하기
2단계 작은 정삼각형 4개로 이루어진 정삼각형의 수 구하기
3단계 작은 정삼각형 9개로 이루어진 정삼각형의 수 구하기
4단계 종류별 정삼각형의 수를 모두 더하여 크고 작은 정삼각형의 수 구하기

4-1 스테인드글라스는 채색된 반투명 유리를 조화롭게 구성하여 채광을 이용하여 건축물을 장식하는 표현 기법입니다. 오른쪽과 같은 스테인드글라스에서 크고 작은 예각삼각형은 모두 몇 개인지 구해 보세요.

(   )

단원 평가 Level ❶

[1~2] 도형을 보고 물음에 답하세요.

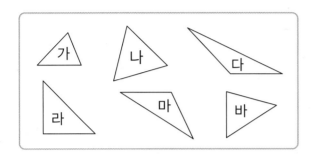

1 이등변삼각형은 모두 몇 개일까요?

( )

2 예각삼각형을 모두 찾아 기호를 써 보세요.

( )

3 삼각형의 세 각의 크기를 나타낸 것입니다. 둔각삼각형은 어느 것일까요? ( )

① 40°, 60°, 80° ② 30°, 80°, 70°
③ 50°, 95°, 35° ④ 45°, 90°, 45°
⑤ 65°, 75°, 40°

4 정삼각형입니다. 세 변의 길이의 합은 몇 cm 일까요?

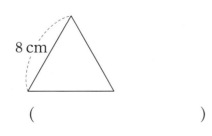

8 cm

( )

5 두 변의 길이가 6 cm, 9 cm인 이등변삼각형이 있습니다. 나머지 한 변이 될 수 있는 길이를 모두 써 보세요.

( )

6 삼각형의 세 각의 크기가 각각 20°, 20°, 140°입니다. 이 삼각형의 이름을 모두 써 보세요.

( )

7 삼각형 ㄱㄴㄷ과 삼각형 ㄱㄷㄹ은 정삼각형입니다. 각 ㄴㄷㄹ의 크기는 몇 도일까요?

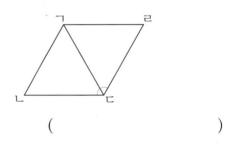

( )

8 사각형 안에 한 개의 선분을 그어 예각삼각형 1개와 둔각삼각형 1개를 만들어 보세요.

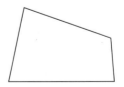

9 30° 간격으로 그린 원의 반지름을 두 변으로 하고 한 각의 크기가 45°인 이등변삼각형을 그려 보세요.

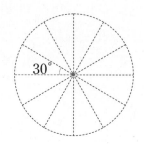

10 삼각형 ㄱㄴㄷ은 이등변삼각형입니다. ㉠의 각도는 몇도일까요?

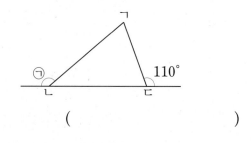

(   )

11 삼각형의 두 각의 크기가 다음과 같을 때 예각삼각형인지, 둔각삼각형인지 써 보세요.

(1) | 40°　40° |　(   )

(2) | 60°　35° |　(   )

12 색종이 한 장을 반으로 접고 선을 따라 잘랐습니다. 잘린 삼각형을 펼쳤을 때 펼쳐진 삼각형의 이름을 모두 써 보세요.

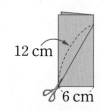

(   )

13 삼각형의 일부가 지워졌습니다. 이 삼각형의 이름을 모두 써 보세요.

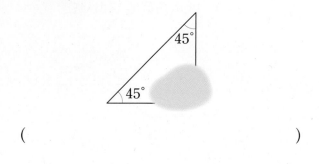

(   )

14 크기가 같은 정삼각형 4개를 겹치지 않게 이어 붙여 만든 도형입니다. 굵은 선의 길이는 몇 cm일까요?

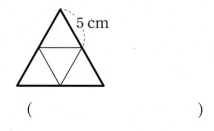

(   )

15 이등변삼각형을 만든 철사를 펴서 가장 큰 정삼각형을 만들었습니다. 이 정삼각형의 한 변의 길이는 몇 cm일까요?

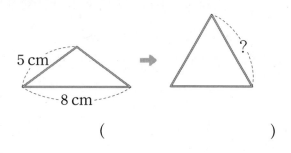

(   )

16 삼각형 ㄱㄴㄷ과 삼각형 ㄹㄴㄷ은 이등변삼각형입니다. 각 ㄱㄴㄹ의 크기는 몇 도일까요?

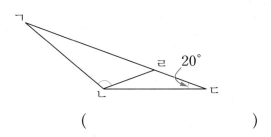

(   )

17 도형에서 찾을 수 있는 크고 작은 둔각삼각형은 모두 몇 개일까요?

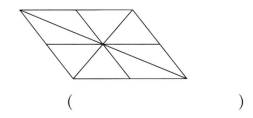

(   )

18 삼각형 ㄱㄴㄷ과 삼각형 ㄹㅁㄷ은 정삼각형입니다. 사각형 ㄱㄴㅁㄹ의 네 변의 길이의 합은 몇 cm일까요?

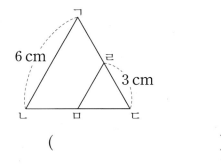

(   )

19 이등변삼각형 ㄱㄴㄷ의 세 변의 길이의 합은 25 cm입니다. 변 ㄱㄷ의 길이는 몇 cm인지 풀이 과정을 쓰고 답을 구해 보세요.

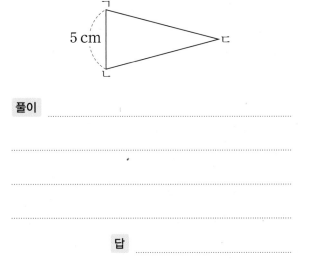

풀이

답

20 삼각형 ㄱㄴㄷ은 정삼각형이고, 삼각형 ㄹㄴㄷ은 이등변삼각형입니다. 각 ㄱㄷㄹ의 크기는 몇 도인지 풀이 과정을 쓰고 답을 구해 보세요.

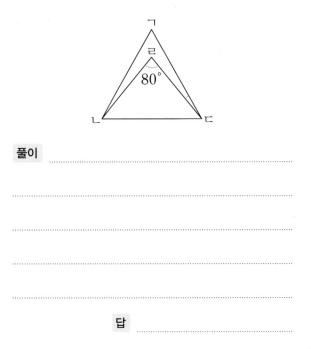

풀이

답

단원 평가 Level ❷

1 설명하는 삼각형의 이름을 써 보세요.

> • 세 변의 길이가 같습니다.
> • 세 각이 모두 예각입니다.
> • 세 각의 크기가 같습니다.

(   )

2 이등변삼각형의 세 변의 길이의 합은 몇 cm 일까요?

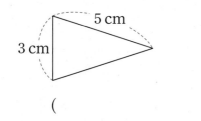

(   )

3 변의 길이와 각의 크기에 따라 삼각형을 분류 하여 기호를 써 보세요.

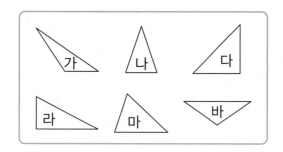

	예각 삼각형	직각 삼각형	둔각 삼각형
이등변삼각형			
변의 길이가 모두 다른 삼각형			

4 길이가 60 cm인 철사를 남거나 겹치는 부분 이 없도록 구부려서 정삼각형 한 개를 만들었 습니다. 만든 정삼각형의 한 변의 길이는 몇 cm일까요?

(   )

5 ☐ 안에 알맞은 수를 써넣으세요.

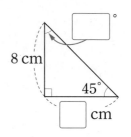

6 주어진 선분을 한 변으로 하는 삼각형을 그려 보세요.

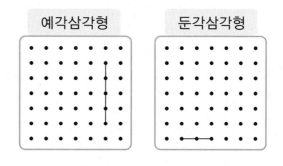

예각삼각형   둔각삼각형

7 삼각형 가, 나, 다에서 찾을 수 있는 예각은 모두 몇 개일까요?

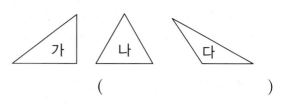

(   )

8 삼각형 모양의 종이를 선을 따라 잘랐습니다. 둔각삼각형은 모두 몇 개일까요?

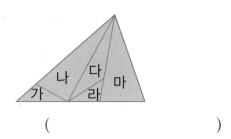

( )

[9~10] 도형판에 삼각형을 만들었습니다. 물음에 답하세요.

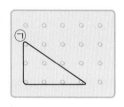

9 꼭짓점 ㉠을 오른쪽으로 한 칸 움직이면 어떤 삼각형이 될까요?

( )

10 꼭짓점 ㉠을 오른쪽으로 몇 칸 움직이면 둔각 삼각형이 될까요?

( )

11 꽃을 완전히 둘러싸도록 이등변삼각형이면서 예각삼각형인 삼각형을 그려 보세요.

12 색종이 한 장을 반으로 접은 다음 선을 따라 잘라서 펼쳤습니다. ㉠의 각도는 몇 도일까요?

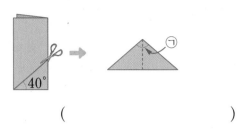

( )

13 어떤 둔각삼각형에서 둔각이 아닌 두 각을 나타낸 것입니다. ㉠이 될 수 있는 각도는 어느 것일까요? ( )

① 80° ② 75° ③ 60°
④ 55° ⑤ 40°

14 삼각형 ㄱㄴㄷ의 이름을 모두 써 보세요.

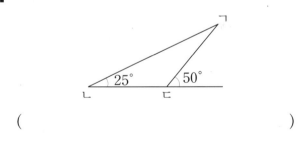

( )

15 이등변삼각형 ㄱㄴㄷ의 세 변의 길이의 합은 39 cm입니다. 변 ㄴㄷ의 길이는 몇 cm일까요?

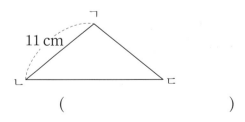

( )

16 철사를 남김없이 사용하여 한 변이 9 cm이고, 두 변이 15 cm인 이등변삼각형을 만들었습니다. 이 철사로 만들 수 있는 가장 큰 정삼각형의 한 변의 길이는 몇 cm일까요?

( )

17 도형에서 ㉠의 각도는 몇 도일까요?

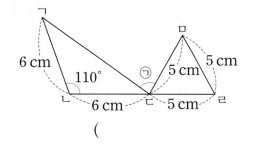

( )

18 원 위에 일정한 간격으로 점 6개를 찍었습니다. 원 위의 세 점을 연결하여 만들 수 있는 둔각삼각형은 모두 몇 개일까요?

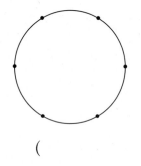

( )

19 두 각의 크기가 다음과 같은 삼각형의 이름을 모두 쓰려고 합니다. 풀이 과정을 쓰고 답을 구해 보세요.

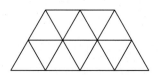

풀이 _____

_____

_____

_____

답 _____

20 도형에서 찾을 수 있는 크고 작은 정삼각형은 모두 몇 개인지 풀이 과정을 쓰고 답을 구해 보세요.

풀이 _____

_____

_____

_____

답 _____

사고력이 반짝

● 곰 3마리가 꿀단지 하나씩을 가지고 있도록 땅을 같은 모양으로 나누는 선을 그려 보세요.

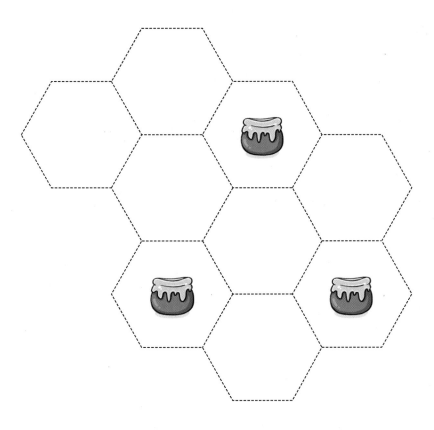

3 소수의 덧셈과 뺄셈

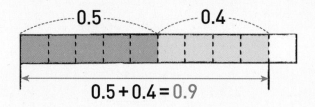

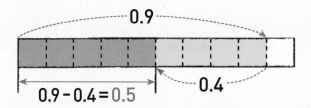

소수, 일의 자리보다 작은 자릿값을 갖는 수.

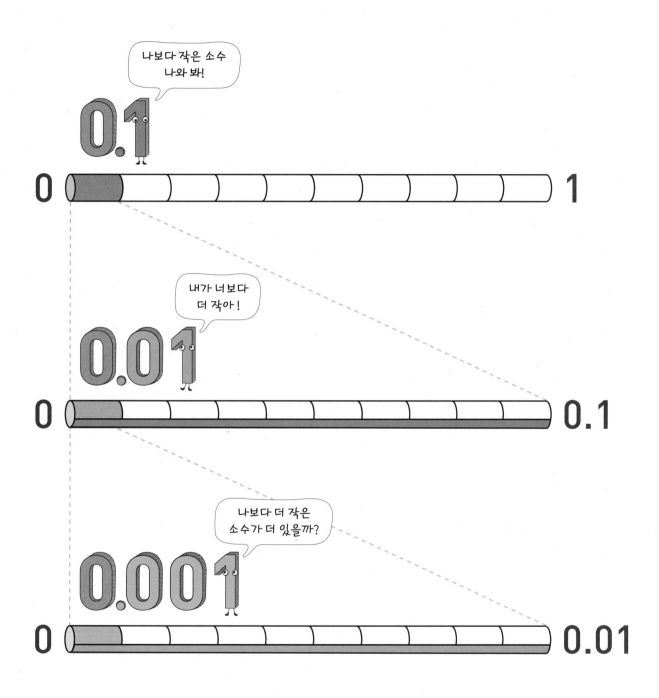

1 소수 두 자리 수

● 소수 두 자리 수 알아보기

$\dfrac{1}{100}$ → 소수로 → **쓰기** 0.01
읽기 영 점 영일

$\dfrac{36}{100}$ → 소수로 → **쓰기** 0.36
읽기 영 점 삼육

$2\dfrac{35}{100}$ → 소수로 → **쓰기** 2.35
읽기 이 점 삼오

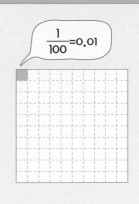

$\dfrac{1}{100}=0.01$

● 2.35의 각 자리의 숫자가 나타내는 수

	일의 자리		소수 첫째 자리	소수 둘째 자리
각 자리 숫자 ➡	2	.	3	5
나타내는 수 ➡	2		0.3	0.05

2.35 ➡ 1이 2개, 0.1이 3개, 0.01이 5개인 수
➡ 0.01이 235개인 수

⚡ 주의 개념

• 소수점 아래의 수는 숫자만 차례로 읽습니다.

~~2.35~~
이 점 삼십오

⭕ 2.35
이 점 삼오

• 소수점 아래의 수에 있는 0은 '영'이라고 읽습니다.

~~0.06~~
영 점 육

⭕ 0.06
영 점 영육

⚙ 심화 개념

cm와 m 사이의 관계
100 cm = 1 m
10 cm = 0.1 m
1 cm = 0.01 m

---

1 전체 크기가 1인 모눈종이에 색칠된 부분의 크기를 분수와 소수로 각각 나타내 보세요.

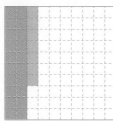

분수	소수

> 작은 모눈 한 칸은 전체의 $\dfrac{1}{100}=0.01$입니다.

2 수직선에서 ↑가 가리키는 곳을 소수로 쓰고 읽어 보세요.

1.2 ────────┴──── 1.3

쓰기 (   )
읽기 (   )

3 ☐ 안에 알맞은 수를 써넣으세요.

$$2\,\text{m}\,83\,\text{cm} = 2\,\text{m} + 80\,\text{cm} + 3\,\text{cm}$$
$$= 2\,\text{m} + \boxed{}\,\text{m} + \boxed{}\,\text{m}$$
$$= \boxed{}\,\text{m}$$

> **cm를 m로 나타내기**
> 1 m 42 cm
> 1 m   → 1   m
>   40 cm → 0.4   m
>   2 cm → 0.02 m
> ――――――――――
> 1 m 42 cm ➡ 1.42 m

2 소수 세 자리 수

정답과 풀이 19쪽

● **소수 세 자리 수 알아보기**

$\dfrac{1}{1000}$ → 소수로 → **쓰기** 0.001 / **읽기** 영 점 영영일

$\dfrac{247}{1000}$ → 소수로 → **쓰기** 0.247 / **읽기** 영 점 이사칠

$3\dfrac{549}{1000}$ → 소수로 → **쓰기** 3.549 / **읽기** 삼 점 오사구

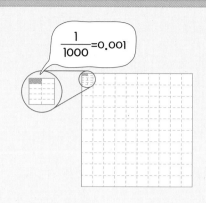

$\dfrac{1}{1000}=0.001$

● **3.549의 각 자리의 숫자가 나타내는 수**

	일의 자리		소수 첫째 자리	소수 둘째 자리	소수 셋째 자리
각 자리 숫자 ➡	3	.	5	4	9
나타내는 수 ➡	3		0.5	0.04	0.009

3.549 ➡ 1이 3개, 0.1이 5개, 0.01이 4개, 0.001이 9개인 수
➡ 0.001이 3549개인 수

심화 개념

· **m와 km 사이의 관계**

1000 m = 1 km
100 m = 0.1 km
10 m = 0.01 km
1 m = 0.001 km

여러 가지 단위 사이의 관계

1 g = 0.001 kg
1 mL = 0.001 L

---

4 수직선에서 ↑가 가리키는 곳을 소수로 쓰고 읽어 보세요.

8.47   8.48

쓰기 (   )

읽기 (   )

5 ☐ 안에 알맞은 수나 말을 써넣으세요.

4.298

(1) 4는 ☐의 자리 숫자이고 ☐을/를 나타냅니다.

(2) 2는 소수 ☐ 자리 숫자이고 ☐을/를 나타냅니다.

(3) 9는 소수 ☐ 자리 숫자이고 ☐을/를 나타냅니다.

(4) 8은 소수 ☐ 자리 숫자이고 ☐을/를 나타냅니다.

6 ☐ 안에 알맞은 수를 써넣으세요.

$3 \text{ km } 605 \text{ m} = 3 \text{ km} + 600 \text{ m} + 5 \text{ m}$
$= 3 \text{ km} + \boxed{} \text{ km} + \boxed{} \text{ km}$
$= \boxed{} \text{ km}$

? 숫자가 같으면 나타내는 수도 같나요?

2.752에서
ⓐ ⓑ
ⓐ이 나타내는 수: 2
ⓑ이 나타내는 수: 0.002
이와 같이 같은 숫자라도 자리에 따라 나타내는 수가 다릅니다.

▶ **m를 km로 나타내기**

1 km 120 m
= 1 km + 100 m + 20 m
= 1 km + 0.1 km + 0.02 km
= 1.12 km

3

3 소수의 크기 비교

● **크기가 같은 소수**

필요한 경우 소수의 오른쪽 끝자리에 0을 붙여서 나타낼 수 있습니다.

➡ $0.1 = 0.10$, $0.2 = 0.20$, $0.3 = 0.30$, …

● **소수의 크기 비교하기**

자연수 부분, 소수 첫째 자리, 소수 둘째 자리, 소수 셋째 자리의 순서로 같은 자리 수의 크기를 비교하여 큰 쪽이 더 큰 소수입니다.

자연수 부분	소수 첫째 자리	소수 둘째 자리	소수 셋째 자리
$1.495 < 2.421$	$2.674 > 2.568$	$2.495 > 2.421$	$4.125 < 4.129$
$1 < 2$	$6 > 5$	$9 > 2$	$5 < 9$

실전 개념

소수의 오른쪽 끝자리에 있는 0은 생략할 수 있습니다.

예 $0.20 = 0.2$
$10.040 = 10.04$

> **확인 !**
>
> 1.485와 1.487의 크기를 비교하면 1.485 ◯ 1.487입니다.

---

7 전체 크기가 1인 모눈종이에 소수를 나타낸 것입니다. 소수의 크기를 비교하여 ◯ 안에 $>$, $=$, $<$ 중 알맞은 것을 써넣으세요.

 0.35 ◯ 0.42

▶ **모눈종이로 크기 비교하기**

색칠된 칸이 많을수록 더 큰 수입니다.

8 수직선에 3.556과 3.563을 ↑로 표시하고, 두 소수의 크기를 비교하여 ◯ 안에 $>$, $=$, $<$ 중 알맞은 것을 써넣으세요.

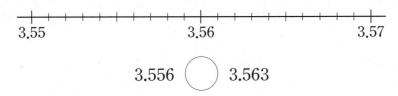

3.556 ◯ 3.563

▶ **수직선으로 크기 비교하기**

수직선에서 오른쪽에 있을수록 더 큰 수입니다.

예 0.22와 0.28의 크기 비교

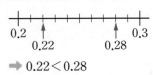

➡ $0.22 < 0.28$

9 두 소수의 크기를 비교하여 ◯ 안에 $>$, $=$, $<$ 중 알맞은 것을 써넣으세요.

(1) 3.24 ◯ 1.67 (2) 0.74 ◯ 0.76

(3) 6.295 ◯ 6.318 (4) 0.456 ◯ 0.45

? **자리 수가 다른 소수는 크기를 어떻게 비교하나요?**

소수의 오른쪽 끝자리에 0을 붙여 자리 수를 같게 만든 후 비교합니다.

예 $1.375 > 1.370$
$5 > 0$

4 소수 사이의 관계

● 소수 사이의 관계

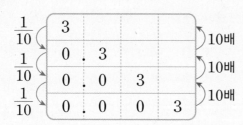

• 소수의 $\frac{1}{10}$ 은 소수점을 기준으로 수가 오른쪽으로 한 자리 이동합니다.

• 소수를 10배 하면 소수점을 기준으로 수가 왼쪽으로 한 자리 이동합니다.

보충 개념

소수의 크기 변화

수의 $\frac{1}{10}$ 을 하면 수가 작아지고, 수를 10배 하면 수가 커집니다.

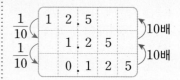

확인 !

• 0.1은 1의 [   ]인 수, 10의 [   ]인 수, 100의 [   ]인 수입니다.

• 1은 0.1의 [   ]배인 수, 0.01의 [   ]배인 수, 0.001의 [   ]배인 수입니다.

10 빈칸에 알맞은 수를 써넣으세요.

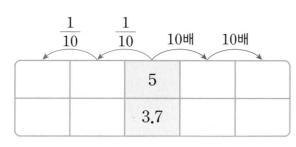

		5		
		3.7		

$\frac{1}{10}$ | 1
$\frac{1}{10}$ | 0.1
$\frac{1}{10}$ | 0.01
 | 0.001
10배 10배 10배

11 물통에 물이 15.3 L 들어 있습니다. ☐ 안에 알맞은 수를 써넣으세요.

(1) 물통에 들어 있는 물의 $\frac{1}{10}$ 은 [   ]L입니다.

(2) 물통에 들어 있는 물의 $\frac{1}{100}$ 은 [   ]L입니다.

$\frac{1}{10}$ | 13
$\frac{1}{10}$ | 1.3 | $\frac{1}{100}$
 | 0.13

12 설명하는 수가 다른 하나를 찾아 기호를 써 보세요.

㉠ 12.47의 10배   ㉡ 1247의 $\frac{1}{100}$ ㉢ 1.247의 100배

(   )

기본에서 응용으로

개념+문제 풀이

1 소수 두 자리 수

> 2.53

➡ 2 + 0.5 + 0.03
➡ 1이 2개, 0.1이 5개, 0.01이 3개
➡ 0.01이 253개

1 분수를 소수로 나타내고 읽어 보세요.

(1) $\dfrac{48}{100}$ ➡ 쓰기 (   )
　　　　　　　 읽기 (   )

(2) $2\dfrac{7}{100}$ ➡ 쓰기 (   )
　　　　　　　 읽기 (   )

2 관계있는 것끼리 이어 보세요.

0.37	•	•	0.27
0.45	•	•	$\dfrac{37}{100}$
0.01이 27개인 수	•	•	영 점 사오

3 숫자 4가 나타내는 수가 다른 하나를 찾아 기호를 써 보세요.

| ㉠ 31.74 | ㉡ 1.84 |
| ㉢ 8.41 | ㉣ 17.94 |

(   )

4 ☐ 안에 알맞은 수를 써넣으세요.

(1) 0.01이 28개인 수는 ☐ 입니다.

(2) 0.01이 41개인 수는 ☐ 입니다.

(3) 0.57은 0.01이 ☐ 개인 수입니다.

5 색 테이프의 길이는 몇 m인지 소수로 나타내 보세요.

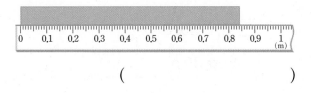

(   )

2 소수 세 자리 수

> 3.427

➡ 3 + 0.4 + 0.02 + 0.007
➡ 1이 3개, 0.1이 4개, 0.01이 2개,
　 0.001이 7개
➡ 0.001이 3427개

6 소수를 읽거나 소수로 나타내 보세요.

(1) 4.503 ➡ (   )
(2) 영 점 구육칠 ➡ (   )

7 6.431에 대해 잘못 설명한 것을 찾아 기호를 써 보세요.

> ㉠ 소수 첫째 자리 숫자는 4입니다.
> ㉡ 3은 0.03을 나타냅니다.
> ㉢ 육 점 사백삼십일이라고 읽습니다.
> ㉣ 0.001이 6431개인 수입니다.

(   )

8 설명하는 수를 구해 보세요.

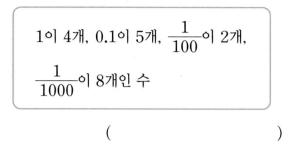

1이 4개, 0.1이 5개, $\dfrac{1}{100}$이 2개,

$\dfrac{1}{1000}$이 8개인 수

( )

9 □ 안에 알맞은 수를 써넣으세요.

$4\,\text{kg}\;39\,\text{g}$

$=4\,\text{kg}+30\,\text{g}+\boxed{}\,\text{g}$

$=4\,\text{kg}+\boxed{}\,\text{kg}+\boxed{}\,\text{kg}$

$=\boxed{}\,\text{kg}$

서술형

10 숫자 7이 나타내는 수가 가장 작은 것을 찾아 기호를 쓰려고 합니다. 풀이 과정을 쓰고 답을 구해 보세요.

| ㉠ 0.791 | ㉡ 7.234 |
| ㉢ 9.074 | ㉣ 99.127 |

풀이

답

3 소수의 크기 비교

자연수 부분, 소수 첫째 자리 수, 소수 둘째 자리 수, 소수 셋째 자리 수의 순서로 같은 자리 수끼리 비교합니다.

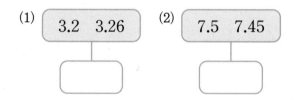

$$2.68 < 4.12 \qquad 5.218 > 5.213$$
$$\;\;\;2<4 \qquad\qquad\qquad 8>3$$

11 소수의 크기를 비교하여 더 큰 수를 빈칸에 써넣으세요.

(1) | 3.2 | 3.26 |

(2) | 7.5 | 7.45 |

12 두 소수의 크기를 비교하여 ○ 안에 >, =, < 중 알맞은 것을 써넣으세요.

(1) 61.892 ◯ 61.751

(2) 20.046 ◯ 20.049

13 크기가 큰 소수부터 차례로 써 보세요.

| 2.084 | 2.1 | 2.18 | 2.957 |

( )

14 수린이의 가방의 무게는 $3.472\,\text{kg}$이고, 민성이의 가방의 무게는 $3470\,\text{g}$입니다. 누구의 가방이 더 무거울까요?

( )

창의✚

15 재하네 반에서 한 달 동안 모은 재활용품의 무게입니다. 많이 모은 것부터 차례로 써 보세요.

플라스틱	캔	종이
4.365 kg	5.562 kg	4361 g

(   )

4 소수 사이의 관계

$\frac{1}{10}$ $\frac{1}{10}$ $\frac{1}{10}$

1 0.1 0.01 0.001

10배 10배 10배

16 ☐ 안에 알맞은 수를 써넣으세요.

(1) 3.1은 0.31의 ☐ 배입니다.

(2) 20은 0.2의 ☐ 배입니다.

(3) 1.487은 14.87의 ☐ 입니다.

17 나타내는 수가 다른 하나를 찾아 기호를 써 보세요.

ㄱ 89.02의 $\frac{1}{10}$인 수

ㄴ 8.902를 10배 한 수

ㄷ 890.2의 $\frac{1}{100}$인 수

(   )

18 설명하는 수의 $\frac{1}{10}$인 수를 구해 보세요.

0.01이 132개인 수

(   )

19 ㄱ이 나타내는 수는 ㄴ이 나타내는 수의 몇 배일까요?

56.452	57.364
ㄱ	ㄴ

(   )

서술형

20 47.6의 $\frac{1}{100}$인 수에서 숫자 6이 나타내는 수는 얼마인지 풀이 과정을 쓰고 답을 구해 보세요.

풀이

답

21 수가 ㉮ 장치를 통과하면 10배가 되고 ㉯ 장치를 통과하면 $\frac{1}{10}$이 됩니다. 7.3이 ㉮ 장치를 1번 통과한 후 ㉯ 장치를 2번 통과했습니다. 7.3은 얼마가 되었을까요?

(   )

5 조건을 만족시키는 소수 구하기

> • 4와 5 사이의 소수 두 자리 수입니다.
> • 숫자 9는 0.9를 나타냅니다.
> • 숫자 2는 0.02를 나타냅니다.

• 4와 5 사이의 소수 두 자리 수이므로 일의 자리 숫자가 4입니다. ➡ 4.☐☐

• 숫자 9는 0.9를 나타내므로 소수 첫째 자리 숫자입니다. ➡ 4.9☐

• 숫자 2는 0.02를 나타내므로 소수 둘째 자리 숫자입니다. ➡ 4.92

22 수진이가 소수에 대한 수수께끼를 풀고 있습니다. ☐ 안에 알맞은 수나 말을 써넣으세요.

> • 이 수는 소수 세 자리 수입니다.
> • 6보다 크고 7보다 작습니다.
> • 소수 첫째 자리 숫자는 5입니다.
> • 소수 둘째 자리 숫자는 2입니다.
> • 소수 셋째 자리 숫자는 4입니다.

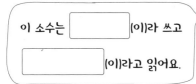 이 소수는 ☐(이)라 쓰고
☐(이)라고 읽어요.

 수진

23 조건을 모두 만족시키는 소수 세 자리 수를 구해 보세요.

> • 7보다 크고 8보다 작습니다.
> • 소수 첫째 자리 숫자는 9입니다.
> • 일의 자리 숫자와 소수 둘째 자리 숫자의 합은 11입니다.
> • 소수 셋째 자리 숫자는 소수 둘째 자리 숫자보다 2만큼 더 작습니다.

( )

6 어떤 수 구하기

> ☐의 10배는 7.82입니다.

➡ ☐의 10배가 7.82이면 ☐는 7.82의 $\frac{1}{10}$입니다. 7.82의 $\frac{1}{10}$은 0.782입니다.

➡ ☐ = 0.782

24 ☐ 안에 알맞은 수를 써넣으세요.

(1) ☐ 의 100배는 47.9입니다.

(2) ☐ 의 $\frac{1}{10}$은 1.572입니다.

25 어떤 수의 $\frac{1}{100}$은 0.057입니다. 어떤 수를 구해 보세요.

( )

26 어떤 수의 10배는 10이 3개, 0.1이 5개, 0.01이 2개인 수와 같습니다. 어떤 수를 구해 보세요.

( )

5 소수 한 자리 수의 덧셈

● **1.5 + 0.7의 계산**

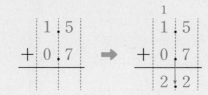

방법 1 0.1의 개수로 알아보기

$$1.5 \Rightarrow 0.1이\ 15개$$
$$+0.7 \Rightarrow 0.1이\ \ \ 7개$$
$$\overline{2.2 \Leftarrow 0.1이\ 22개}$$

0.1이 ■▲개인 수는 ■.▲야.

방법 2 세로로 계산하기

$$\begin{array}{r} 1.5 \\ +\ 0.7 \\ \hline \end{array} \Rightarrow \begin{array}{r} {}^{1}\ \\ 1.5 \\ +\ 0.7 \\ \hline 2.2 \end{array}$$

소수점의 자리를 맞추어 써.

자연수의 덧셈과 같이 계산한 후 소수점을 그대로 내려 찍어.

➕ 보충 개념

받아올림이 있는 소수의 덧셈
같은 자리 수끼리 더하여 합이 10 이거나 10보다 크면 윗자리로 1을 받아올림합니다.

---

1 ☐ 안에 알맞은 수를 써넣으세요.

(1)
$$1.3 \Rightarrow 0.1이\ \boxed{}\ 개$$
$$+\ 3.6 \Rightarrow 0.1이\ \boxed{}\ 개$$
$$\boxed{} \Leftarrow 0.1이\ \boxed{}\ 개$$

(2)
$$0.7 \Rightarrow 0.1이\ \boxed{}\ 개$$
$$+\ 2.8 \Rightarrow 0.1이\ \boxed{}\ 개$$
$$\boxed{} \Leftarrow 0.1이\ \boxed{}\ 개$$

▶ ■.▲는 0.1이 ■▲개
  ●.♥는 0.1이 ●♥개
➡ ■.▲ + ●.♥는
  0.1이 (■▲ + ●♥)개

2 계산해 보세요.

(1) 1.6+2

(2) 4.3+2.5

(3)
$$\begin{array}{r} 0.7 \\ +\ 1.4 \\ \hline \end{array}$$

(4)
$$\begin{array}{r} 11.6 \\ +\ 9.8 \\ \hline \end{array}$$

❓ 자연수 부분의 자리 수가 다른 소수의 덧셈은 어떻게 하나요?

소수점의 자리를 맞추어 자연수의 덧셈과 같은 방법으로 계산하고 소수점을 그대로 내려 찍습니다.

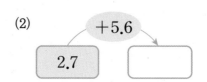

$$\begin{array}{r} {}^{1}\ \ \ \\ 1\ 7.1 \\ +\ \ \ 5.8 \\ \hline 2\ 2.9 \end{array}$$

3 빈칸에 알맞은 수를 써넣으세요.

(1)
0.3 →(+4.5)→ ☐

(2)
2.7 →(+5.6)→ ☐

6 소수 두 자리 수의 덧셈

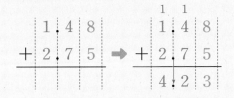

정답과 풀이 21쪽

● 1.48 + 2.75의 계산

방법 1 0.01의 개수로 알아보기

$$1.48 \rightarrow 0.01이\ 148개$$
$$+2.75 \rightarrow 0.01이\ 275개$$
$$\overline{\quad 4.23 \leftarrow 0.01이\ 423개\quad}$$

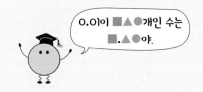

0.이이 ■▲●개인 수는 ■.▲●야.

방법 2 세로로 계산하기

$$\begin{array}{r} 1.48 \\ +\ 2.75 \\ \hline \end{array} \rightarrow \begin{array}{r} {}^{1\ 1} \\ 1.48 \\ +\ 2.75 \\ \hline 4.23 \end{array}$$

소수점의 자리를 맞추어 써.

자연수의 덧셈과 같이 계산한 후 소수점을 그대로 내려 찍어.

⊕ 보충 개념

자리 수가 다른 소수의 덧셈

$$\begin{array}{r} 1.35 \\ +\ 3.8 \\ \hline \end{array} \rightarrow \begin{array}{r} {}^{1} \\ 1.35 \\ +\ 3.80 \\ \hline 5.15 \end{array}$$

소수의 오른쪽 끝자리에 0이 있는 것으로 생각하여 계산합니다.

---

4 ☐ 안에 알맞은 수를 써넣으세요.

(1)
$$3.76 \rightarrow 0.01이\ \boxed{}개$$
$$+\ 0.19 \rightarrow 0.01이\ \boxed{}개$$
$$\boxed{} \leftarrow 0.01이\ \boxed{}개$$

(2)
$$2.54 \rightarrow 0.01이\ \boxed{}개$$
$$+\ 3.5 \rightarrow 0.01이\ \boxed{}개$$
$$\boxed{} \leftarrow 0.01이\ \boxed{}개$$

5 계산해 보세요.

(1) $0.42 + 0.35$

(2) $3.27 + 6.54$

(3)
$$\begin{array}{r} 3.65 \\ +\ 4.78 \\ \hline \end{array}$$

(4)
$$\begin{array}{r} 21.8 \\ +\ 3.34 \\ \hline \end{array}$$

6 ☐ 안에 알맞은 수를 써넣으세요.

$$3.26 + 1.12 = \boxed{}$$
$$3.26 + 1.14 = \boxed{}$$
$$3.26 + 1.16 = \boxed{}$$

▶ ■.▲는 0.01이 ■▲0개인 수입니다.

▶ 자연수 부분의 자리 수가 다른 경우 소수점의 자리를 맞추어 계산해야 하는 것에 주의합니다.

❓ 같은 수에 일정하게 커지는 수를 더하면 합은 어떻게 될까요?

같은 수에 더하는 수가 ■씩 커지면 합도 ■씩 커집니다.

예
$$4.11 + 0.02 = 4.13$$
$$4.11 + 0.05 = 4.16$$
$$4.11 + 0.08 = 4.19$$

더하는 수가   합도
0.03씩   0.03씩
커지면   커짐

7 소수 한 자리 수의 뺄셈

● 2.1 − 1.5의 계산

방법 1 0.1의 개수로 알아보기

2.1 ➡ 0.1이 21개
− 1.5 ➡ 0.1이 15개
─────────────
0.6 ⬅ 0.1이 6개

소수 첫째 자리 수끼리 뺄 수 없으면 일의 자리에서 받아내림해.

방법 2 세로로 계산하기

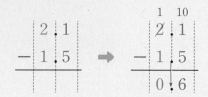

소수점의 자리를 맞추어 써.

자연수의 뺄셈과 같이 계산한 후 소수점을 그대로 내려 찍어.

보충 개념

받아내림이 있는 소수의 뺄셈
같은 자리 수끼리 뺄 수 없을 때는 바로 윗자리에서 10을 받아내림하여 계산합니다.

---

7 □ 안에 알맞은 수를 써넣으세요.

(1)
3.7 ➡ 0.1이 □ 개
− 1.4 ➡ 0.1이 □ 개
─────────────
□ ⬅ 0.1이 □ 개

(2)
8.5 ➡ 0.1이 □ 개
− 3.9 ➡ 0.1이 □ 개
─────────────
□ ⬅ 0.1이 □ 개

▶ ■.▲는 0.1이 ■▲개인 수
● .♥는 0.1이 ●♥개인 수
➡ ■.▲ − ●.♥는
0.1이 (■▲ − ●♥)개

8 계산해 보세요.

(1) 0.7 − 0.5

(2) 4 − 3.7

(3)
  8.4
− 0.7

(4)
  5.3
− 2.4

? (자연수) − (소수 한 자리 수)는 어떻게 계산하나요?

일의 자리에서 받아내림하여 계산합니다.

$$\begin{array}{c} \overset{3\ \ 10}{4} \\ -\ 2.3 \\ \hline 1.7 \end{array}$$

9 빈칸에 알맞은 수를 써넣으세요.

(1)
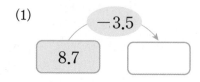
8.7 −3.5→ □

(2)
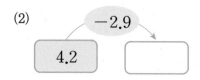
4.2 −2.9→ □

8 소수 두 자리 수의 뺄셈

정답과 풀이 21쪽

● 5.2 − 1.67의 계산

방법 1 0.01의 개수로 알아보기

$$
\begin{array}{r}
5.2 \Rightarrow 0.01이\ 520개 \\
-\ 1.67 \Rightarrow 0.01이\ 167개 \\
\hline
3.53 \Leftarrow 0.01이\ 353개
\end{array}
$$

방법 2 세로로 계산하기

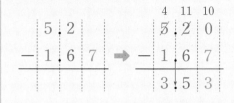

	4	11	10

$$
\begin{array}{r}
5.2\ 0 \\
-\ 1.6\ 7 \\
\hline
3.5\ 3
\end{array}
$$

 자리 수가 다르면 소수의 오른쪽 끝자리에 0이 있는 것으로 생각해.

소수점의 자리를 맞추어 써.

자연수의 뺄셈과 같이 계산한 후 소수점을 그대로 내려 찍어.

심화 개념

세 수의 뺄셈 또는 덧셈과 뺄셈이 섞여 있는 식은 앞에서부터 두 수씩 차례로 계산합니다.

· 5.64 − 2.29 − 1.4 = 1.95
   3.35
   1.95

· 3.97 − 1.63 + 0.7 = 3.04
   2.34
   3.04

---

10 ☐ 안에 알맞은 수를 써넣으세요.

(1)
$$8.34 \Rightarrow 0.01이\ \boxed{}개$$
$$-\ 3.65 \Rightarrow 0.01이\ \boxed{}개$$
$$\boxed{} \Leftarrow 0.01이\ \boxed{}개$$

(2)
$$6.2 \Rightarrow 0.01이\ \boxed{}개$$
$$-\ 2.83 \Rightarrow 0.01이\ \boxed{}개$$
$$\boxed{} \Leftarrow 0.01이\ \boxed{}개$$

11 계산해 보세요.

(1) 0.55 − 0.24

(2) 9.53 − 2.19

(3)
$$
\begin{array}{r}
3.0\ 2 \\
-\ 0.3\ 6 \\
\hline
\end{array}
$$

(4)
$$
\begin{array}{r}
6.4 \\
-\ 1.4\ 8 \\
\hline
\end{array}
$$

12 ☐ 안에 알맞은 수를 써넣으세요.

$$7.51 - 1.2 = \boxed{}$$
$$7.51 - 1.4 = \boxed{}$$
$$7.51 - 1.6 = \boxed{}$$

주의 개념

소수점의 자리를 맞추어 계산합니다.

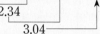

$$
\begin{array}{r}
3.7\ 1 \\
\times\ 3.4 \\
\hline
\end{array}
$$

$$
\begin{array}{r}
3.7\ 1 \\
\bigcirc\ 3.4 \\
\hline
\end{array}
$$

? 같은 수에서 일정하게 커지는 수를 빼면 차는 어떻게 될까요?

같은 수에서 빼는 수가 ■씩 커지면 차는 ■씩 작아집니다.

예 2.58 − 1.21 = 1.37
   2.58 − 1.24 = 1.34
   2.58 − 1.27 = 1.31

빼는 수가 ↓ 차는
0.03씩   0.03씩
커지면   작아짐

기본에서 응용으로

개념+문제 풀이

7 소수 한 자리 수의 덧셈

• 3.7 + 1.6의 계산

```
  3.7          1
+ 1.6    ➡    3.7
_____     + 1.6
              ____
              5.3
```

27 관계있는 것끼리 이어 보세요.

5.4+3.8	•	•	8.2
2.9+6.6	•	•	9.2
4.7+3.5	•	•	9.5

28 화살표를 따라 계산하여 ◯ 안에 알맞은 수를 써넣으세요.

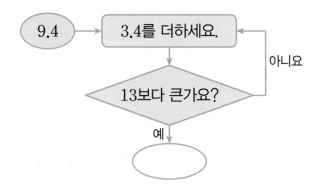

29 들이가 1.9 L인 물통과 들이가 2.7 L인 물통이 있습니다. 두 물통에 물을 가득 채우는 데 필요한 물은 모두 몇 L일까요?

( )

30 두 수를 골라 합이 1인 덧셈식을 만들려고 합니다. ☐ 안에 알맞은 수를 써넣으세요.

| 0.6 | 0.5 | 0.4 | 0.8 |

☐ + ☐ = 1

서술형
31 ㉠과 ㉡이 나타내는 수의 합은 얼마인지 풀이 과정을 쓰고 답을 구해 보세요.

㉠ 0.1이 9개인 수
㉡ 일의 자리 숫자가 1, 소수 첫째 자리 숫자가 3인 수

풀이 ....
....
....
....

답 ....

8 소수 두 자리 수의 덧셈

• 1.53 + 6.7의 계산

```
  1.53          1
+ 6.7    ➡    1.53
_____     + 6.7
              _____
              8.23
```

32 가장 큰 수와 가장 작은 수의 합을 구해 보세요.

| 0.44 | 0.81 | 0.46 |

( )

33 계산 결과가 큰 것부터 차례로 ○ 안에 1, 2, 3을 써넣으세요.

$$2.06 + 3.85$$　　$$5.23 + 0.58$$　　$$1.54 + 4.39$$

34 잘못 계산한 곳을 찾아 까닭을 쓰고, 바르게 계산해 보세요.

$$
\begin{array}{r}
3.6\,7 \\
+\ \ \ 0.5 \\
\hline
3.7\,2
\end{array}
\ \Rightarrow\ \boxed{}
$$

까닭 _____

35 정혜는 어제 6.86 km, 오늘 8.7 km를 달렸습니다. 정혜가 어제와 오늘 달린 거리는 모두 몇 km일까요?

(　　　　　　　　)

---

9 소수 한 자리 수의 뺄셈

• 3.4 − 1.9의 계산

$$
\begin{array}{r}
3.4 \\
-\ 1.9 \\
\hline
\end{array}
\ \Rightarrow\
\begin{array}{r}
\overset{2}{\cancel{3}}.\overset{10}{4} \\
-\ 1.9 \\
\hline
1.5
\end{array}
$$

---

36 설명하는 수를 구해 보세요.

> 8.5보다 3.2만큼 더 작은 수

(　　　　　　　　)

37 계산 결과를 비교하여 ○ 안에 >, =, < 중 알맞은 것을 써넣으세요.

(1) $0.9 - 0.3 \bigcirc 0.8 - 0.1$

(2) $4.4 - 3.7 \bigcirc 3 - 2.6$

창의+

38 어느 날 가 도시와 나 도시의 최저 기온과 최고 기온입니다. 최저 기온과 최고 기온의 차가 더 큰 도시는 어디일까요?

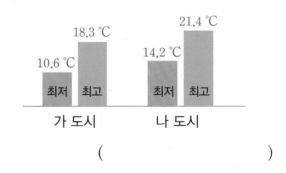

	가 도시		나 도시
최저	10.6 ℃	최저	14.2 ℃
최고	18.3 ℃	최고	21.4 ℃

(　　　　　　　　)

39 두 수를 골라 차가 가장 크게 되도록 식을 만들어 보세요.

> 9.5　　7.4　　10.7　　8.2

$$\boxed{} - \boxed{} = \boxed{}$$

40 16.6보다 크고 16.8보다 작은 소수 한 자리 수와 0.01이 4713개인 수의 차를 구해 보세요.

(　　　　　　　　)

10 소수 두 자리 수의 뺄셈

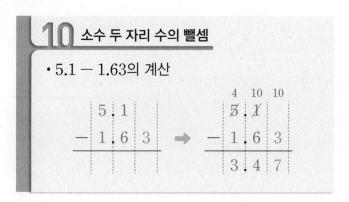

• 5.1 − 1.63의 계산

41 계산 결과가 1보다 작은 뺄셈을 찾아 ○표 하세요.

3.61−1.73	5.16−4.07	6.42−5.48
( )	( )	( )

42 수직선에서 ㉠과 ㉡이 나타내는 수의 차를 구해 보세요.

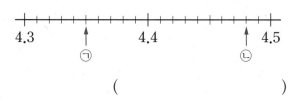

( )

43 현성이는 가게에서 고구마 13.24 kg과 감자 9.57 kg을 샀습니다. 현성이는 고구마와 감자 중에서 어느 것을 몇 kg 더 많이 샀는지 구해 보세요.

( ), ( )

44 설명하는 수에서 6.83을 뺀 수를 구해 보세요.

> 1이 25개, 0.01이 12개인 수

( )

45 서아와 은호가 생각하는 소수의 차는 얼마인지 구해 보세요.

( )

11 소수의 덧셈과 뺄셈

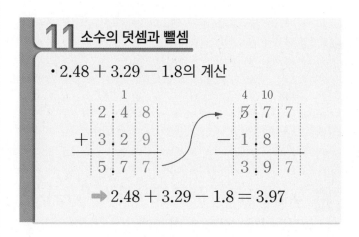

• 2.48 + 3.29 − 1.8의 계산

$$\Rightarrow 2.48 + 3.29 - 1.8 = 3.97$$

46 가장 큰 수와 가장 작은 수의 합에서 나머지 수를 뺀 값을 구해 보세요.

> 8.6   8.12   8.2

( )

47 은유는 털실 15.4 m를 가지고 있었습니다. 그중 9.62 m를 뜨개질을 하는 데 사용했고, 엄마에게 3.4 m를 더 받았습니다. 은유가 현재 가지고 있는 털실은 몇 m일까요?

( )

서술형

48 어떤 수에서 0.57을 **빼야** 할 것을 잘못하여 더했더니 4.32가 되었습니다. 바르게 계산한 값은 얼마인지 풀이 과정을 쓰고 답을 구해 보세요.

풀이

답

12 덧셈식 또는 뺄셈식 완성하기

```
   3 . ㉡ 4
 +   2 . 3 ㉠
 ─────────────
   5 . 8 2
```

4 + ㉠의 값 2가 4보다 작으므로 받아올림이 있습니다.

```
   ㉡ . 3 6
 -   1 . ㉠ 2
 ─────────────
   4 . 7 4
```

3 − ㉠의 값 7이 3보다 크므로 받아내림이 있습니다.

49 □ 안에 알맞은 수를 써넣으세요.

```
     2 . □ 8
 +   4 . 2 □
 ─────────────
   □ . 1 1
```

50 □ 안에 알맞은 수를 써넣으세요.

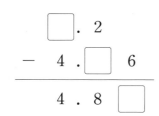

```
   □ . 2
 -   4 . □ 6
 ─────────────
   4 . 8 □
```

13 □ 안에 알맞은 수 구하기

• 1부터 9까지의 수 중 □ 안에 들어갈 수 있는 수 구하기

$$2.7 + 5.8 > 8.\square$$

① 덧셈식 또는 뺄셈식을 계산합니다.
$2.7 + 5.8 = 8.5$ ➡ $8.5 > 8.\square$

② 일의 자리 수가 같으므로 소수 첫째 자리 수를 비교합니다.
$5 > \square$ ➡ $\square = 1, 2, 3, 4$

51 0부터 9까지의 수 중 □ 안에 들어갈 수 있는 수를 모두 구해 보세요.

$$4.65 + 3.88 < 8.\square3$$

( )

52 0부터 9까지의 수 중 □ 안에 들어갈 수 있는 가장 큰 수를 구해 보세요.

$$9.4 - 5.62 > 3.\square8$$

( )

53 0부터 9까지의 수 중 □ 안에 들어갈 수 있는 수는 모두 몇 개일까요?

$$3.21 + 4.31 < 7.\square2 < 5.87 + 2.05$$

( )

3

심화유형 1

조건에 알맞은 수 구하기

설명하는 수보다 크고 4.01보다 작은 소수 세 자리 수를 모두 써 보세요.

> 1이 4개, 0.001이 7개인 수

( )

● 핵심 NOTE
• 설명하는 소수를 구합니다.
• 주어진 조건에 알맞은 소수 세 자리 수를 모두 찾습니다.

1-1 0.95보다 크고 설명하는 수보다 작은 소수 세 자리 수를 모두 써 보세요.

> 0.1이 9개, 0.01이 5개, 0.001이 4개인 수

( )

1-2 설명하는 수보다 크고 12.1보다 작은 소수 세 자리 수는 모두 몇 개일까요?

> 1이 12개, $\dfrac{1}{100}$이 9개, $\dfrac{1}{1000}$이 5개인 수

( )

심화유형 2 단위를 같게 하여 계산하기

다솔이가 가지고 있는 끈의 길이는 2.5 m이고, 승현이가 가지고 있는 끈의 길이는 다솔이가 가지고 있는 끈의 길이보다 65 cm 더 짧다고 합니다. 두 사람이 가지고 있는 끈의 길이는 모두 몇 m일까요?

(   )

● 핵심 NOTE
  • 1 cm = 0.01 m입니다.
  • cm를 m로 바꾼 후 계산합니다.

2-1 영호의 몸무게는 35.25 kg이고, 지수의 몸무게는 영호의 몸무게보다 3750 g 더 가볍습니다. 두 사람의 몸무게의 합은 몇 kg일까요?

(   )

2-2 성진이네 가족은 주말마다 함께 등산을 하는데 이번 주말에는 산 정상까지 올라갔다 오기로 했습니다. 산 입구에서 약수터를 지나 정상까지 올라간 후 올라간 길로 다시 내려올 때, 성진이네 가족이 등산하는 거리는 모두 몇 km일까요?

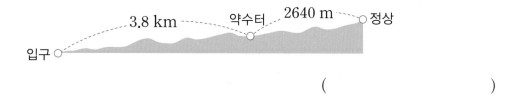

(   )

심화유형 3 카드로 소수 만들어 계산하기

6장의 카드를 한 번씩 모두 사용하여 가장 큰 소수 두 자리 수와 가장 작은 소수 두 자리 수를 각각 만들었습니다. 두 소수의 차를 구해 보세요. (단, 소수의 오른쪽 끝자리에는 0이 오지 않습니다.)

| 0 | 7 | 3 | 1 | 8 | . |

(   )

● 핵심 NOTE

• 소수 두 자리 수는 자연수 부분이 세 자리 수가 되도록 만들어야 합니다.

• 가장 큰 소수 두 자리 수는 높은 자리부터 큰 숫자를 차례로 쓰고, 가장 작은 소수 두 자리 수는 높은 자리부터 작은 숫자를 차례로 씁니다.

• 0은 가장 높은 자리에 올 수 없습니다.

3-1 6장의 카드를 한 번씩 모두 사용하여 가장 큰 소수 두 자리 수와 가장 작은 소수 두 자리 수를 각각 만들었습니다. 두 소수의 차를 구해 보세요. (단, 소수의 오른쪽 끝자리에는 0이 오지 않습니다.)

| 0 | 2 | 8 | 6 | 4 | . |

(   )

3-2 6장의 카드를 한 번씩 모두 사용하여 가장 큰 소수 두 자리 수와 둘째로 큰 소수 두 자리 수를 각각 만들었습니다. 두 소수의 차를 구해 보세요. (단, 소수의 오른쪽 끝자리에는 0이 오지 않습니다.)

| 0 | 7 | 5 | 3 | 9 | . |

(   )

둘레길 코스 정하기

통합 교과유형 4
수학 + 사회

둘레길은 산이나 호수, 마을 등의 둘레에 산책이나 걷기 여행을 편리하게 할 수 있도록 만든 길입니다. 지우네 마을에는 마을의 역사, 문화를 접하면서 산책이나 걷기 운동을 할 수 있게 만든 둘레길이 있습니다. 지우는 마을 둘레길 중 3개의 코스를 완주하여 10 km에 가장 가깝게 걸으려고 합니다. 마을 둘레길 안내 표지판을 보고 셋째에는 어느 코스를 완주해야 하는지 정해 보세요.

둘레길 안내

1코스: 4.48 km   2코스: 2.76 km   3코스: 5.01 km
4코스: 3.87 km   5코스: 2.49 km   6코스: 3.51 km

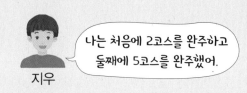

나는 처음에 2코스를 완주하고 둘째에 5코스를 완주했어.

지우

1단계 2코스와 5코스의 길이의 합 구하기

_____

_____

2단계 셋째에 완주해야 하는 코스 정하기

_____

_____

(   )

● **핵심 NOTE**　**1단계** 지금까지 완주한 코스의 길이의 합을 구합니다.
　　　　　　　2단계 10 km에 가장 가까우려면 남은 길이와 차가 가장 작아야 합니다.

4-1 하민이는 마을 둘레길을 3개의 코스를 완주하여 10 km에 가장 가깝게 걸으려고 합니다. 지금까지 4코스와 6코스를 완주했다면 셋째에는 어느 코스를 완주해야 하는지 **4**의 둘레길 안내 표지판을 보고 정해 보세요.

(   )

단원 평가 Level ❶

점수

확인

1 분수를 소수로 나타내고 읽어 보세요.

$$\frac{7251}{1000}$$

쓰기 (   )

읽기 (   )

2 수직선에서 ↑가 가리키는 곳을 소수로 써 보세요.

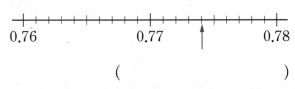

(   )

3 빈칸에 알맞은 수를 써넣으세요.

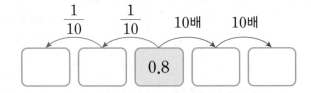

4 숫자 5가 나타내는 수가 다른 하나를 찾아 기호를 써 보세요.

⊙ 7.512   ⓛ 13.56

ⓒ 1.05   ⓔ 99.503

(   )

5 두 소수의 크기를 비교하여 ○ 안에 >, =, < 중 알맞은 것을 써넣으세요.

(1) 8.63 ◯ 8.617

(2) 17.152 ◯ 17.154

6 ☐ 안에 알맞은 수를 써넣으세요.

(1) 0.01이 25개인 수는 ☐ 입니다.

(2) 0.01이 30개인 수는 ☐ 입니다.

(3) 0.97은 0.01이 ☐ 개인 수입니다.

7 계산해 보세요.

(1)
$$\begin{array}{r} 1.26 \\ +\ 2.39 \\ \hline \end{array}$$

(2)
$$\begin{array}{r} 2.45 \\ -\ 1.8 \\ \hline \end{array}$$

(3) 13.75 + 11.9

(4) 20.83 − 9.54

8 가장 큰 수와 가장 작은 수의 합을 구해 보세요.

| 4.96 | 4.5 | 4.52 |

(   )

9 잘못 계산한 곳을 찾아 바르게 계산해 보세요.

$$\begin{array}{r} 4\ 8.1\ 6 \\ -\ 3.7\ 8 \\ \hline 1.0\ 3\ 6 \end{array}$$

10 상자 안에 무게가 0.87 kg인 물건을 넣고 상자의 무게를 재었더니 1 kg이 되었습니다. 빈 상자의 무게는 몇 kg일까요?

(   )

11 ☐ 안에 알맞은 수를 써넣으세요.

2 m 45 cm는 ☐ m이고,

75 cm는 ☐ m입니다.

➡ 2 m 45 cm + 75 cm = ☐ m

12 두 수의 차를 구해 보세요.

| 0.01이 15개인 수 |
| 0.01이 9개인 수 |

(   )

13 두 수를 골라 합이 가장 크게 되도록 식을 만들어 보세요.

| 8.9 | 10.18 | 10.1 | 8.27 |

☐ + ☐ = ☐

14 어떤 수의 10배는 1이 4개, $\frac{1}{10}$이 1개, $\frac{1}{100}$이 3개인 수입니다. 어떤 수를 구해 보세요.

(   )

15 ☐ 안에 알맞은 수를 써넣으세요.

$$\begin{array}{r} \boxed{}.\ 6\ \boxed{} \\ +\ 7.\ \boxed{}\ 5 \\ \hline 1\ \ 5\ .\ 8\ \ 2 \end{array}$$

16 조건을 모두 만족시키는 소수 세 자리 수를 구해 보세요.

> • 17보다 크고 18보다 작습니다.
> • 소수 첫째 자리 숫자는 2입니다.
> • 소수 둘째 자리 숫자는 소수 첫째 자리 숫자보다 7만큼 더 큰 수입니다.
> • 이 소수를 10배 하면 소수 둘째 자리 숫자는 6이 됩니다.

(   )

17 6장의 카드를 한 번씩 모두 사용하여 가장 큰 소수 두 자리 수와 가장 작은 소수 두 자리 수를 각각 만들었습니다. 두 소수의 차를 구해 보세요.

3   5   2   7   6   .

(   )

18 일주일 동안 혜진이는 우유를 3.2 L 마시고, 진우는 혜진이보다 520 mL 더 적게 마셨습니다. 혜진이와 진우가 일주일 동안 마신 우유는 모두 몇 L일까요?

(   )

19 9.147을 100배 한 수에서 소수 첫째 자리 숫자가 나타내는 수를 구하려고 합니다. 풀이 과정을 쓰고 답을 구해 보세요.

풀이 _____

_____

_____

_____

답 _____

20 어떤 수에서 3.27을 **빼야** 할 것을 잘못하여 더했더니 7.23이 되었습니다. 바르게 계산한 값은 얼마인지 풀이 과정을 쓰고 답을 구해 보세요.

풀이 _____

_____

_____

_____

답 _____

단원 평가 Level ❷

1 ☐ 안에 알맞은 소수를 써넣으세요.

(1) 구 점 영사를 소수로 나타내면 ☐ 입니다.

(2) 1이 4개, 0.1이 8개, 0.01이 5개, 0.001이 7개인 수는 ☐ 입니다.

2 54.8과 같은 수를 찾아 ○표 하세요.

5.48의 $\frac{1}{10}$	5.48의 10배
( )	( )

3 숫자 4가 나타내는 수가 0.04인 것을 모두 찾아 기호를 써 보세요.

㉠ 31.714	㉡ 1.843
㉢ 8.456	㉣ 17.94

( )

4 소수 둘째 자리 숫자가 가장 큰 수는 어느 것일까요? ( )

① 70.932 ② 12.671 ③ 24.152
④ 3.89   ⑤ 100.561

5 ☐ 안에 알맞은 수를 써넣으세요.

(1) 4 m 58 cm = ☐ m

(2) 391 m = ☐ km

6 21.91에 대해 잘못 설명한 것은 어느 것일까요? ( )

① 소수 둘째 자리 숫자가 나타내는 수는 0.01입니다.

② $\frac{1}{10}$ 인 수는 2.191입니다.

③ 100배인 수는 219.1입니다.

④ 이십일 점 구일이라고 읽습니다.

⑤ 소수 첫째 자리 숫자는 9입니다.

7 강아지의 무게는 3.55 kg이고, 고양이의 무게는 3.049 kg입니다. 강아지와 고양이 중 더 무거운 동물을 써 보세요.

( )

8 계산 결과를 비교하여 ○ 안에 >, =, < 중 알맞은 것을 써넣으세요.

(1) 0.6＋1.4 ○ 0.7＋1.2

(2) 1.45＋0.19 ○ 1.63＋0.02

9 0.1이 38개인 수와 84의 $\frac{1}{10}$인 수의 차를 구해 보세요.

( )

10 수직선에서 ㉠과 ㉡이 나타내는 수의 합을 구해 보세요.

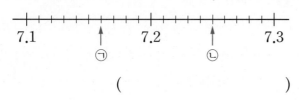

( )

11 ㉠이 나타내는 수는 ㉡이 나타내는 수의 몇 배일까요?

72.302
㉠ ㉡

( )

12 가장 큰 수와 가장 작은 수의 합에서 나머지 수를 뺀 값을 구해 보세요.

5.62   5.8   5.3

( )

13 어떤 수의 100배는 114.3입니다. 어떤 수를 구해 보세요.

( )

14 ☐ 안에 알맞은 수를 써넣으세요.

$$\boxed{}+2.72=1.94+4.1$$

15 길이가 2.54 m인 색 테이프 2장을 겹치지 않게 이어 붙인 후 0.78 m만큼 잘라 냈습니다. 남은 색 테이프는 몇 m일까요?

( )

16 설명하는 수보다 크고 0.7보다 작은 소수 세 자리 수는 모두 몇 개인지 구해 보세요.

> 0.1이 6개, 0.01이 9개,
> 0.001이 4개인 수

(   )

17 민석이네 집에서 할아버지 댁까지의 거리는 55.42 km입니다. 민석이는 집에서 할아버지 댁까지 가는 데 38250 m는 기차를 타고, 나머지 거리는 버스를 탔습니다. 버스를 타고 간 거리는 몇 km일까요?

(   )

18 6장의 카드를 한 번씩 모두 사용하여 만들 수 있는 가장 큰 소수 두 자리 수와 둘째로 큰 소수 두 자리 수의 차를 구해 보세요. (단, 소수의 오른쪽 끝자리에는 0이 오지 않습니다.)

4   7   9   0   5   .

(   )

19 0부터 9까지의 수 중 □ 안에 들어갈 수 있는 수는 모두 몇 개인지 풀이 과정을 쓰고 답을 구해 보세요.

> $4.7 - 1.26 < 3.\square4$

풀이 _____

_____

_____

_____

답 _____

20 떨어뜨린 높이의 $\frac{1}{10}$만큼 튀어 오르는 공이 있습니다. 이 공을 56.8 m 높이에서 떨어뜨렸을 때 첫째로 튀어 오른 공의 높이와 처음 높이의 차는 몇 m인지 구하려고 합니다. 풀이 과정을 쓰고 답을 구해 보세요.

풀이 _____

_____

_____

_____

답 _____

4 사각형

평행
수직

평행한 변이 있는 사각형들

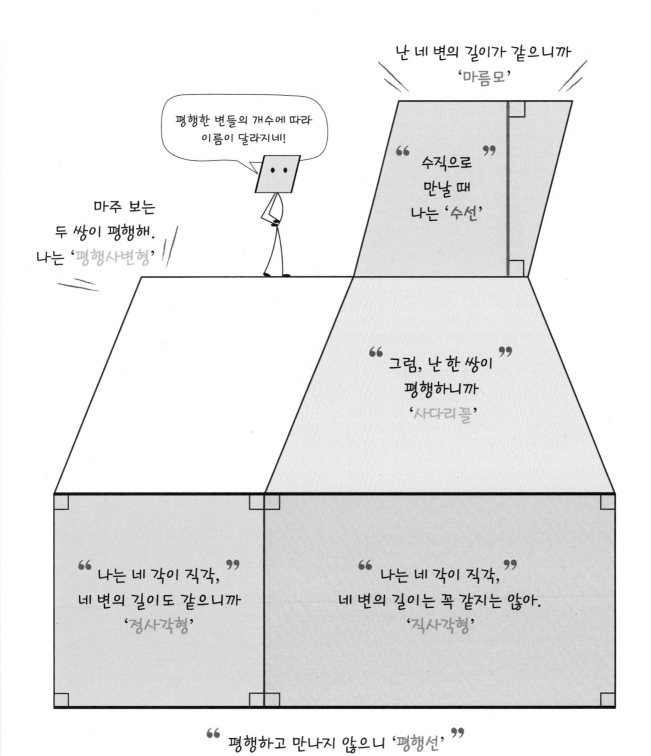

1 수직과 수선

● **수직과 수선**

두 직선이 만나서 이루는 각이 직각일 때, 두 직선은 서로 수직이라고 합니다.

두 직선이 서로 수직으로 만나면 한 직선을 다른 직선에 대한 수선이라고 합니다.

└→ 한 직선에 대한 수선은 셀 수 없이 많습니다.

선분과 선분, 직선과 선분이 만나서 직각을 이룰 때에도 수직이라고 해.

● **삼각자를 사용하여 수선 긋기**

삼각자의 직각을 낀 한 변을 주어진 직선에 맞추기

삼각자의 직각을 낀 다른 한 변을 따라 직선 긋기

● **각도기를 사용하여 수선 긋기**

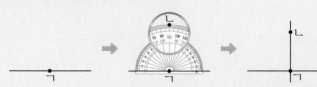

주어진 직선 위에 점 ㄱ을 찍기

각도기의 중심을 점 ㄱ에 맞추고 90°가 되는 눈금 위에 점 ㄴ을 찍기

점 ㄱ과 점 ㄴ을 직선으로 잇기

---

1 직선 가에 대한 수선을 모두 찾아 써 보세요.

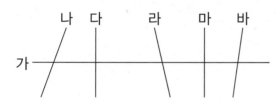

(   )

2 도형에서 변 ㄱㄴ과 수직인 변을 써 보세요.

(1)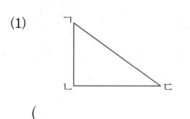

(   )

(2)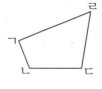

(   )

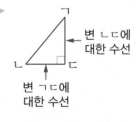

변 ㄴㄷ에 대한 수선

변 ㄱㄷ에 대한 수선

❓ **한 직선에 대한 수선은 몇 개 그을 수 있나요?**

· 직선 가에 대한 수선은 셀 수 없이 많이 그을 수 있습니다.

· 한 점을 지나고 직선 가에 수직 인 직선은 1개밖에 없습니다.

3 삼각자를 사용하여 주어진 직선에 대한 수선을 그어 보세요.

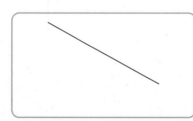

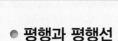 **평행과 평행선**

정답과 풀이 27쪽

● **평행과 평행선**

한 직선에 수직인 두 직선을 그었을 때, 그 두 직선은 서로 만나지 않습니다. 서로 만나지 않는 두 직선을 평행하다고 합니다. 평행한 두 직선을 평행선이라고 합니다.

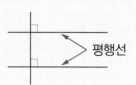

한 직선에 수직인 두 선분도 평행하다고 해.

● **평행선 긋기**

그림과 같이 주어진 직선에 맞추어 삼각자 2개 놓기

왼쪽 삼각자를 고정하고 오른쪽 삼각자를 움직여 평행선 긋기

● **한 점을 지나는 평행선 긋기**

삼각자의 직각을 낀 한 변을 주어진 직선에 맞추기

다른 삼각자의 직각을 낀 한 변이 점 ㄱ을 지나게 놓고 주어진 직선과 평행한 직선 긋기

---

4 서로 평행한 직선을 찾아 써 보세요.

(1)
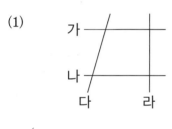

(   )

(2)
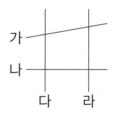

(   )

> 평행선은 아무리 길게 늘여도 서로 만나지 않습니다.

5 서로 평행한 변이 있는 도형을 모두 찾아 기호를 써 보세요.

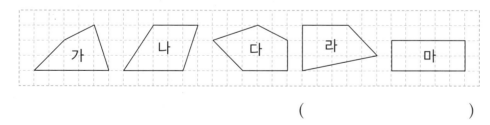

(   )

❓ 한 직선에 평행한 직선은 몇 개 그을 수 있나요?

• 직선 가와 평행한 직선은 셀 수 없이 많이 그을 수 있습니다.

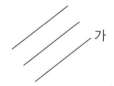

• 한 점을 지나고 직선 가와 평행한 직선은 1개밖에 없습니다.

6 삼각자를 사용하여 평행선을 바르게 그은 것을 찾아 ○표 하세요.

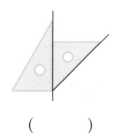

(   )   (   )   (   )

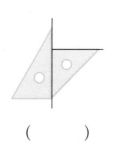

3 평행선 사이의 거리

정답과 풀이 27쪽

● **평행선 사이의 거리**

평행선의 한 직선에서 다른 직선에 수직인 선분을 그 었을 때 이 수직인 선분의 길이를 **평행선 사이의 거리** 라고 합니다.

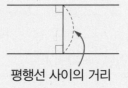

평행선 사이의 거리

● **평행선 사이의 거리 재기**

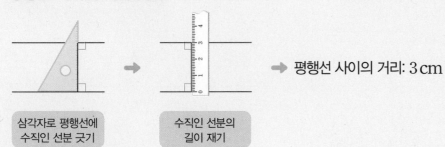

삼각자로 평행선에 수직인 선분 긋기

수직인 선분의 길이 재기

➡ 평행선 사이의 거리: 3 cm

실전 개념

평행선 사이의 선분 중에서 수직인 선분의 길이가 가장 짧습니다.

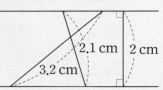

2.1 cm 2 cm
3.2 cm

➡ 평행선 사이의 거리: 2 cm

---

7 직선 가와 직선 나는 서로 평행합니다. 평행선 사이의 거리를 나타내는 선분을 모두 찾아 기호를 써 보세요.

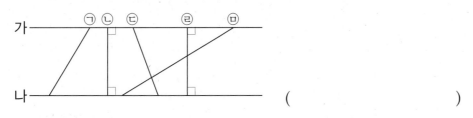

가 ㉠ ㉡ ㉢ ㉣ ㉤

나

( )

8 평행선 사이의 거리는 몇 cm인지 재어 보세요.

(1) (2)

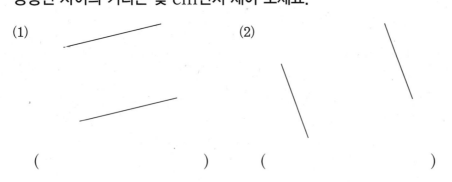

( ) ( )

? 평행선 사이의 거리는 어디에서 재어야 하나요?

평행선 사이에 그은 수직인 선분 의 길이는 모두 같으므로 평행선 사이의 거리는 어디에서 재어도 모두 같습니다.

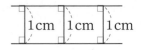

1cm 1cm 1cm

9 평행선 사이의 거리가 2 cm가 되도록 주어진 직선과 평행한 직선을 그 어 보세요.

(1) (2)

▶ 삼각자를 2 cm만큼 떨어진 곳으 로 움직여 평행선을 긋습니다.

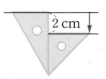

2 cm

기본에서 응용으로

1 수직과 수선

직선 가와 직선 나는 서로 수직입니다.

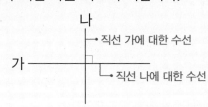

1 서로 수직인 직선을 모두 찾아 써 보세요.

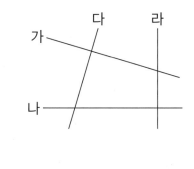

( )

2 서로 수직인 변이 있는 도형을 모두 찾아 기호를 써 보세요.

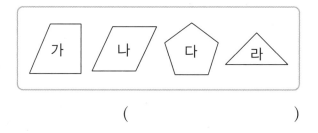

( )

3 점 ㄱ을 지나고 직선 가에 수직인 직선을 그어 보세요.

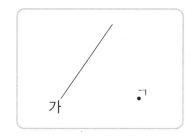

4 변 ㄴㅁ에 대한 수선을 찾아 써 보세요.

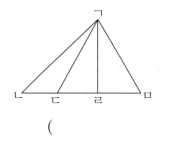

( )

5 변 ㄱㄴ에 수직인 변은 모두 몇 개일까요?

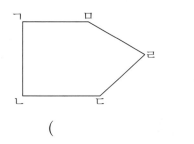

( )

6 수직인 선분이 있는 알파벳을 모두 찾아 써 보세요.

( )

7 점 ㄱ에서 각 변에 수선을 그을 때 그을 수 있는 수선은 모두 몇 개일까요?

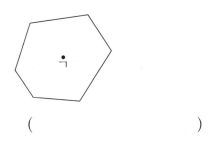

( )

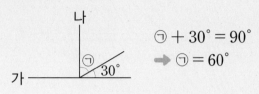

㉠ 직선 가에 대한 수선이 직선 나일 때 ㉠의 각도 구하기

$㉠ + 30° = 90°$
➡ $㉠ = 60°$

8 직선 가에 대한 수선이 직선 나일 때 ㉠의 각도는 몇 도일까요?

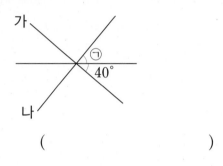

( )

서술형
9 선분 ㄴㅁ은 선분 ㄷㅁ에 대한 수선입니다. 각 ㄱㅁㄴ의 크기는 몇 도인지 풀이 과정을 쓰고 답을 구해 보세요.

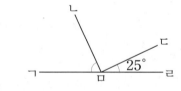

풀이 ....

....

....

....

답 ....

10 선분 ㄷㄹ은 선분 ㄱㄴ에 대한 수선입니다. 각 ㄷㄹㄴ을 똑같이 세 부분으로 나누었을 때 각 ㅁㄹㅂ의 크기는 몇 도일까요?

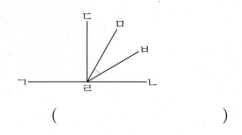

( )

11 직선 가는 직선 나에 대한 수선입니다. ㉠의 각도는 몇 도일까요?

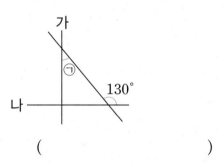

( )

• 서로 만나지 않는 두 직선을 평행하다고 합니다.
• 평행선: 평행한 두 직선

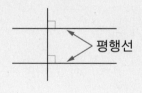

평행선

12 사각형 ㄱㄴㄷㄹ에서 변 ㄴㄷ과 평행한 변은 어느 것일까요?

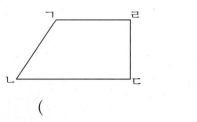

( )

13 삼각자를 사용하여 점 ㄱ을 지나고 직선 가와 평행한 직선을 그어 보세요.

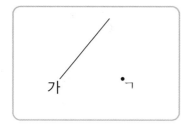

14 평행과 평행선에 대해 잘못 설명한 사람의 이름을 쓰고, 바르게 고쳐 보세요.

> 준하: 평행선은 한 직선에 수직인 두 직선이야.
> 우정: 평행한 두 직선은 서로 만나지 않아.
> 은진: 평행한 두 직선을 수선이라고 해.

이름 _____

바르게 고치기 _____

_____

15 평행선이 더 많은 도형을 찾아 기호를 써 보세요.

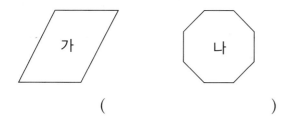

( )

16 점 ㄹ을 지나고 변 ㄱㄴ과 평행한 선분을 그어 보세요.

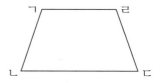

17 주어진 두 선분을 두 변으로 하는 평행선이 두 쌍인 사각형을 그려 보세요.

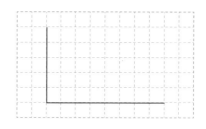

18 변 ㄱㄴ과 평행한 변을 모두 찾아 써 보세요.

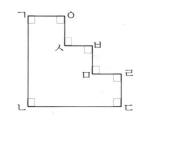

( )

19 착시 현상으로 유명한 그림입니다. 주어진 선들이 기울어져 보이지만 실제로는 평행합니다. 평행선은 모두 몇 쌍일까요?

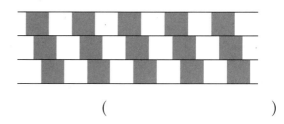

( )

4 평행선 사이의 거리

• 평행선 사이의 거리: 평행선에 수직인 선분의 길이

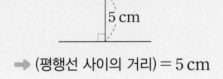

➡ (평행선 사이의 거리) = 5 cm

20 도형에서 평행선 사이의 거리는 몇 cm인지 재어 보세요.

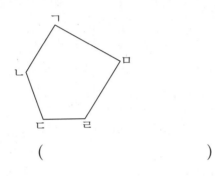

( )

21 평행선 사이의 거리가 1 cm가 되도록 주어진 직선과 평행한 직선을 2개 그어 보세요.

22 도형에서 평행선 사이의 거리는 몇 cm일까요?

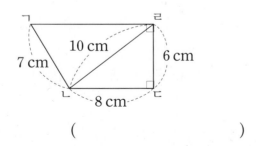

( )

23 세 직선 가, 나, 다가 서로 평행할 때 직선 가와 직선 다 사이의 거리는 몇 cm일까요?

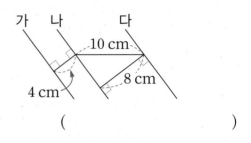

( )

24 세 직선 가, 나, 다가 서로 평행하고 직선 가와 직선 다 사이의 거리가 11 cm일 때 직선 가와 직선 나 사이의 거리는 몇 cm일까요?

가 ─────────────

나 ┌──────────
　　7 cm   4.5 cm
다 └──────────

( )

서술형
25 도형에서 평행선 사이의 거리는 몇 cm인지 풀이 과정을 쓰고 답을 구해 보세요.

8 cm
45°
15 cm

풀이 ....

....

....

답 ....

4 사다리꼴

정답과 풀이 29쪽

개념 강의

● **사다리꼴:** 평행한 변이 있는 사각형

● **사다리꼴 그리기**

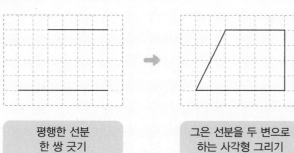

| 평행한 선분 한 쌍 긋기 | 그은 선분을 두 변으로 하는 사각형 그리기 |

> **보충 개념**
>
> 평행한 변이 있기만 하면 사다리꼴이므로 평행한 변이 두 쌍 있어도 사다리꼴입니다.

---

1 사다리꼴을 모두 찾아 기호를 써 보세요.

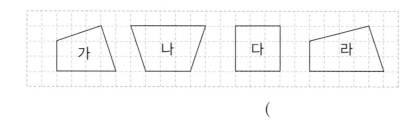

(   )

> 직사각형과 정사각형은 평행한 변이 있으므로 사다리꼴이라고 할 수 있습니다.
>
>
>
> 직사각형   정사각형

2 사각형에서 어느 부분을 잘라 내면 사다리꼴이 되는지 보기 와 같이 그어 보세요.

보기
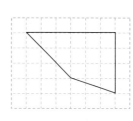

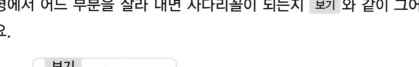

> 선을 그어서 마주 보는 변이 서로 평행한 사각형을 만듭니다.

3 주어진 선분을 한 변으로 하는 사다리꼴을 완성해 보세요.

(1)    (2)

> 평행한 변이 있는 사각형을 그립니다.

5 평행사변형

● 평행사변형: 마주 보는 두 쌍의 변이 서로 평행한 사각형

● 평행사변형의 성질
  • 마주 보는 두 변의 길이가 같습니다.
  • 마주 보는 두 각의 크기가 같습니다.
  • 이웃하는 두 각의 크기의 합은 180°입니다.

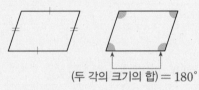

(두 각의 크기의 합) = 180°

⚡ 주의 개념
평행사변형과 사다리꼴

사다리꼴	평행사변형
평행한 변이 1쌍 또는 2쌍	평행한 변이 2쌍

평행사변형 ⇒ 사다리꼴
사다리꼴 ⇏ 평행사변형

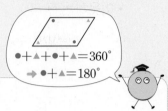

●+▲+●+▲=360°
➡ ●+▲=180°

> 확인 ❗
> 평행사변형은 마주 보는 (한 , 두) 쌍의 변이 서로 평행한 사각형입니다.

---

4 평행사변형을 모두 찾아 기호를 써 보세요.

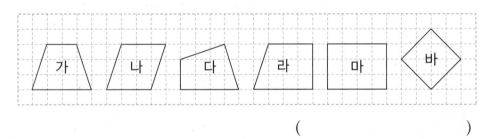

가 나 다 라 마 바

(   )

❓ **평행사각형이라고 부르지는 않나요?**

평행한 것이 각이 아니라 변이기 때문에 평행사각형이 아닌 평행사변형이라고 부릅니다.

5 주어진 선분을 두 변으로 하는 평행사변형을 완성해 보세요.

6 평행사변형입니다. ☐ 안에 알맞은 수를 써넣으세요.

(1)
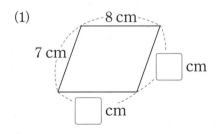

8 cm
7 cm
☐ cm
☐ cm

(2)
7 cm
60°
120°
8 cm
☐ °
☐ °
☐ cm

❓ **평행사변형에서 이웃하는 두 각의 크기의 합은 왜 180°인가요?**

평행사변형을 잘라 직사각형 모양으로 이어 붙이면
▲+●=180°입니다.
따라서 평행사변형의 이웃하는 두 각 ▲, ●의 크기의 합은 180°입니다.

6 마름모

정답과 풀이 29쪽

● **마름모**: 네 변의 길이가 모두 같은 사각형

정사각형도 마름모야.

● **마름모의 성질**

• 마주 보는 두 각의 크기가 같습니다.
• 이웃하는 두 각의 크기의 합은 180°입니다.
• 마주 보는 꼭짓점끼리 이은 두 선분이 서로 수직으로 만납니다.
• 마주 보는 꼭짓점끼리 이은 두 선분이 서로를 똑같이 둘로 나눕니다.

(두 각의 크기의 합) = 180°

심화 개념

마름모와 평행사변형, 사다리꼴

사다리꼴
평행사변형
마름모

마름모는 두 쌍의 변이 서로 평행하므로 평행사변형, 사다리꼴이라고 할 수 있습니다.

확인!

마름모는 네 변의 길이가 모두 (같습니다 , 다릅니다).

마름모는 마주 보는 꼭짓점끼리 이은 두 선분이 서로 (평행 , 수직)으로 만납니다.

---

7 마름모를 모두 찾아 기호를 써 보세요.

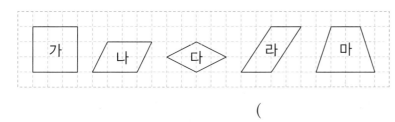

(   )

8 주어진 선분을 한 변으로 하는 마름모를 완성해 보세요.

9 마름모입니다. ☐ 안에 알맞은 수를 써넣으세요.

(1)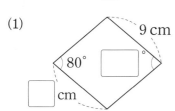

9 cm
80°
☐ cm

(2)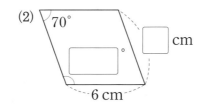

70°
☐ cm
6 cm

? 정사각형은 마름모라고 할 수 있나요?

정사각형은 네 변의 길이가 모두 같으므로 마름모라고 할 수 있습니다.

▶ 평행한 변이 두 쌍이고, 네 변의 길이가 모두 같은 사각형을 그립니다.

7 여러 가지 사각형

● **직사각형과 정사각형의 성질**

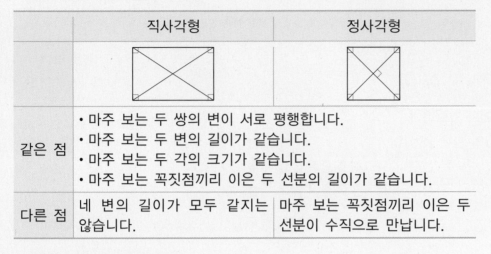

	직사각형	정사각형
같은 점	• 마주 보는 두 쌍의 변이 서로 평행합니다. • 마주 보는 두 변의 길이가 같습니다. • 마주 보는 두 각의 크기가 같습니다. • 마주 보는 꼭짓점끼리 이은 두 선분의 길이가 같습니다.	
다른 점	네 변의 길이가 모두 같지는 않습니다.	마주 보는 꼭짓점끼리 이은 두 선분이 수직으로 만납니다.

● **여러 가지 사각형의 관계**

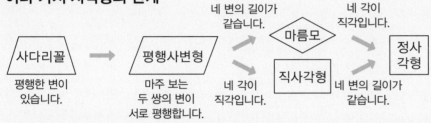

⚡ **주의 개념**

직사각형과 정사각형

정사각형은 네 각이 모두 직각이므로 직사각형이라고 할 수 있지만 직사각형은 네 변의 길이가 모두 같지는 않으므로 정사각형이라고 할 수 없습니다.

⚙ **심화 개념**

여러 가지 사각형의 관계

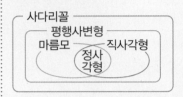

• 평행사변형은 사다리꼴입니다.
• 마름모는 사다리꼴, 평행사변형입니다.
• 직사각형은 사다리꼴, 평행사변형입니다.
• 정사각형은 사다리꼴, 평행사변형, 마름모, 직사각형입니다.

---

10 직사각형과 정사각형에 대한 설명입니다. 옳은 것은 ○표, 틀린 것은 ×표 하세요.

(1) 직사각형은 네 변의 길이가 모두 같습니다. ( )

(2) 정사각형은 네 각의 크기가 모두 같습니다. ( )

(3) 정사각형은 마주 보는 두 쌍의 변이 서로 평행합니다. ( )

(4) 직사각형은 마주 보는 꼭짓점끼리 이은 두 선분이 수직으로 만납니다.
( )

11 직사각형 모양의 종이를 보고 빈칸에 알맞은 기호를 써 보세요.

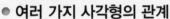

사다리꼴	평행사변형	마름모	직사각형	정사각형

▶ 직사각형 모양의 종이는 마주 보는 두 변이 서로 평행하기 때문에 가~마는 모두 사다리꼴입니다.

기본에서 응용으로

5 사다리꼴

• 사다리꼴: 평행한 변이 있는 사각형

26 4개의 점 중에서 한 점과 연결하여 사다리꼴을 완성하려고 합니다. 나머지 한 꼭짓점으로 알맞은 점을 모두 찾아 기호를 써 보세요.

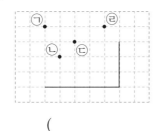

( )

27 직사각형 모양의 종이를 선을 따라 잘랐을 때 사다리꼴은 모두 몇 개 생길까요?

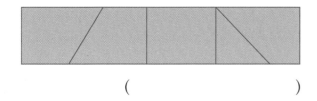

( )

28 오른쪽 도형이 사다리꼴인지 아닌지 쓰고, 그 까닭을 써 보세요.

답 _____

까닭 _____

29 직사각형 모양의 종이를 그림과 같이 접고 선을 따라 잘랐습니다. ㉠ 부분을 펼쳤을 때 만들어지는 사각형의 이름을 써 보세요.

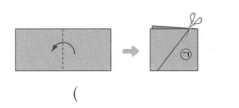

( )

30 평행한 두 직선 가와 나 사이의 거리는 12 cm입니다. 사다리꼴 ㄱㄴㄷㄹ의 네 변의 길이의 합은 몇 cm일까요?

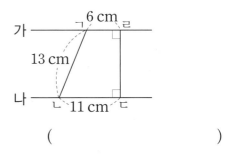

( )

창의➕
31 다음 대화에 알맞은 사다리꼴을 그려 보세요.

> 민정: 직각이 두 개야.
> 하윤: 평행한 두 변의 길이는 각각 4 cm, 6 cm야.
> 우진: 평행선 사이의 거리는 5 cm야.

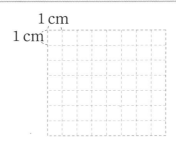

6 평행사변형

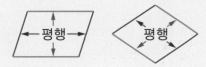

- 평행사변형: 마주 보는 두 쌍의 변이 서로 평행한 사각형

- 평행사변형의 성질
  ① 마주 보는 두 변의 길이가 같습니다.
  ② 마주 보는 두 각의 크기가 같습니다.
  ③ 이웃하는 두 각의 크기의 합은 180°입니다.

32 평행사변형입니다. □ 안에 알맞은 수를 써넣으세요.

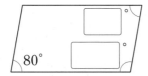

33 점 ㄱ만 옮겨서 평행사변형을 만들려고 합니다. 점 ㄱ을 어느 점으로 옮겨야 할까요?

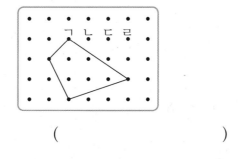

( )

34 평행사변형에 대한 설명 중 옳은 것을 모두 찾아 기호를 써 보세요.

> ㉠ 평행사변형은 사다리꼴입니다.
> ㉡ 평행사변형은 마주 보는 변의 길이가 같습니다.
> ㉢ 평행사변형은 이웃하는 두 변의 길이가 같습니다.

( )

35 평행사변형의 네 변의 길이의 합은 몇 cm일까요?

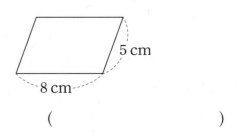

( )

서술형
36 평행사변형 ㄱㄴㄷㄹ의 네 변의 길이의 합이 36 cm일 때 변 ㄴㄷ의 길이는 몇 cm인지 풀이 과정을 쓰고 답을 구해 보세요.

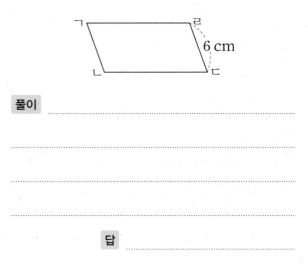

풀이

답

37 평행사변형 ㄱㄴㄷㄹ과 정삼각형 ㄹㄷㅁ을 겹치지 않게 이어 붙인 도형입니다. 사각형 ㄱㄴㅁㄹ의 네 변의 길이의 합은 몇 cm일까요?

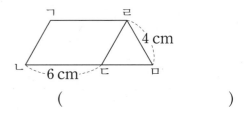

( )

38 평행사변형 ㄱㄴㄷㄹ에서 각 ㄱㄷㄹ의 크기는 몇 도일까요?

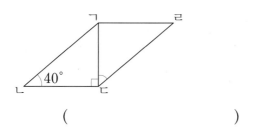

(   )

---

7 마름모

- 마름모: 네 변의 길이가 모두 같은 사각형

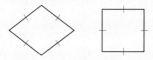

- 마름모의 성질
  ① 마주 보는 두 각의 크기가 같습니다.
  ② 이웃하는 두 각의 크기의 합은 180°입니다.
  ③ 마주 보는 꼭짓점끼리 이은 두 선분이 서로 수직으로 만납니다.
  ④ 마주 보는 꼭짓점끼리 이은 두 선분이 서로를 똑같이 둘로 나눕니다.

---

39 마름모입니다. ☐ 안에 알맞은 수를 써넣으세요.

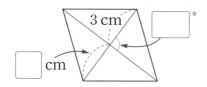

---

40 한 변의 길이가 5 cm인 마름모의 네 변의 길이의 합은 몇 cm일까요?

(   )

---

41 오른쪽 도형이 마름모인지 아닌지 쓰고, 그 까닭을 써 보세요.

답 _____

까닭 _____

_____

---

42 친구들이 설명하는 조건을 모두 만족시키는 도형을 보기 에서 찾아 써 보세요.

> 수연: 4개의 선분으로 둘러싸여 있어.
> 다정: 마주 보는 두 각의 크기가 같아.
> 진하: 마주 보는 두 쌍의 변이 서로 평행해.
> 형준: 네 변의 길이가 모두 같아.

보기
평행사변형   마름모   직사각형

(   )

---

43 마름모 ㄱㄴㄷㄹ에서 ㉠과 ㉡의 각도는 각각 몇 도일까요?

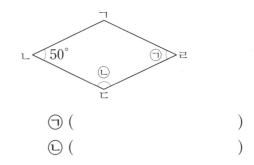

㉠ (   )
㉡ (   )

44 마름모 ㄱㄴㄷㄹ에서 ㉠의 각도는 몇 도인지 풀이 과정을 쓰고 답을 구해 보세요.

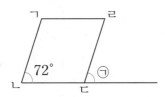

풀이 ....

....

....

....

답 ....

45 정삼각형을 만들었던 철사를 펴서 가장 큰 마름모를 만들었습니다. 만든 마름모의 한 변의 길이는 몇 cm일까요?

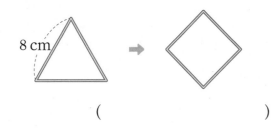

( )

46 마름모 ㄱㄴㄷㄹ에서 각 ㄴㄹㄷ의 크기는 몇 도일까요?

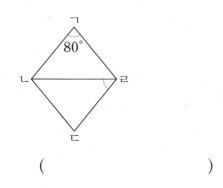

( )

---

8 여러 가지 사각형

- 마주 보는 두 쌍의 변이 서로 평행합니다.
  ➡ 평행사변형, 마름모, 직사각형, 정사각형
- 네 변의 길이가 모두 같습니다.
  ➡ 마름모, 정사각형
- 네 각의 크기가 모두 같습니다.
  ➡ 직사각형, 정사각형

47 정사각형에 대해 잘못 설명한 것을 찾아 기호를 써 보세요.

┌─────────────────────────────┐
│ ㉠ 네 변의 길이가 모두 같습니다. │
│ ㉡ 마주 보는 두 쌍의 변이 서로 평행합니다. │
│ ㉢ 마름모라고 할 수 없습니다. │
│ ㉣ 직사각형이라고 할 수 있습니다. │
└─────────────────────────────┘

( )

48 관계있는 것끼리 이어 보세요.

┌─────────────────────────────┐
│ 마주 보는 두 쌍의 변이 서로 평행한 사각형 │
└─────────────────────────────┘

| 평행사변형 | 마름모 | 직사각형 | 정사각형 |

┌─────────────────────────────┐
│ 네 변의 길이가 모두 같은 사각형 │
└─────────────────────────────┘

49 직사각형이 정사각형인지 아닌지 쓰고, 그 까닭을 써 보세요.

답 ....

까닭 ....

50 막대 4개로 만들 수 있는 사각형을 모두 골라 ○표 하세요.

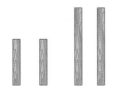

사다리꼴   평행사변형   마름모
직사각형   정사각형

51 조건을 모두 만족시키는 사각형을 모두 써 보세요.

- 마주 보는 두 각의 크기가 같습니다.
- 네 변의 길이가 모두 같습니다.

( )

창의+

52 평행사변형이지만 정사각형은 아닌 사각형을 따라 출발 지점부터 도착 지점까지 가는 길을 표시해 보세요.

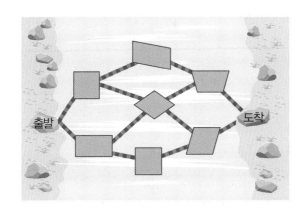

9 크고 작은 사각형의 수 구하기

예 그림에서 찾을 수 있는 크고 작은 정사각형의 수 구하기

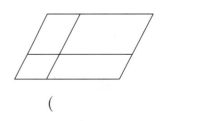

도형 1개짜리: ㉠, ㉡, ㉢, ㉣
→ 4개
도형 4개짜리: ㉠+㉡+㉢+㉣
→ 1개

➡ 4 + 1 = 5(개)

53 그림에서 찾을 수 있는 크고 작은 평행사변형은 모두 몇 개일까요?

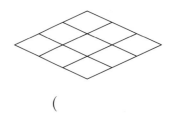

( )

54 그림에서 찾을 수 있는 크고 작은 마름모는 모두 몇 개일까요?

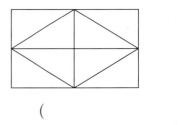

( )

55 그림에서 찾을 수 있는 크고 작은 평행사변형은 모두 몇 개일까요?

( )

도형에서 평행선 사이의 거리 구하기

도형에서 변 ㄱㅇ과 변 ㅂㅅ은 서로 평행합니다. 변 ㄱㅇ과 변 ㅂㅅ 사이의 거리는 몇 cm일까요?

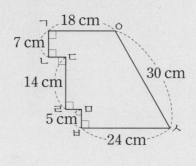

(   )

● 핵심 NOTE　•평행선 사이의 거리는 평행한 선분 사이의 수직인 선분의 길이입니다.

　•평행한 변 사이의 수직인 변을 찾아 길이의 합을 구합니다.

1-1 도형에서 변 ㄱㄴ과 변 ㄹㄷ은 서로 평행합니다. 변 ㄱㄴ과 변 ㄹㄷ 사이의 거리는 몇 cm일까요?

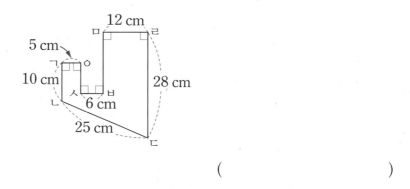

(   )

1-2 직사각형 4개를 겹치지 않게 이어 붙였습니다. 변 ㄱㄴ과 변 ㅍㅌ 사이의 거리가 47 cm일 때 변 ㅇㅋ의 길이는 몇 cm일까요?

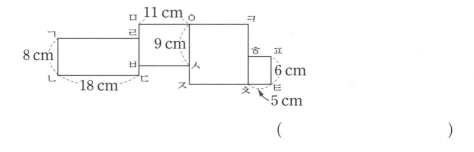

(   )

접은 도형에서 각도 구하기

심화유형 2

그림과 같이 평행사변형 모양의 종이를 접었습니다. 각 ㄹㄴㅂ의 크기는 몇 도일까요?

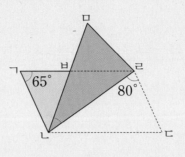

(   )

● 핵심 NOTE
- 평행사변형은 마주 보는 두 각의 크기가 같습니다.
- 종이를 접었을 때, (접은 부분의 각도)=(접힌 부분의 각도)입니다.

2-1 그림과 같이 직사각형 모양의 종이를 접었습니다. 각 ㅅㅈㅇ의 크기는 몇 도일까요?

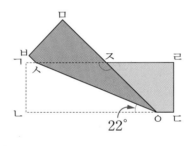

(   )

2-2 그림과 같이 평행사변형 모양의 종이를 접었습니다. 각 ㄴㅂㄹ의 크기는 몇 도일까요?

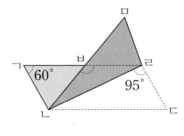

(   )

사각형을 이어 붙인 도형에서 각도 구하기

직선 위에 평행사변형과 정사각형을 겹치지 않게 이어 붙인 도형입니다. ㉠의 각도는 몇 도일까요?

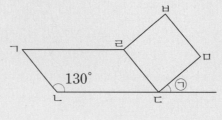

( )

● **핵심 NOTE** • 평행사변형은 이웃하는 두 각의 크기의 합이 180°입니다.

• 정사각형은 네 각의 크기가 90°로 같습니다.

• 한 직선이 이루는 각도는 180°입니다.

3-1 직선 위에 평행사변형과 마름모를 겹치지 않게 이어 붙인 도형입니다. ㉠의 각도는 몇 도일까요?

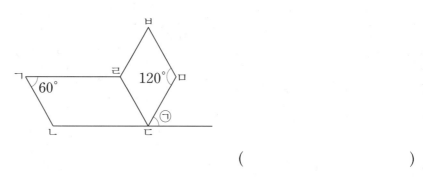

( )

3-2 직선 위에 서로 다른 모양의 평행사변형 2개를 겹치지 않게 이어 붙인 도형입니다. ㉠의 각도는 몇 도일까요?

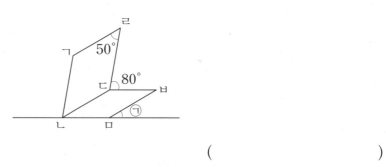

( )

사람이 위아래로 최대한 볼 수 있는 각도 구하기

영화관의 스크린이나 TV는 사람의 시야각을 고려하여 만들어집니다. 사람의 시야는 각도가 커질수록 뚜렷하게 구분하지 못하기 때문에 스크린과 사람 사이의 거리, 사람의 눈높이를 고려하여 만들어지는 것입니다. 다음은 사람이 위아래로 최대한 볼 수 있을 때를 나타낸 그림입니다. 직선 가와 직선 나가 서로 평행할 때 사람이 위아래로 최대한 볼 수 있는 각도인 ㉠의 각도는 몇 도일까요?

┌ 눈으로 볼 수 있는 각도

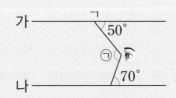

1단계 평행선 사이에 점 ㄱ을 지나는 수선을 긋고, 만들어진 사각형에서 ㉠을 제외한 세 각의 크기 구하기

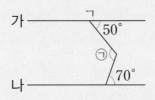

....

....

2단계 ㉠의 각도 구하기

....

....

(   )

● **핵심 NOTE**   **1단계** 점 ㄱ을 지나는 수선을 그어 사각형을 만들고 ㉠을 제외한 세 각의 크기를 구합니다.

                2단계 사각형의 네 각의 크기의 합이 360°임을 이용하여 ㉠의 각도를 구합니다.

4-1   직선 가와 직선 나는 서로 평행합니다. ㉠의 각도는 몇 도일까요?

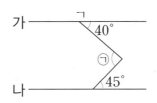

(   )

단원 평가 Level ❶

1 직선 라에 대한 수선을 모두 찾아 써 보세요.

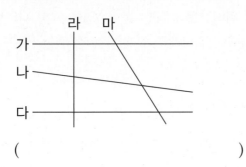

( )

2 변 ㄹㄷ과 수직인 변은 모두 몇 개일까요?

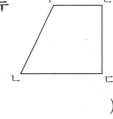

( )

3 삼각자를 사용하여 직선 가에 수직인 직선을 바르게 그은 것에 ○표 하세요.

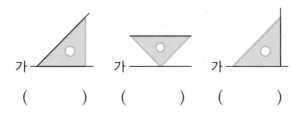

( ) ( ) ( )

4 수선과 평행선을 모두 가지고 있는 도형을 찾아 기호를 써 보세요.

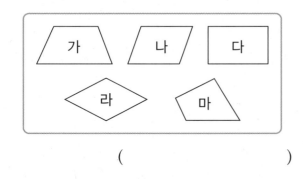

( )

5 도형에서 평행선 사이의 거리는 몇 cm일까요?

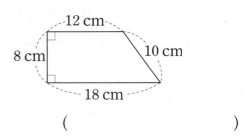

( )

6 마름모입니다. ☐ 안에 알맞은 수를 써넣으세요.

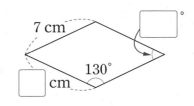

7 주어진 선분에 대한 수선과 평행선을 그어 정사각형을 완성해 보세요.

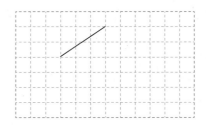

8 평행선 사이의 거리가 1.5 cm가 되도록 주어진 직선과 평행한 직선을 그어 보세요.

9 직사각형 모양의 종이를 선을 따라 잘랐습니다. 만들어지는 도형이 아닌 것을 찾아 기호를 써 보세요.

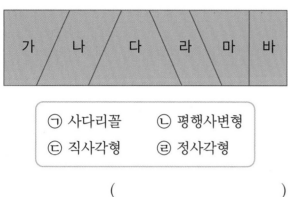

<table>
<tr><td>㉠ 사다리꼴</td><td>㉡ 평행사변형</td></tr>
<tr><td>㉢ 직사각형</td><td>㉣ 정사각형</td></tr>
</table>

(   )

10 도형판에서 한 꼭짓점을 옮겨서 마름모를 만들어 보세요.

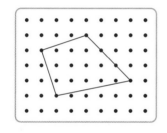

11 평행사변형의 네 변의 길이의 합은 몇 cm일까요?

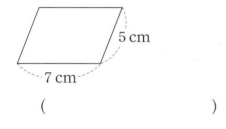

(   )

12 마름모입니다. 각 ㄴㄷㄱ의 크기는 몇 도일까요?

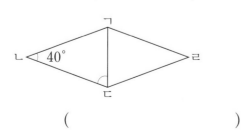

(   )

13 퍼즐 조각으로 만든 사각형의 이름으로 알맞은 것을 모두 찾아 ○표 하세요.

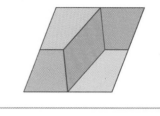

<table>
<tr><td>사다리꼴</td><td>평행사변형</td><td>마름모</td></tr>
<tr><td>직사각형</td><td>정사각형</td><td></td></tr>
</table>

14 사각형에 대해 잘못 설명한 것을 찾아 기호를 써 보세요.

㉠ 마름모는 사다리꼴입니다.
㉡ 직사각형은 평행사변형입니다.
㉢ 직사각형은 정사각형입니다.
㉣ 평행사변형은 사다리꼴입니다.

(   )

15 세 직선 가, 나, 다가 서로 평행할 때 직선 가와 직선 다 사이의 거리는 몇 cm일까요?

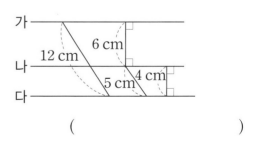

(   )

16 색종이를 그림과 같이 접고 잘랐습니다. ㉠ 부분을 펼쳤을 때 만들어지는 사각형의 이름을 쓰고, 한 변의 길이는 몇 cm인지 구해 보세요.

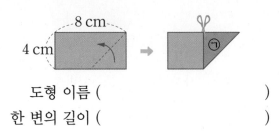

도형 이름 (   )
한 변의 길이 (   )

17 평행사변형 ㄱㄴㄷㄹ과 마름모 ㄹㄷㅁㅂ을 겹치지 않게 이어 붙인 도형입니다. 사각형 ㄱㄴㅁㅂ의 네 변의 길이의 합은 몇 cm일까요?

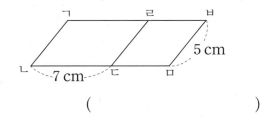

(   )

18 그림에서 찾을 수 있는 크고 작은 사다리꼴은 모두 몇 개일까요?

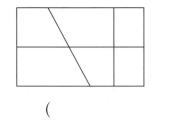

(   )

서술형 문제

19 선분 ㄷㄹ은 선분 ㄱㄴ에 대한 수선입니다. ㉠의 각도는 몇 도인지 풀이 과정을 쓰고 답을 구해 보세요.

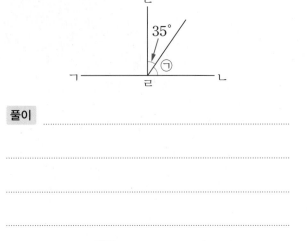

풀이

답

20 도형에서 평행선 사이의 거리는 몇 cm인지 풀이 과정을 쓰고 답을 구해 보세요.

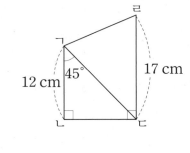

풀이

답

단원 평가 Level 2

1 변 ㄱㄷ에 대한 수선을 찾아 써 보세요.

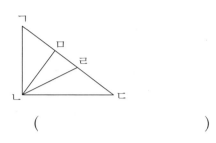

( )

2 두 직선이 평행선인 것을 모두 고르세요.

( )

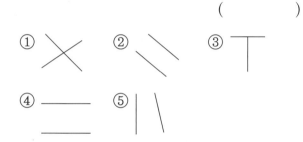

3 그림을 보고 잘못 말한 사람을 찾아 써 보세요.

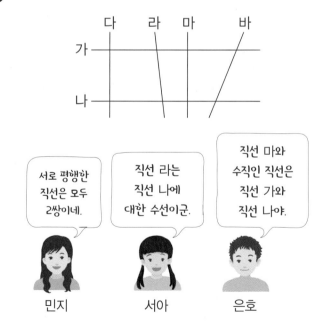

서로 평행한 직선은 모두 2쌍이네.

민지

직선 라는 직선 나에 대한 수선이군.

서아

직선 마와 수직인 직선은 직선 가와 직선 나야.

은호

( )

4 도형에서 평행선 사이의 거리는 몇 cm일까요?

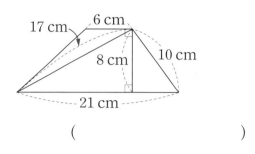

( )

5 직사각형입니다. ☐ 안에 알맞은 수를 써넣으세요.

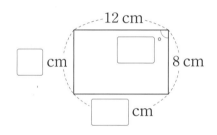

6 사각형을 분류하여 빈칸에 알맞은 기호를 모두 써 보세요.

사다리꼴	평행사변형	마름모

7 도형에서 평행선 사이의 거리는 몇 cm인지 재어 보세요.

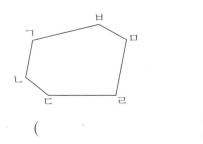

( )

8 잘못 설명한 것을 찾아 기호를 써 보세요.

> ㉠ 한 직선에 수직인 직선은 셀 수 없이 많습니다.
> ㉡ 평행선에 수직인 선분의 길이는 모두 같습니다.
> ㉢ 한 직선에 평행한 직선은 한 개입니다.

(   )

9 마름모입니다. ☐ 안에 알맞은 수를 써넣으세요.

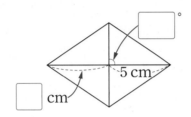

10 평행사변형입니다. ㉠의 각도는 몇 도일까요?

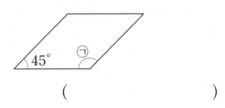

(   )

11 직사각형 모양의 종이를 그림과 같이 접은 후 선을 따라 잘랐습니다. ㉠ 부분을 펼쳤을 때 만들어지는 사각형의 이름을 찾아 써 보세요.

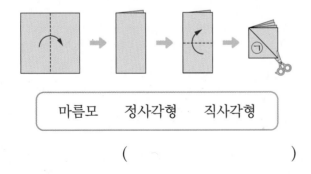

> 마름모   정사각형   직사각형

(   )

12 도형의 이름으로 알맞은 것을 모두 찾아 ○표 하세요.

> 사다리꼴   평행사변형
> 마름모   직사각형   정사각형

13 마름모의 네 변의 길이의 합이 44 cm일 때 한 변의 길이는 몇 cm일까요?

(   )

14 조건을 모두 만족시키는 사각형을 모두 써 보세요.

> • 마주 보는 두 쌍의 변이 서로 평행합니다.
> • 네 각의 크기가 모두 같습니다.

(   )

15 도형에서 평행선은 모두 몇 쌍일까요?

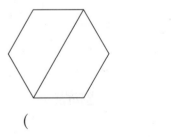

(   )

16 평행사변형 가와 정사각형 나의 네 변의 길이의 합이 같을 때 정사각형 나의 한 변의 길이는 몇 cm일까요?

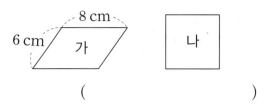

( )

17 직선 위에 평행사변형과 직사각형을 겹치지 않게 이어 붙인 도형입니다. ㉠의 각도는 몇 도일까요?

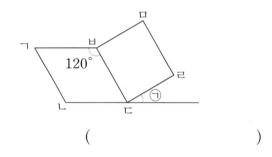

( )

18 직사각형 모양의 종이를 그림과 같이 접었습니다. 각 ㅁㅈㅂ의 크기는 몇 도일까요?

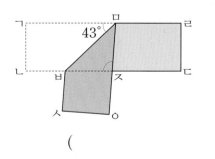

( )

19 도형에서 변 ㄱㅂ과 변 ㄹㅁ은 서로 평행합니다. 변 ㄱㅂ과 변 ㄹㅁ 사이의 거리는 몇 cm 인지 풀이 과정을 쓰고 답을 구해 보세요.

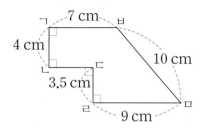

풀이

답

20 그림에서 찾을 수 있는 크고 작은 정사각형은 모두 몇 개인지 풀이 과정을 쓰고 답을 구해 보세요.

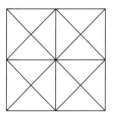

풀이

답

4

5 꺾은선그래프

연속적으로 변화하는 자료는 꺾은선그래프

● 운동장의 기온

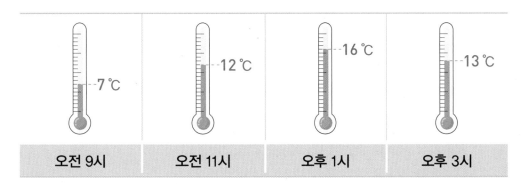

| 오전 9시 | 오전 11시 | 오후 1시 | 오후 3시 |

● 꺾은선그래프로 나타내기

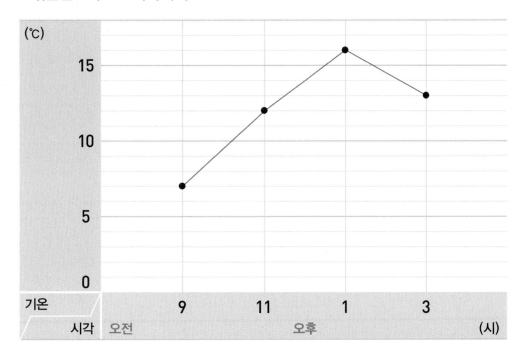

꺾은선그래프의 가로에는 시각,
세로에는 기온을 나타냈어.

개념 강의

● 꺾은선그래프: 연속적으로 변화하는 양을 점으로 표시하고, 그 점들을 선분으로 이어 그린 그래프

⊕ 보충 개념

막대그래프와 꺾은선그래프의 같은 점
• 가로는 월, 세로는 식물의 키를 나타냅니다.
• 눈금 한 칸의 크기가 1 cm입니다.

식물의 월별 키

막대그래프
└→ 자료의 값을 막대로 나타냈습니다.

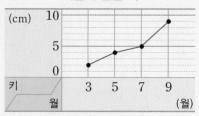

식물의 월별 키

꺾은선그래프
└→ 자료의 값을 선분으로 나타냈습니다.

| 막대그래프 | 자료의 많고 적음을 한눈에 비교할 수 있습니다. |
| 꺾은선그래프 | 자료의 변화 정도를 한눈에 알아보기 쉽습니다. 조사하지 않은 자료의 값을 예상할 수 있습니다. |

4월의 식물의 키는 약 3 cm라고 예상할 수 있어.

[1~3] 어느 지역 바닷물의 월별 온도를 조사하여 나타낸 막대그래프와 꺾은선그래프입니다. 물음에 답하세요.

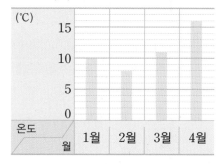

(가) 바닷물의 월별 온도

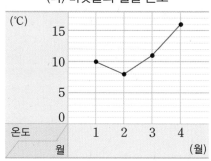

(나) 바닷물의 월별 온도

▶ **막대그래프와 꺾은선그래프의 다른 점**
• 자료의 값을 막대그래프는 막대로, 꺾은선그래프는 선분으로 나타냅니다.
• 가장 큰 자료의 값은 막대그래프는 막대의 길이가 가장 긴 것, 꺾은선그래프는 점이 가장 높이 찍힌 곳을 찾으면 됩니다.

1 두 그래프의 가로와 세로는 각각 무엇을 나타낼까요?

가로 (   ), 세로 (   )

2 두 그래프의 세로 눈금 한 칸은 몇 ℃를 나타낼까요?

(   )

? **자료에 따라 알맞은 그래프가 있나요?**

자료의 값의 크기를 비교할 때는 막대그래프가, 자료의 값의 변화 정도를 알아볼 때는 꺾은선그래프가 알맞습니다.

막대그래프	꺾은선그래프
학생별 달리기 기록, 국가별 인구 수	요일별 달리기 기록의 변화, 연도별 인구 수의 변화

3 월별 바닷물의 온도 변화를 한눈에 알아보기 쉬운 그래프는 (가) 그래프와 (나) 그래프 중 어느 것일까요?

(   )

● 꺾은선그래프의 내용 알아보기

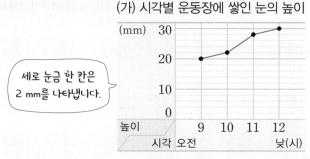

(가) 시각별 운동장에 쌓인 눈의 높이

세로 눈금 한 칸은 2 mm를 나타냅니다.

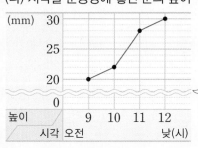

(나) 시각별 운동장에 쌓인 눈의 높이

• 0 mm와 20 mm 사이의 필요 없는 부분을 물결선(≈)으로 생략하였습니다.
• 세로 눈금 한 칸은 1 mm를 나타냅니다.

• (나) 그래프는 (가) 그래프보다 운동장에 쌓인 눈의 높이의 변화를 뚜렷하게 알 수 있습니다.
• 오전 10시에 운동장에 쌓인 눈의 높이는 22 mm입니다.
• 운동장에 쌓인 눈의 높이가 가장 많이 늘어난 때는 오전 10시와 오전 11시 사이입니다.
• 낮 12시에는 오전 11시보다 운동장에 쌓인 눈의 높이가 2 mm 더 늘어났습니다.

[4~6] 희정이네 집의 월별 수도 사용량을 조사하여 나타낸 꺾은선그래프입니다. 물음에 답하세요.

▶ 물결선을 사용하여 필요 없는 부분을 생략하면 변화하는 모습이 더 잘 나타납니다.

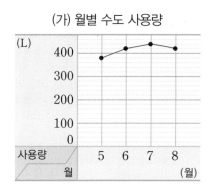

(가) 월별 수도 사용량

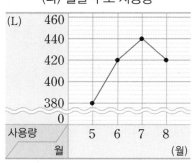

(나) 월별 수도 사용량

4 (가)와 (나) 그래프 중에서 수도 사용량의 변화를 더 뚜렷하게 알아볼 수 있는 것은 어느 것일까요?

(   )

5 한 달 전과 비교하여 수도 사용량이 줄어든 때는 몇 월일까요?

(   )

6 수도 사용량의 변화가 가장 큰 때는 몇 월과 몇 월 사이일까요?

(   )

❓ 꺾은선그래프에서 자료의 값의 변화를 어떻게 관찰할 수 있나요?

꺾은선의 기울어진 정도로 자료의 값의 변화를 알 수 있습니다.

• 변화하는 모양

증가   변화가 없음   감소

• 변화하는 정도

변화가 큼   변화가 작음

5

3 꺾은선그래프로 나타내기

꺾은선그래프로 나타내는 방법

초록 목장의 연도별 우유 생산량

연도(년)	2021	2022	2023	2024
생산량(L)	2100	2040	1960	1920

⑤ 초록 목장의 연도별 우유 생산량

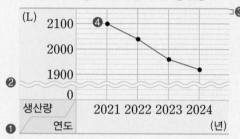

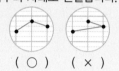

❶ 꺾은선그래프의 가로와 세로에 무엇을 나타낼지 정합니다.

❷ 물결선을 넣는다면 몇과 몇 사이에 넣으면 좋을지 생각하고 물결선을 그립니다.

❸ 가장 큰 수를 나타낼 수 있도록 눈금 한 칸의 크기를 정합니다.

❹ 가로 눈금과 세로 눈금이 만나는 자리에 점을 표시하고, 점들을 차례로 선분으로 잇습니다.

❺ 꺾은선그래프에 알맞은 제목을 씁니다. → 제목을 먼저 써도 됩니다.

⚡ 주의 개념

꺾은선그래프 바르게 그리기
• 점과 점 사이를 선분으로 잇습니다.   • 왼쪽부터 차례로 연결합니다.

(○)   (×)   (○)   (×)

[7~9] 하준이가 월별 읽은 책 수를 조사하여 나타낸 표를 보고 꺾은선그래프로 나타내려고 합니다. 물음에 답하세요.

월별 읽은 책 수

월(월)	1	2	3	4	5
책 수(권)	36	30	22	25	30

7 꺾은선그래프에 물결선을 넣는다면 몇 권과 몇 권 사이에 넣으면 좋을까요?

(   )

8 세로 눈금 한 칸은 몇 권으로 하는 것이 좋을까요?

(   )

9 꺾은선그래프로 나타내 보세요.

월별 읽은 책 수

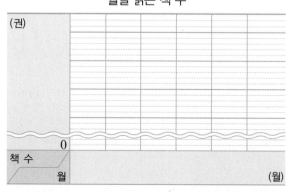

▶ 세로 눈금의 크기를 알맞게 정하지 않으면 그래프를 정확하게 그릴 수 없습니다.

예 자료의 값 3을 나타내기

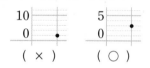

(×)   (○)

❓ 물결선의 위치는 어떻게 정하면 되나요?

자료의 값에서 가장 작은 값을 찾아 그 아래 부분을 물결선으로 나타내면 됩니다.

인성이의 월별 키

월(월)	3	4	5
키(cm)	113	113.4	114

➡ 물결선 위치
예 0 cm와 113 cm 사이

4 꺾은선그래프 해석하기

● 꺾은선그래프 해석하기

① 2020년부터 2024년까지 출생아 수가 점점 줄어들고 있습니다.

② 1년 전과 비교하여 출생아 수가 가장 많이 줄어든 해는 2023년입니다.

③ 2020년부터 2024년까지 감소한 출생아 수는 4만 명입니다.

④ 2025년에는 2024년보다 출생아 수가 더 줄어들 것 같습니다.

🔧 실전 개념

꺾은선그래프에서 꺾은선이 기울어져 있는 모양을 보고 앞으로 변화할 모습을 예상할 수 있습니다.

➡ 꺾은선이 오른쪽 아래로 계속 내려가고 있으므로 2025년의 출생아 수는 더 줄어들 것으로 예상할 수 있습니다.

[10~12] 8월 한 달 동안의 날짜별 기온과 아이스크림 판매량을 조사하여 나타낸 꺾은선그래프입니다. 물음에 답하세요.

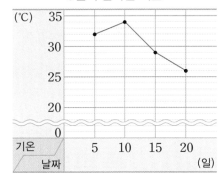

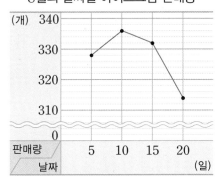

10 기온의 변화가 가장 큰 때는 며칠과 며칠 사이일까요?

(   )

▶ 꺾은선이 가장 많이 기울어진 때를 찾습니다.

11 기온이 가장 높은 날의 아이스크림 판매량은 몇 개일까요?

(   )

12 알맞은 말에 ○표 하세요.

(1) 기온이 올라가면 아이스크림 판매량은 (줄어듭니다 , 늘어납니다).

(2) 기온이 내려가면 아이스크림 판매량은 (줄어듭니다 , 늘어납니다).

▶ 꺾은선이 기울어져 있는 모양을 보고 기온과 아이스크림 판매량 사이의 관계를 파악합니다.

기본에서 응용으로

1 꺾은선그래프 알아보기

• 꺾은선그래프: 연속적으로 변화하는 양을 점으로 표시하고, 그 점들을 선분으로 이어 그린 그래프

월별 전학생 수

[1~2] 강아지의 월별 무게를 조사하여 나타낸 막대그래프와 꺾은선그래프입니다. 물음에 답하세요.

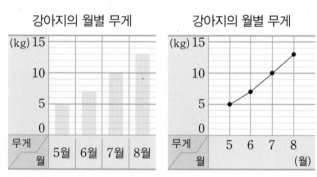

1 강아지의 월별 무게의 변화를 한눈에 알아보기 쉬운 것은 막대그래프와 꺾은선그래프 중 어느 것일까요?

( )

서술형
2 두 그래프의 같은 점과 다른 점을 한 가지씩 써 보세요.

같은 점 _____

_____

다른 점 _____

[3~6] 민경이네 교실의 시각별 기온을 조사하여 나타낸 꺾은선그래프입니다. 물음에 답하세요.

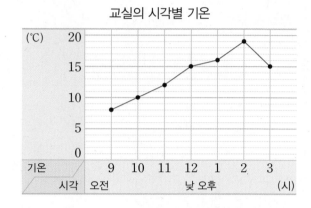

3 그래프에서 가로와 세로는 각각 무엇을 나타낼까요?

가로 ( )

세로 ( )

4 세로 눈금 한 칸은 몇 ℃를 나타낼까요?

( )

5 꺾은선은 무엇을 나타낼까요?

( )

6 오후 2시 30분의 교실의 기온은 약 몇 ℃였을까요?

약 ( )

2 꺾은선그래프의 내용 알아보기

물결선을 사용하여 필요 없는 부분을 생략하면 자료의 값의 변화를 더 뚜렷하게 알 수 있습니다.

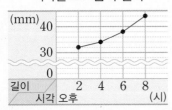

시각별 고드름의 길이

➡ 오후 6시와 오후 8시 사이에 고드름의 길이가 가장 많이 늘어났습니다.

[7~9] 어느 대리점의 월별 휴대 전화 판매량을 조사하여 나타낸 꺾은선그래프입니다. 물음에 답하세요.

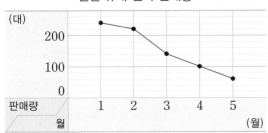

월별 휴대 전화 판매량

7 전월과 비교하여 휴대 전화 판매량이 가장 많이 줄어든 때는 몇 월일까요?

( )

8 5월의 휴대 전화 판매량은 1월의 휴대 전화 판매량보다 몇 대 줄어들었을까요?

( )

9 3월 이후 휴대 전화 판매량이 매월 똑같이 줄어들었다면 6월의 휴대 전화 판매량은 몇 대로 예상할 수 있을까요?

( )

[10~12] 지석이네 학교 도서관의 요일별 책 대여량을 조사하여 나타낸 꺾은선그래프입니다. 물음에 답하세요.

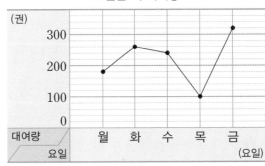

요일별 책 대여량

10 위 그래프에 대한 설명으로 옳지 않은 것을 찾아 기호를 써 보세요.

> ㉠ 가로는 요일, 세로는 대여량을 나타냅니다.
> ㉡ 금요일의 책 대여량은 320권입니다.
> ㉢ 책 대여량이 240권인 때는 화요일입니다.

( )

11 책 대여량의 변화가 가장 큰 때는 무슨 요일과 무슨 요일 사이일까요?

( )

12 목요일에는 화요일보다 책 대여량이 몇 권 더 줄어들었나요?

( )

[13~14] 연도별 1인당 쌀 소비량을 조사하여 나타낸 꺾은선그래프입니다. 물음에 답하세요.

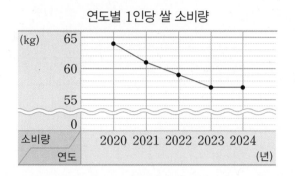

연도별 1인당 쌀 소비량

13 위 그래프에 대해 잘못 말한 친구의 이름을 써 보세요.

이서: 2020년 1인당 쌀 소비량은 64 kg이야.

지우: 2021년과 2022년의 1인당 쌀 소비량의 차는 2 kg이야.

연우: 쌀 소비량이 계속 줄어들고 있어.

(   )

서술형
14 쌀 소비량이 가장 많은 때와 가장 적은 때의 쌀 소비량의 차는 몇 kg인지 풀이 과정을 쓰고 답을 구해 보세요.

풀이

답

3 꺾은선그래프로 나타내기

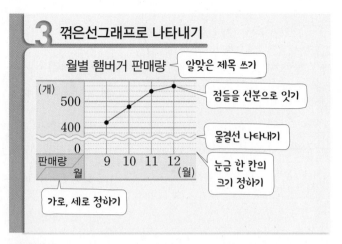

월별 햄버거 판매량 — 알맞은 제목 쓰기
점들을 선분으로 잇기
물결선 나타내기
눈금 한 칸의 크기 정하기
가로, 세로 정하기

창의+

[15~17] 지윤이가 식물의 키를 관찰하며 쓴 보고서입니다. 보고서의 표를 보고 꺾은선그래프로 나타내려고 합니다. 물음에 답하세요.

관찰 날짜	2024년 5월 30일			
관찰 내용	식물의 키를 5일마다 재서 기록했습니다.			

식물의 날짜별 키

날짜(일)	15	20	25	30
키(cm)	12	16	24	34

15 꺾은선그래프의 가로와 세로에는 각각 무엇을 나타내면 좋을지 차례로 써 보세요.

(   ), (   )

16 세로 눈금 한 칸은 몇 cm로 나타내면 좋을까요?

(   )

17 꺾은선그래프로 나타내 보세요.

식물의 날짜별 키

[18~21] 승범이네 집의 월별 전기 사용량을 조사하여 나타낸 표입니다. 물음에 답하세요.

월별 전기 사용량

월(월)	3	4	5	6	7
사용량(kWh)	336	340	342	349	350

→ 시간당 소비한 전기 에너지의 양(킬로와트시)

18 물결선은 몇 kWh와 몇 kWh 사이에 넣으면 좋을까요?

( )

19 세로 눈금 한 칸은 몇 kWh로 나타내면 좋을까요?

( )

20 물결선을 사용한 꺾은선그래프로 나타내 보세요.

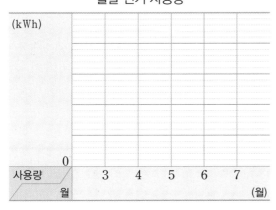

월별 전기 사용량

21 전월과 비교하여 전기 사용량이 가장 많이 늘어난 때는 몇 월일까요?

( )

[22~24] 동연이가 마신 우유의 양을 조사하였습니다. 물음에 답하세요.

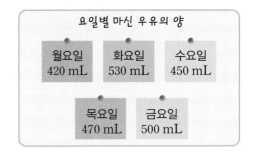

요일별 마신 우유의 양

| 월요일 420 mL | 화요일 530 mL | 수요일 450 mL |
| 목요일 470 mL | 금요일 500 mL |

22 조사한 내용을 표로 나타내 보세요.

요일별 마신 우유의 양

요일(요일)	월	화	수	목	금
우유의 양(mL)					

23 물결선을 사용한 꺾은선그래프로 나타내 보세요.

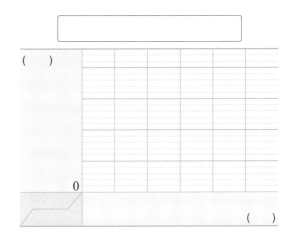

서술형
24 꺾은선그래프를 보고 알 수 있는 내용을 두 가지 써 보세요.

5

4 꺾은선그래프 해석하기

월별 몸무게

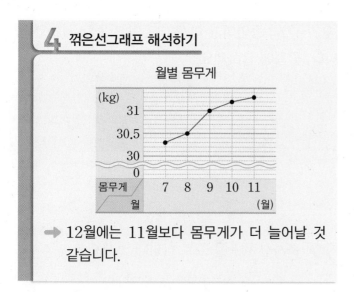

➡ 12월에는 11월보다 몸무게가 더 늘어날 것 같습니다.

[25~27] 연도별 플라스틱 배출량을 조사하여 나타낸 꺾은선그래프입니다. 물음에 답하세요.

연도별 플라스틱 배출량

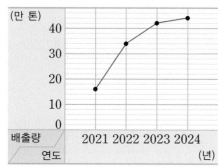

25 플라스틱 배출량이 가장 적게 늘어난 때는 몇 년과 몇 년 사이일까요?

(   )

26 2024년은 2021년보다 플라스틱 배출량이 몇 만 톤 더 늘어났을까요?

(   )

27 2025년의 플라스틱 배출량은 어떻게 변할지 예상해 보세요.

(   )

[28~30] 세 학생의 요일별 제기차기 기록을 조사하여 나타낸 꺾은선그래프입니다. 물음에 답하세요.

미주의 요일별 제기차기 기록   재훈이의 요일별 제기차기 기록

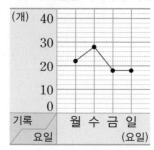 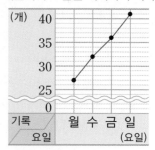

승지의 요일별 제기차기 기록

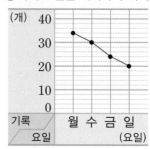

28 수요일에 세 학생의 제기차기 수의 합은 몇 개일까요?

(   )

29 월요일에 비해 일요일에 제기차기 수가 많아진 사람은 누구일까요?

(   )

30 제기차기 대회에 나갈 반 대표를 뽑아야 합니다. 누구를 뽑으면 우승할 가능성이 클까요?

(   )

[31~33] 11월의 날짜별 기온과 호빵 판매량을 조사하여 나타낸 꺾은선그래프입니다. 물음에 답하세요.

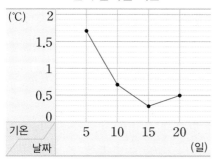

11월의 날짜별 기온

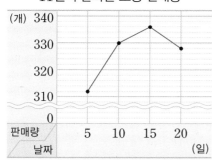

11월의 날짜별 호빵 판매량

31 알맞은 말에 ○표 하세요.

(1) 기온이 내려가면 호빵 판매량은
(줄어듭니다 , 늘어납니다).

(2) 기온이 올라가면 호빵 판매량은
(줄어듭니다 , 늘어납니다).

32 기온이 가장 낮은 때 호빵 판매량은 몇 개일까요?

(   )

서술형
33 조사한 기간 동안 호빵 판매량의 변화가 가장 큰 때의 기온의 차는 몇 ℃인지 풀이 과정을 쓰고 답을 구해 보세요.

풀이

답

---

5 자료에 알맞은 그래프 선택하기

· 자료의 값을 비교하기 쉬운 그래프는 막대그래프입니다.
· 시간에 따른 자료의 값의 변화를 한눈에 알아보기 쉬운 그래프는 꺾은선그래프입니다.

[34~35] 막대의 시각별 그림자 길이를 조사하여 나타낸 표입니다. 물음에 답하세요.

막대의 시각별 그림자 길이

시각	오전 10시	오전 11시	낮 12시	오후 1시	오후 2시
길이(cm)	28	22	8	12	20

34 막대의 시각별 그림자 길이의 변화를 그래프로 나타내려면 막대그래프와 꺾은선그래프 중 어떤 그래프로 나타내는 것이 좋을까요?

(   )

35 막대의 시각별 그림자 길이를 그래프로 나타내 보세요.

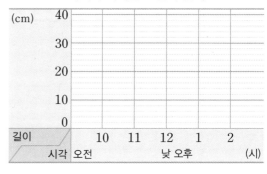

막대의 시각별 그림자 길이

36 조사 내용을 나타내기에 알맞은 그래프를 찾아 기호를 써 보세요.

> ㉠ 반별 안경을 쓴 학생 수
> ㉡ 월별 몸무게의 변화
> ㉢ 연도별 쓰레기 배출량의 변화
> ㉣ 마을별 인구수
> ㉤ 연도별 국민 소득액의 변화
> ㉥ 나라별 휴대 전화 사용자 수

막대그래프 (   )

꺾은선그래프 (   )

창의＋ 서술형
37 환경을 생각하여 더 많은 사람들이 친환경 자동차를 찾고 있습니다. 친환경 자동차 수에 대한 표 (가)와 (나) 중 꺾은선그래프로 나타내기 알맞은 것의 기호를 쓰고, 까닭을 써 보세요.

(가) 마을별 친환경 자동차 수

마을	가락	노들	새울	해뜰
자동차 수 (대)	143	151	155	147

(나) 연도별 친환경 자동차 수

연도(년)	2021	2022	2023	2024
자동차 수 (대)	1427	1443	1475	1511

답 ....

까닭 ....

....

....

....

6 조사한 전체 자료 값 구하기

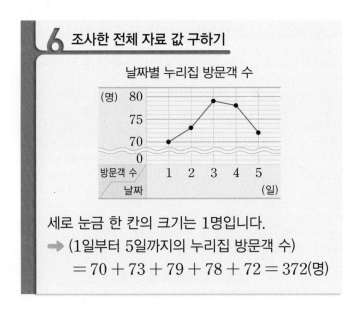

날짜별 누리집 방문객 수

세로 눈금 한 칸의 크기는 1명입니다.
➡ (1일부터 5일까지의 누리집 방문객 수)
= 70 + 73 + 79 + 78 + 72 = 372(명)

[38~40] 어느 농장의 요일별 콩 판매량을 조사하여 나타낸 꺾은선그래프입니다. 물음에 답하세요.

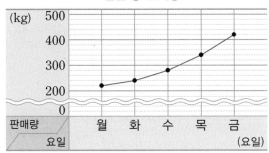

요일별 콩 판매량

38 빈칸에 알맞은 수를 써넣으세요.

요일별 콩 판매량

요일(요일)	월	화	수	목	금
판매량(kg)					

39 월요일부터 금요일까지의 콩 판매량은 모두 몇 kg일까요?

(   )

40 콩 1 kg의 가격이 10000원이라면 5일 동안 판매한 금액은 모두 얼마일까요?

(   )

7 두 개의 꺾은선그래프 해석하기

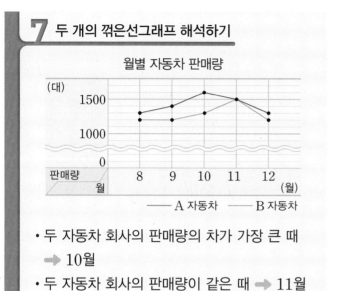

월별 자동차 판매량

— A 자동차　— B 자동차

- 두 자동차 회사의 판매량의 차가 가장 큰 때
  ➡ 10월
- 두 자동차 회사의 판매량이 같은 때 ➡ 11월

[41~42] 재원이와 동희의 주별 높이뛰기 기록을 조사하여 나타낸 꺾은선그래프입니다. 물음에 답하세요.

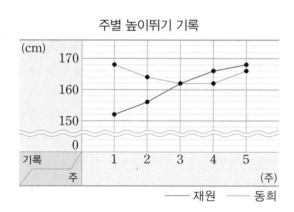

주별 높이뛰기 기록

— 재원　— 동희

41 재원이와 동희의 기록이 같은 때는 몇 주 차 때일까요?

(　　　　　　　　　　)

42 재원이의 기록이 동희의 기록보다 4 cm만큼 더 높은 때 재호와 동희의 기록의 합은 몇 cm일까요?

(　　　　　　　　　　)

[43~46] 두 학교의 연도별 4학년 학생 수를 조사하여 나타낸 표입니다. 물음에 답하세요.

연도별 4학년 학생 수

연도(년)	2021	2022	2023	2024
A 학교(명)	126	112	110	92
B 학교(명)	102	112	118	124

43 표를 보고 꺾은선그래프를 완성해 보세요.

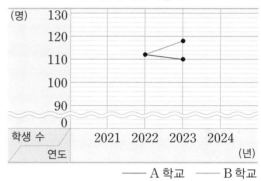

연도별 4학년 학생 수

— A 학교　— B 학교

44 학생 수가 계속 줄어든 학교는 어느 학교일까요?

(　　　　　　　　　　)

45 B 학교의 학생 수가 A 학교의 학생 수보다 많은 때를 모두 써 보세요.

(　　　　　　　　　　)

46 A 학교와 B 학교의 4학년 학생 수의 차가 가장 큰 때는 언제일까요?

(　　　　　　　　　　)

표와 꺾은선그래프 완성하기

소영이의 요일별 줄넘기 횟수를 조사하여 나타낸 표와 꺾은선그래프입니다. 줄넘기를 금요일에는 목요일보다 6회 더 많이 했을 때 표와 꺾은선그래프를 각각 완성해 보세요.

요일별 줄넘기 횟수

요일(요일)	월	화	수	목	금
횟수(회)	103	105			

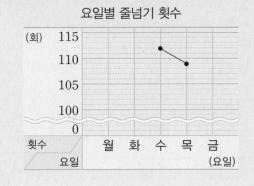

요일별 줄넘기 횟수

● 핵심 NOTE · 표와 꺾은선그래프를 비교하여 비어 있는 부분을 완성합니다.
· (금요일의 줄넘기 횟수)=(목요일의 줄넘기 횟수)+6

1-1 준성이가 월별 읽은 책 수를 조사하여 나타낸 표와 꺾은선그래프입니다. 5월에 읽은 책 수가 4월보다 2권 더 많을 때 표와 꺾은선그래프를 각각 완성해 보세요.

월별 읽은 책 수

월(월)	3	4	5	6	7
책 수(권)				18	26

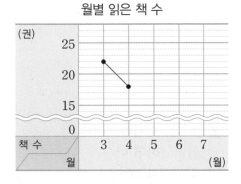

월별 읽은 책 수

1-2 송이의 키를 3개월마다 조사하여 나타낸 꺾은선그래프입니다. 송이의 키가 9월은 6월보다 1 cm만큼 더 자랐고, 12월은 9월보다 2 cm만큼 더 자랐을 때 꺾은선그래프를 완성해 보세요.

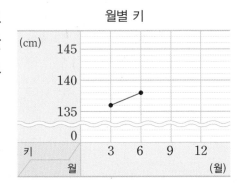

월별 키

심화유형 **2** 일부분이 찢어진 꺾은선그래프의 값 구하기

어느 가게의 5월부터 8월까지 음료수 판매량을 조사하여 나타낸 꺾은선그래프의 일부분이 찢어졌습니다. 판매량의 변화가 일정하다고 할 때 7월의 음료수 판매량은 몇 개일까요?

( )

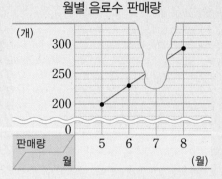

월별 음료수 판매량

● **핵심 NOTE**
• 변화가 일정하다는 것은 늘어나는 양이나 줄어드는 양이 같다는 것입니다.
• 5월부터 6월까지 늘어난 양을 구하면 일정하게 늘어나는 양을 알 수 있습니다.

2-1 어느 마을의 2021년부터 2024년까지 음식물 쓰레기 배출량을 조사하여 나타낸 꺾은선그래프의 일부분이 찢어졌습니다. 배출량의 변화가 일정하다고 할 때 2022년의 음식물 쓰레기 배출량은 몇 kg일까요?

( )

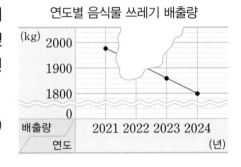

연도별 음식물 쓰레기 배출량

2-2 유진이네 삼촌이 시간별 자전거를 타고 달린 거리를 조사하여 나타낸 꺾은선그래프의 일부분이 찢어졌습니다. 일정한 규칙으로 달렸다면 6시간 후에 달린 거리는 몇 km일까요?

( )

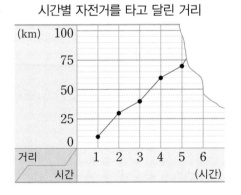

시간별 자전거를 타고 달린 거리

5

심화유형 3 세로 눈금 한 칸의 크기를 바꾸어 나타내기

지민이의 학년별 몸무게를 조사하여 나타낸 꺾은선그래프입니다. 이 그래프의 세로 눈금 한 칸의 크기를 $1\,\text{kg}$으로 하여 그래프를 다시 그린다면 3학년일 때와 4학년일 때의 세로 눈금은 몇 칸 차이가 날까요?

( )

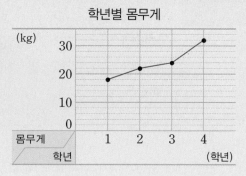

학년별 몸무게

● 핵심 NOTE
- (세로 눈금 한 칸의 크기)＝(세로 눈금 5칸의 크기)÷5
- (세로 눈금 칸 수의 차)＝(자료의 값의 차)÷(세로 눈금 한 칸의 크기)

3-1 용민이의 요일별 오래 매달리기 기록을 조사하여 나타낸 꺾은선그래프입니다. 세로 눈금 한 칸의 크기를 2초로 하여 그래프를 다시 그린다면 목요일과 금요일의 세로 눈금은 몇 칸 차이가 날까요?

( )

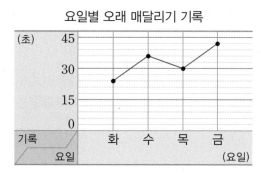

요일별 오래 매달리기 기록

3-2 어느 과수원의 연도별 옥수수 생산량을 조사하여 나타낸 꺾은선그래프입니다. 세로 눈금 한 칸의 크기를 10개로 하여 그래프를 다시 그린다면 옥수수 생산량이 가장 많은 때와 가장 적은 때의 세로 눈금은 몇 칸 차이가 날까요?

( )

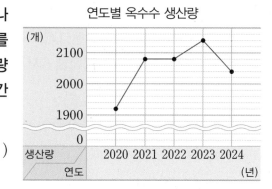

연도별 옥수수 생산량

통합
교과유형 **4**

수학 ➕ 과학

로켓 발사 횟수의 차가 가장 큰 때의 차 구하기

전 세계의 로켓 발사 횟수가 점차 늘어나면서 우주시대가 더 빨리 다가오고 있습니다. 특히 미국의 한 우주기업은 로켓 발사 횟수가 2022년에 60회, 2023년에 96회, 2024년에는 134회였다고 합니다. 이는 로켓 발사 횟수가 세계 2위인 중국의 2배보다 많다고 합니다.

미국과 중국의 로켓 발사 횟수의 차이가 비교적 적었던 2018년부터 2021년까지의 로켓 발사 횟수를 조사하여 나타낸 꺾은선그래프입니다. 두 나라의 로켓 발사 횟수의 차가 가장 큰 때의 횟수의 차는 몇 회일까요?

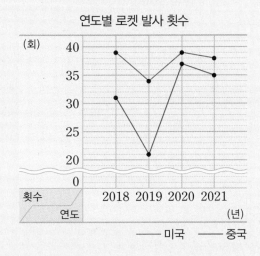

1단계 두 나라의 로켓 발사 횟수의 차가 가장 큰 때 찾기

_____

_____

2단계 두 나라의 로켓 발사 횟수가 가장 큰 때의 횟수의 차 구하기

_____

_____

(   )

5

● **핵심 NOTE**　**1단계** 두 나라의 로켓 발사 횟수의 차가 가장 큰 때를 찾습니다.

　2단계 두 나라의 로켓 발사 횟수의 차가 가장 큰 때의 횟수의 차를 구합니다.

4-1 4에서 로켓 발사 횟수의 차가 3회일 때의 두 나라의 로켓 발사 횟수의 합은 몇 회일까요?

(   )

단원 평가 Level ①

1 어느 치킨 가게의 치킨 판매량을 조사하여 나타낸 꺾은선그래프입니다. 잘못 설명한 것을 찾아 기호를 써 보세요.

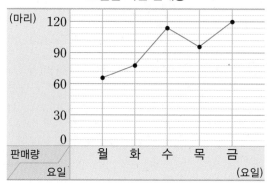

요일별 치킨 판매량

> ㉠ 가로는 요일, 세로는 판매량을 나타냅니다.
> ㉡ 세로 눈금 한 칸은 5마리를 나타냅니다.
> ㉢ 꺾은선은 판매량의 변화를 나타냅니다.

( )

2 조사 내용을 나타내기에 알맞은 그래프를 찾아 기호를 써 보세요.

> ㉠ 반별 축구를 좋아하는 학생 수
> ㉡ 한 달 동안의 낮의 기온 변화
> ㉢ 연도별 초등학생 수의 변화
> ㉣ 어느 빵집의 종류별 빵의 수
> ㉤ 일 년 동안 저금한 금액의 변화
> ㉥ 나라별 외국인 관광객 수

막대그래프 ( )
꺾은선그래프 ( )

[3~6] 유미네 마을의 연도별 인구수를 조사하여 나타낸 꺾은선그래프입니다. 물음에 답하세요.

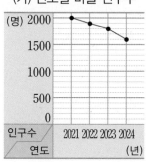

(가) 연도별 마을 인구수

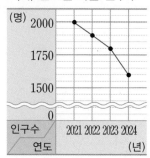

(나) 연도별 마을 인구수

3 꺾은선그래프에서 가로와 세로는 각각 무엇을 나타낼까요?

가로 ( )
세로 ( )

4 (가)와 (나) 그래프 중에서 인구수의 변화를 더 뚜렷하게 알 수 있는 것은 어느 것일까요?

( )

5 (나) 그래프의 세로 눈금 한 칸은 몇 명을 나타낼까요?

( )

6 2021년부터 2024년까지 줄어든 인구수는 몇 명일까요?

( )

[7~11] 어느 박물관의 연도별 입장객 수를 4년 마다 조사하여 나타낸 표입니다. 물음에 답하세요.

연도별 입장객 수

연도(년)	2008	2012	2016	2020	2024
입장객 수(명)	1000	1400	2000	2400	3600

7 표를 보고 꺾은선그래프로 나타내 보세요.

8 입장객 수의 변화가 가장 큰 때는 몇 년과 몇 년 사이일까요?

( )

9 입장객 수가 가장 많은 때는 언제이고, 몇 명 일까요?

( ), ( )

10 2022년의 입장객 수는 약 몇 명이었을까요?

약 ( )

11 2028년의 입장객 수는 어떻게 변할지 예상 해 보세요.

( )

[12~15] 어느 마을의 월별 이사 온 가구 수를 조 사하였습니다. 물음에 답하세요.

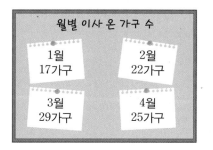

12 조사한 내용을 표로 나타내 보세요.

월별 이사 온 가구 수

월(월)	1	2	3	4
가구 수(가구)				

13 물결선을 사용한 꺾은선그래프로 나타내려고 합니다. 세로 눈금의 시작은 몇 가구에서 하 면 좋을까요?

( )

14 물결선을 사용한 꺾은선그래프로 나타내 보 세요.

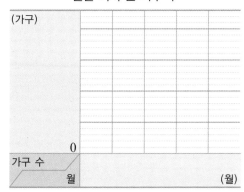

15 이사 온 가구 수가 가장 많은 때와 가장 적은 때의 가구 수의 차는 몇 가구일까요?

( )

[16~18] 소연이와 수진이의 나이별 키를 조사하여 나타낸 꺾은선그래프입니다. 물음에 답하세요.

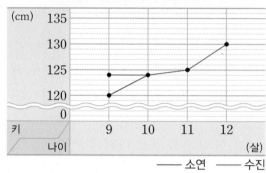

소연이와 수진이의 나이별 키

—— 소연   —— 수진

16 소연이의 키의 변화가 일정할 때 꺾은선그래프를 완성해 보세요.

17 소연이의 키가 가장 큰 때 수진이의 키는 전년도보다 몇 cm만큼 더 자랐을까요?

(   )

18 두 사람의 키 차이가 가장 큰 때는 언제이고, 몇 cm만큼 차이가 나는지 써 보세요.

(   ), (   )

✏ 서술형 문제

19 어느 지역의 연도별 초등학교 수를 조사하여 나타낸 꺾은선그래프입니다. 초등학교 수가 348곳이었을 때는 언제였는지 추측해 보려고 합니다. 풀이 과정을 쓰고 답을 구해 보세요.

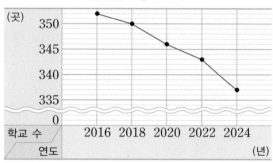

연도별 초등학교 수

풀이 ....

....

....

....

답 ....

20 보미의 요일별 컴퓨터 사용 시간을 조사하여 나타낸 꺾은선그래프입니다. 일정한 규칙으로 사용했다면 일요일의 컴퓨터 사용 시간은 몇 분일지 풀이 과정을 쓰고 답을 구해 보세요.

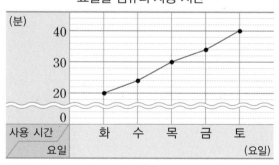

요일별 컴퓨터 사용 시간

풀이 ....

....

....

답 ....

단원 평가 Level ❷

[1~3] 유진이네 과수원의 연도별 사과 생산량을 조사하여 나타낸 꺾은선그래프입니다. 물음에 답하세요.

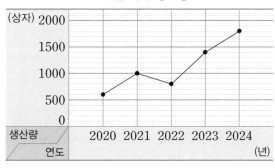

연도별 사과 생산량

1 세로 눈금 한 칸은 몇 상자를 나타낼까요?

( )

2 2023년의 사과 생산량은 몇 상자일까요?

( )

3 사과 생산량이 가장 적은 때는 언제일까요?

( )

4 (가)와 (나) 중 꺾은선그래프로 나타내기 알맞은 것의 기호를 써 보세요.

(가) 계절별 생일이 있는 학생 수

계절	봄	여름	가을	겨울
학생 수(명)	11	6	9	4

(나) 월별 폐휴지의 양

월(월)	3	4	5	6
폐휴지의 양(kg)	2317	2342	2389	2469

( )

[5~8] 연서의 시각별 체온을 조사하여 나타낸 꺾은선그래프입니다. 물음에 답하세요.

(단, 체온을 매시 정각에 재었습니다.)

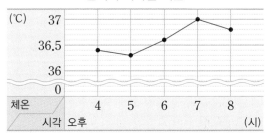

연서의 시각별 체온

5 위의 그래프를 바르게 설명한 사람은 누구일까요?

영지: 오후 6시의 체온은 36.5 ℃야.
효민: 필요 없는 부분을 물결선으로 줄여서 변화하는 모양이 뚜렷하게 보여.

( )

6 체온이 높아지기 시작한 때는 몇 시일까요?

( )

7 체온이 가장 높은 때와 가장 낮은 때의 체온의 차는 몇 ℃일까요?

( )

8 오후 6시에는 오후 5시보다 체온이 몇 ℃ 더 올랐을까요?

( )

[9~11] 어느 학교의 연도별 안경 쓴 학생 수를 조사하여 나타낸 표와 꺾은선그래프입니다. 물음에 답하세요.

연도별 안경 쓴 학생 수

연도(년)	2020	2021	2022	2023	2024
학생 수(명)	110	120			

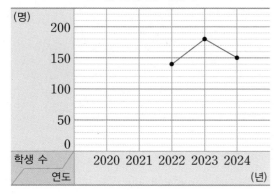

연도별 안경 쓴 학생 수

9 표와 꺾은선그래프를 완성해 보세요.

10 안경을 쓴 학생이 가장 적게 늘어난 때는 몇 년과 몇 년 사이인가요?

( )

11 2020년부터 2024년까지의 안경 쓴 학생은 모두 몇 명일까요?

( )

[12~15] 어느 갯벌의 요일별 물 들어온 시각과 물 빠진 시각을 조사하여 나타낸 꺾은선그래프입니다. 물음에 답하세요.

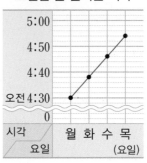

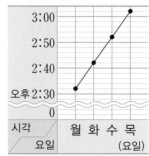

12 물 들어온 시각이 오전 4시 38분인 날의 물 빠진 시각은 몇 시 몇 분일까요?

( )

13 물이 가장 늦게 빠진 날은 언제일까요?

( )

14 수요일에 물 들어온 시각은 화요일보다 몇 분 늦어졌을까요?

( )

15 금요일에 물 들어오는 시각과 물 빠지는 시각은 각각 몇 시 몇 분으로 예상할 수 있을까요?

물 들어오는 시각 ( )

물 빠지는 시각 ( )

[16~18] 울릉도의 연도별 눈이 온 날수를 조사
하여 나타낸 꺾은선그래프의 일부분이 찢어졌습니
다. 눈이 온 날이 2022년은 2021년보다 12일 더
많고, 2023년은 2022년보다 14일 더 적습니다.
물음에 답하세요.

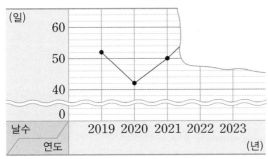

울릉도의 연도별 눈이 온 날수

16 2022년과 2023년에 눈이 온 날수는 며칠인
지 차례로 써 보세요.

(   ), (   )

17 꺾은선그래프를 완성해 보세요.

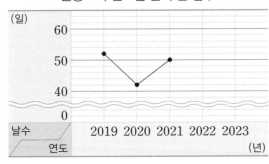

울릉도의 연도별 눈이 온 날수

18 세로 눈금 한 칸의 크기를 1일로 하여 그래프
를 다시 그린다면 2020년과 2021년의 세로
눈금은 몇 칸 차이가 날까요?

(   )

✎ **서술형 문제**

19 수도꼭지를 사용하여 받은 물의 양을 10초마
다 조사하여 나타낸 꺾은선그래프입니다. 1분
후에 받은 물의 양은 몇 L일지 예상하려고 합
니다. 풀이 과정을 쓰고 답을 구해 보세요.

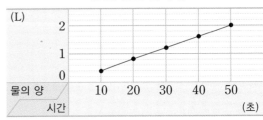

시간별 받은 물의 양

풀이 _____

_____

_____

답 _____

20 어느 회사의 연도별 에어컨 판매량을 조사하여
나타낸 꺾은선그래프입니다. 에어컨 한 대를
100만 원에 판매했다면 전년과 비교하여 판
매량이 가장 많아진 때의 에어컨 판매 금액은
얼마인지 풀이 과정을 쓰고 답을 구해 보세요.

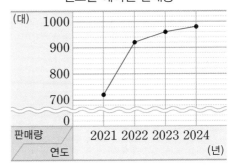

연도별 에어컨 판매량

풀이 _____

_____

_____

답 _____

다각형

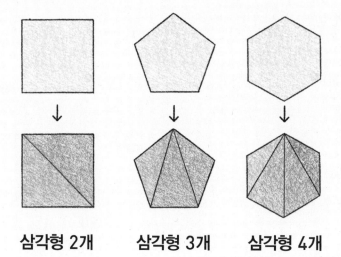

삼각형 2개   삼각형 3개   삼각형 4개

다각형, 많은(多다) 각이 있는 도형

도형	변의 수	각의 수	이름
	3	3	삼각형
	4	4	사각형
	5	5	오각형
	6	6	육각형
	7	7	칠각형
	8	8	팔각형

다각형, 많은(多다) 각이 있는 도형

1 다각형

● **다각형**: 선분으로만 둘러싸인 도형

● **다각형의 이름**

다각형의 이름은 변의 수에 따라 정해집니다.

다각형				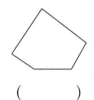
변의 수(개)	5	6	7	8
이름	오각형	육각형	칠각형	팔각형

+ 보충 개념

다각형의 변의 수와 꼭짓점의 수는 같습니다.

	변	꼭짓점
오각형	5개	5개
육각형	6개	6개
칠각형	7개	7개
팔각형	8개	8개

확인 !

육각형은 변이 (6 , 7 , 8)개, 꼭짓점이 (6 , 7 , 8)개인 다각형입니다.

---

1 다각형을 모두 찾아 ○표 하세요.

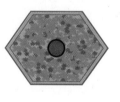

( )   ( )   ( )   ( )

▶ 선분으로 완전히 둘러싸여 있지 않거나 곡선으로 둘러싸인 도형은 다각형이 아닙니다.

2 다각형의 이름을 써 보세요.

(1)   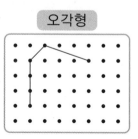   (2)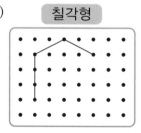

( )   ( )

3 주어진 선분을 이용하여 다각형을 완성해 보세요.

(1) **오각형**   (2) **칠각형**

? 다각형의 변의 수가 많아질수록 어떤 모양이 되나요?

다각형의 변의 수가 많아질수록 점점 원에 가까워집니다.

  … … ◯

2 정다각형

정답과 풀이 **43**쪽

- ● **정다각형**: 변의 길이가 모두 같고, 각의 크기가 모두 같은 다각형
- ● **정다각형의 이름**

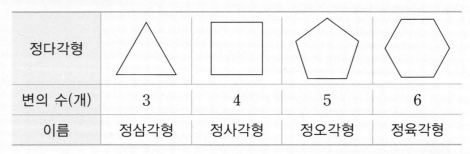

정다각형	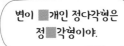			
변의 수(개)	3	4	5	6
이름	정삼각형	정사각형	정오각형	정육각형

변이 ■개인 정다각형은 정■각형이야.

주의 개념

정다각형이 아닌 경우

- 변의 길이는 모두 같지만 각의 크기가 모두 같지는 않은 다각형은 정다각형이 아닙니다.

- 각의 크기는 모두 같지만 변의 길이가 모두 같지는 않은 다각형은 정다각형이 아닙니다.

확인 !

변의 길이가 모두 같고, 각의 크기가 모두 같은 다각형은 [   ]입니다.

---

4 정다각형을 모두 찾아 기호를 써 보세요.

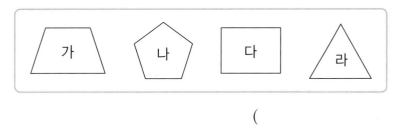

(   )

▶ 변의 길이가 모두 같고 각의 크기도 모두 같은 다각형을 찾습니다.

5 주어진 선분을 이용하여 정다각형을 완성해 보세요.

(1) 정사각형

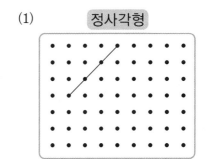

(2) 정육각형

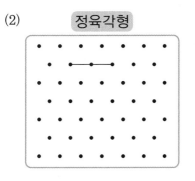

❓ 정다각형의 모든 각의 크기의 합은 어떻게 구하나요?

다각형을 삼각형 또는 사각형으로 나누어 모든 각의 크기의 합을 구할 수 있습니다.

방법 1

 $180° \times 3 = 540°$

방법 2

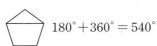 $180° + 360° = 540°$

6 정다각형입니다. [ ] 안에 알맞은 수를 써넣으세요.

(1)
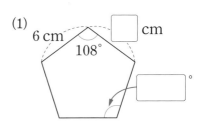

(2)
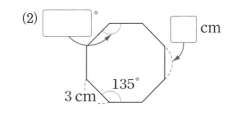

3 대각선

● **대각선**: 다각형에서 서로 이웃하지 않는 두 꼭짓점을 이은 선분

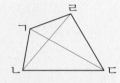

→ 대각선: 선분 ㄱㄷ, 선분 ㄴㄹ

● **사각형에서 대각선의 성질**

| 평행사변형 | 마름모 | 직사각형 | 정사각형 |

두 대각선의 길이가 같은 사각형	직사각형, 정사각형
두 대각선이 서로 수직으로 만나는 사각형	마름모, 정사각형
한 대각선이 다른 대각선을 똑같이 둘로 나누는 사각형	평행사변형, 마름모, 직사각형, 정사각형

➕ **보충 개념**

서로 이웃하지 않는 두 꼭짓점

하나의 변을 이루고 있는 두 꼭짓점이 아닌 꼭짓점
· 점 ㄱ과 이웃하는 꼭짓점: 점 ㄴ, 점 ㄹ
· 점 ㄱ과 이웃하지 않는 꼭짓점: 점 ㄷ

💡 **심화 개념**

■각형의 한 꼭짓점에서 그을 수 있는 대각선의 수는 (■−3)개입니다.

사각형   오각형

4−3 = 1(개)   5−3 = 2(개)

확인!

다각형에서 서로 이웃하지 않는 두 꼭짓점을 이은 선분을 [   ](이)라고 합니다.

---

7 대각선을 모두 그어 보고, 대각선은 모두 몇 개인지 구해 보세요.

(1) 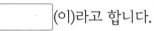   (2) 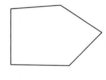   (3)

(   )   (   )   (   )

▶ **꼭짓점의 수와 대각선의 수**

꼭짓점의 수가 많은 다각형일수록 더 많은 대각선을 그을 수 있습니다.

8 사각형을 보고 알맞은 기호를 모두 찾아 ○표 하세요.

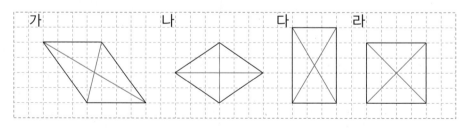

(1) 두 대각선의 길이가 같은 사각형은 (가 , 나 , 다 , 라)입니다.

(2) 두 대각선이 서로 수직으로 만나는 사각형은 (가 , 나 , 다 , 라)입니다.

❓ **삼각형은 왜 대각선을 그을 수 없나요?**

대각선은 서로 이웃하지 않는 두 꼭짓점을 이은 선분입니다.
삼각형은 모든 꼭짓점이 서로 이웃하고 있기 때문에 대각선을 그을 수 없습니다.

4 모양 만들기

정답과 풀이 43쪽

● **모양 조각 알아보기**

긴 변의 길이는 짧은 변의 길이의 2배입니다.

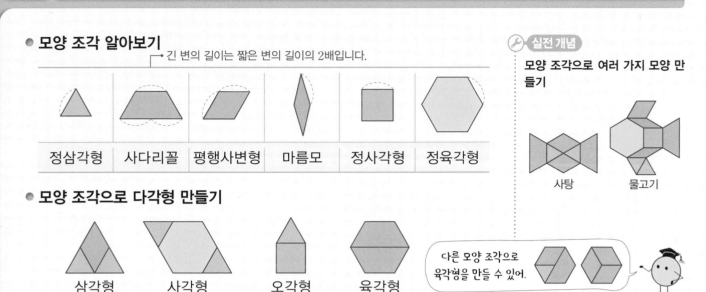

| 정삼각형 | 사다리꼴 | 평행사변형 | 마름모 | 정사각형 | 정육각형 |

● **모양 조각으로 다각형 만들기**

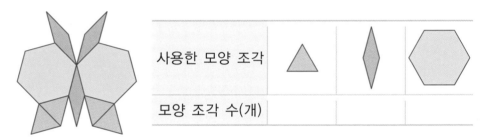

| 삼각형 | 사각형 | 오각형 | 육각형 |

🔧 **실전 개념**

모양 조각으로 여러 가지 모양 만들기

사탕   물고기

다른 모양 조각으로 육각형을 만들 수 있어.

---

9 모양 조각으로 만든 나비 모양을 보고 표를 완성해 보세요.

사용한 모양 조각	▲	◆	⬡
모양 조각 수(개)			

[10~11] 모양 조각을 보고 물음에 답하세요.

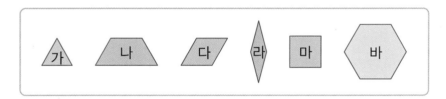

10 한 가지 모양 조각을 3개 사용하여 나 모양 조각을 만들려고 합니다. 필요한 모양 조각의 기호를 써 보세요.

(   )

11 가와 바 모양 조각을 사용하여 삼각형을 만들어 보세요.

▶ **모양 만드는 방법**
- 길이가 같은 변끼리 이어 붙입니다.
- 서로 겹치지 않게 이어 붙입니다.
- 빈틈없이 이어 붙입니다.

❓ **똑같은 모양을 만들 수 있는 방법은 한 가지인가요?**

아닙니다. 사용하는 조각의 종류와 수에 따라 똑같은 모양을 만들 수 있는 방법은 여러 가지입니다.

예 정삼각형 만들기

5 모양 채우기

정답과 풀이 **44**쪽

● 모양 조각으로 다각형 채우기

(예)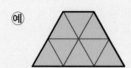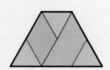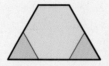

● 모양 조각으로 모양 채우기

(예)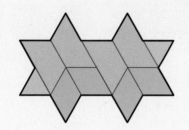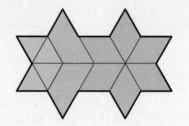

 연결 개념

정삼각형, 정사각형, 정육각형으로 평면을 빈틈없이 채울 수 있습니다.

한 점에 정삼각형은 6개, 정사각형은 4개, 정육각형은 3개가 모이면 360°가 되기 때문입니다.

하나의 모양을 여러 가지 방법으로 채울 수 있어.

[12~13] 모양 조각을 보고 물음에 답하세요.

12 한 가지 모양 조각을 여러 개 사용하여 정육각형을 채워 보세요.

13 다 모양 조각으로 다음 모양을 채우려고 합니다. 다 모양 조각은 몇 개 필요할까요?

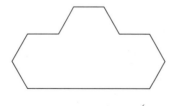

(   )

? 정오각형으로 평면을 채울 수 있나요?

없습니다. 정오각형은 한 각이 108°이므로 꼭짓점을 중심으로 360°를 만들 수 없습니다. 3개를 모으면 빈틈이 생기고, 4개를 모으면 겹치는 부분이 생깁니다.

기본에서 응용으로

1 다각형

• 다각형: 선분으로만 둘러싸인 도형

| 오각형 | 육각형 | 칠각형 | 팔각형 |

2 정다각형

• 정다각형: 변의 길이가 모두 같고, 각의 크기가 모두 같은 다각형

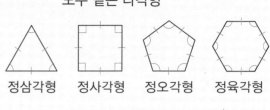

| 정삼각형 | 정사각형 | 정오각형 | 정육각형 |

1 다각형이 아닌 것을 모두 찾아 기호를 써 보세요.

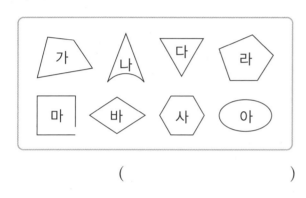

( )

4 정다각형을 모두 고르세요. ( )

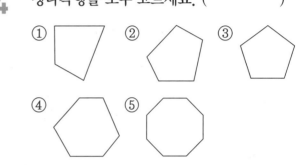

5 조건을 모두 만족시키는 도형의 이름을 써 보세요.

> • 6개의 선분으로 둘러싸인 다각형입니다.
> • 변의 길이가 모두 같습니다.
> • 각의 크기가 모두 같습니다.

( )

2 빈칸에 알맞은 이름 또는 수를 써넣으세요.

다각형		
이름		
변의 수(개)		
꼭짓점의 수(개)		

창의 ✚

6 연우는 비밀번호 4352에 대한 힌트를 다음과 같이 정했습니다. 같은 방법으로 나만의 네 자리 비밀번호를 만들고 힌트를 그려 보세요.

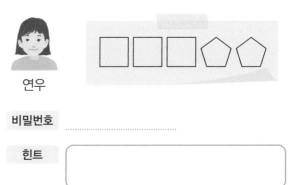

연우

비밀번호 ....

힌트

3 칠각형의 변의 수와 꼭짓점의 수의 합은 몇 개일까요?

( )

6

7 정팔각형 모양의 시계입니다. 시계의 모든 변의 길이의 합은 몇 cm일까요?

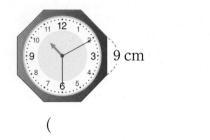

9 cm

(   )

8 한 변의 길이가 3 cm이고, 모든 변의 길이의 합이 21 cm인 정다각형의 이름을 써 보세요.

(   )

9 정구각형의 모든 각의 크기의 합은 몇 도일까요?

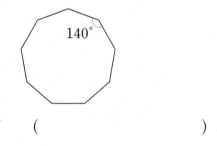

140°

(   )

10 정육각형과 정오각형을 겹치지 않게 이어 붙여 만든 도형입니다. 굵은 선의 길이는 몇 cm일까요?

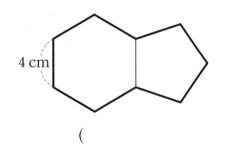

4 cm

(   )

---

3 대각선

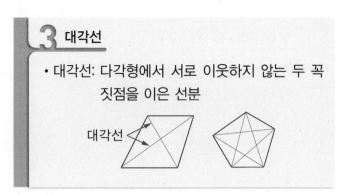

• 대각선: 다각형에서 서로 이웃하지 않는 두 꼭짓점을 이은 선분

대각선

11 대각선을 그을 수 없는 도형은 어느 것일까요?

(   )

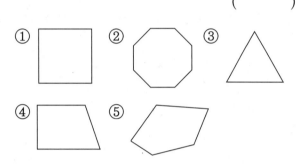

① ② ③ ④ ⑤

12 대각선에 대해 잘못 설명한 사람은 누구일까요?

민지: 사각형에는 대각선을 2개 그을 수 있어.

은호: 다각형에서 서로 이웃하는 두 꼭짓점을 이은 선분이야.

유미: 꼭짓점의 수가 많은 다각형일수록 더 많은 대각선을 그을 수 있어.

(   )

13 표시된 꼭짓점에서 그을 수 있는 대각선을 모두 그어 보고, □ 안에 알맞은 수를 써넣으세요.

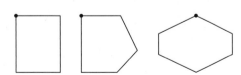

다각형의 한 꼭짓점에서 그을 수 있는 대각선의 수는 변의 수보다 □ 개 더 적습니다.

4 사각형의 대각선의 성질

- 두 대각선의 길이가 같은 사각형
  ➡ 직사각형, 정사각형
- 두 대각선이 서로 수직으로 만나는 사각형
  ➡ 마름모, 정사각형
- 한 대각선이 다른 대각선을 똑같이 둘로 나누는 사각형
  ➡ 평행사변형, 마름모, 직사각형, 정사각형

14 두 대각선의 길이가 같은 사각형을 모두 고르세요. (   )

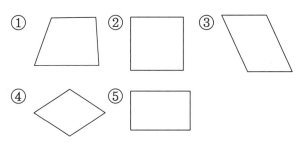

15 평행사변형입니다. ☐ 안에 알맞은 수를 써넣으세요.

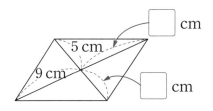

16 마름모입니다. ☐ 안에 알맞은 수를 써넣으세요.

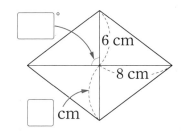

17 정사각형 모양의 색종이를 다음과 같이 접었다 폈습니다. 접었던 선이 이루는 각의 크기는 몇 도일까요?

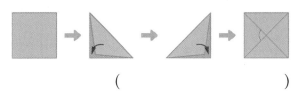

(   )

서술형
18 평행사변형 ㄱㄴㄷㄹ에서 두 대각선의 길이의 합이 28 cm일 때 선분 ㄴㄹ의 길이는 몇 cm인지 풀이 과정을 쓰고 답을 구해 보세요.

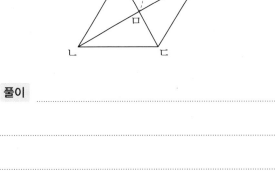

풀이 _____

_____

_____

_____

답 _____

19 직사각형 ㄱㄴㄷㄹ에서 각 ㄱㅇㄴ의 크기는 몇 도일까요?

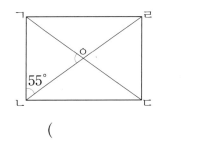

(   )

5 모양 만들기

모양 조각을 서로 겹치지 않게 빈틈없이 이어 붙여 여러 가지 모양을 만듭니다.

예

[20~23] 모양 조각을 보고 물음에 답하세요.

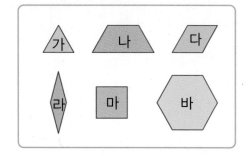

20 가 모양 조각을 사용하여 다 모양 조각 3개를 만들려고 합니다. 가 모양 조각은 모두 몇 개 필요할까요?

( )

21 가와 나 모양 조각을 모두 한 번씩만 사용하여 만들 수 있는 도형의 이름을 모두 찾아 기호를 써 보세요.

┌─────────────────────┐
│ ㉠ 정삼각형   ㉡ 마름모 │
│ ㉢ 평행사변형   ㉣ 정사각형 │
└─────────────────────┘

( )

22 가, 나, 다, 바 모양 조각을 한 번씩만 사용하여 평행사변형을 만들어 보세요.

23 모양 조각을 모두 사용하여 나만의 모양을 만들고, 만든 모양에 이름을 지어 보세요.

이름 [　　　　　　　　　]

6 모양 채우기

예 정육각형 채우기

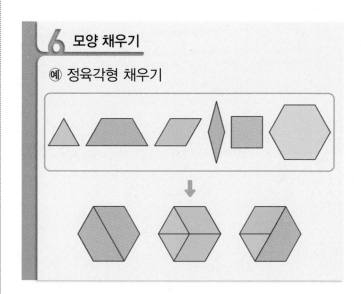

24 모양 조각을 주어진 수만큼 사용하여 사각형을 채워 보세요.

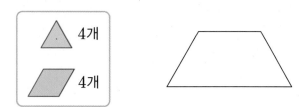

25 3가지 모양 조각을 모두 사용하여 삼각형을 채워 보세요.

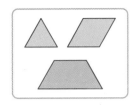 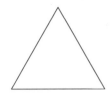

26 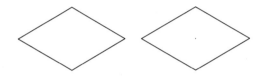 모양 조각 중 2가지를 골라 마름모를 채우려고 합니다. 서로 다른 방법으로 마름모를 채워 보세요.

7 한 가지 모양 조각만 사용하기

한 가지 모양 조각만 사용하여 여러 가지 모양을 만들 수 있습니다.

⑩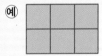

직사각형   오각형   마름모

27 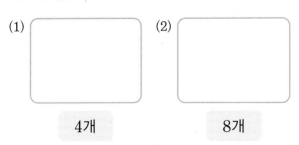 모양 조각을 주어진 수만큼 사용하여 평행사변형을 만들어 보세요.

(1) 　　　　　　(2)

4개　　　　　　8개

28 한 가지 모양 조각을 여러 번 사용하여 정육각형을 만들 수 없는 것을 찾아 기호를 써 보세요.

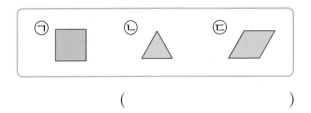

(　　　　　　　)

29 정삼각형 모양 조각을 여러 번 사용하여 오른쪽 정삼각형을 채우려고 합니다. 정삼각형 모양 조각은 모두 몇 개 필요할까요?

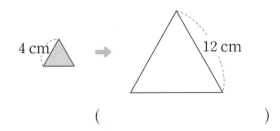

(　　　　　　　)

8 다각형에서 대각선의 수 구하기

⑩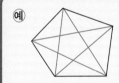

① 오각형의 한 꼭짓점에서 그을 수 있는 대각선은 $5 - 3 = 2$(개)입니다.
② 각 꼭짓점에서 대각선은 $5 \times 2 = 10$(개) 그을 수 있습니다.
③ 10개는 대각선을 두 번씩 센 것이므로 오각형의 대각선은 모두 $10 \div 2 = 5$(개)입니다.

30 팔각형에 그을 수 있는 대각선은 모두 몇 개일까요?

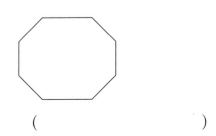

(　　　　　　　)

31 변이 9개, 꼭짓점이 9개인 다각형의 대각선은 몇 개일까요?

( )

32 칠각형과 십각형의 대각선의 수의 합은 몇 개일까요?

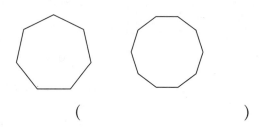

( )

---

9 정다각형에서 한 각의 크기 구하기

정다각형을 삼각형 또는 사각형으로 나누어 모든 각의 크기의 합을 구한 후 각의 수로 나눕니다.

예

삼각형 3개로 나누어집니다.

(정오각형의 모든 각의 크기의 합)
$= 180° \times 3 = 540°$
(정오각형의 한 각의 크기)
$= 540° \div 5 = 108°$

---

33 정육각형의 모든 각의 크기의 합은 몇 도일까요?

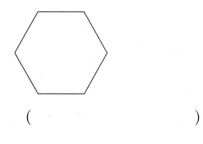

( )

---

34 정팔각형의 한 각의 크기는 몇 도일까요?

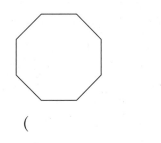

( )

35 정육각형과 정사각형의 한 변을 겹치지 않게 이어 붙였습니다. ㉠의 각도는 몇 도일까요?

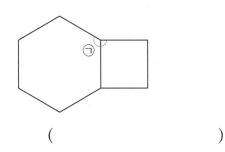

( )

서술형
36 정오각형 ㄱㄴㄷㄹㅁ에서 ㉠의 각도는 몇 도인지 풀이 과정을 쓰고 답을 구해 보세요.

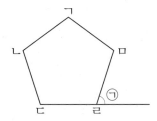

풀이 ....

....

....

답 ....

응용에서 최상위로

정답과 풀이 **46**쪽

심화유형 1

도형 2개를 이어 붙였을 때 표시된 각의 크기 구하기

정오각형과 평행사변형을 겹치지 않게 이어 붙였습니다. ㉠의 각도는 몇 도일까요?

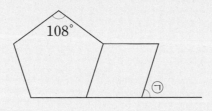

(   )

● 핵심 **NOTE**
• 정오각형은 각의 크기가 모두 같습니다.
• 평행사변형은 이웃하는 두 각의 크기의 합이 180°입니다.

1-1 정육각형과 평행사변형을 겹치지 않게 이어 붙였습니다. ㉠의 각도는 몇 도일까요?

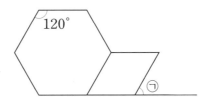

(   )

1-2 정팔각형과 직사각형을 겹치지 않게 이어 붙였습니다. ㉠의 각도는 몇 도일까요?

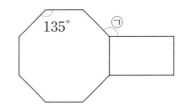

(   )

심화유형 2 모든 변의 길이의 합이 같을 때 한 변의 길이 구하기

두 정다각형의 모든 변의 길이의 합이 같을 때 나의 한 변의 길이는 몇 cm일까요?

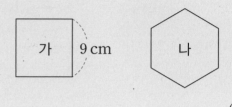

(   )

● 핵심 NOTE
- 정다각형은 변의 길이가 모두 같습니다.
- (한 변의 길이)=(모든 변의 길이의 합)÷(변의 수)

2-1 두 정다각형의 모든 변의 길이의 합이 같을 때 나의 한 변의 길이는 몇 cm일까요?

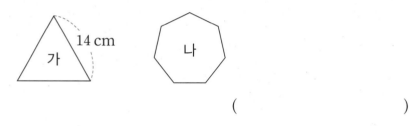

(   )

2-2 철사를 이용하여 한 변의 길이가 11 cm인 정팔각형을 만들었습니다. 이 철사를 펴서 정사각형을 만들려고 할 때 만들 수 있는 가장 큰 정사각형의 한 변의 길이는 몇 cm일까요?

(   )

대각선의 수로 다각형의 이름 알아보기

심화유형 3

대각선의 수가 늘어나는 규칙을 찾아 다각형의 이름을 알아보려고 합니다. 표의 빈칸에 알맞은 수를 써넣고, 대각선이 27개인 다각형의 이름을 써 보세요.

다각형	사각형	오각형	육각형	칠각형
대각선의 수(개)				

( )

● **핵심 NOTE**
- 사각형, 오각형, 육각형, 칠각형의 대각선의 수를 구합니다.
- 대각선의 수가 늘어나는 규칙을 찾아 다각형의 이름을 알아봅니다.

3-1 대각선이 44개인 다각형의 이름을 써 보세요.

( )

3-2 대각선이 35개인 정다각형의 변은 몇 개일까요?

( )

6

실생활에서 표시한 각의 크기 구하기

퀼트는 천과 천 사이에 솜을 넣고 바느질하여 무늬를 두드러지게 하는 것으로 방석, 쿠션, 이불 등에 쓰입니다. 오른쪽은 같은 크기의 정팔각형 여러 개를 이용하여 만든 퀼트의 일부분입니다. 빨간색 사각형의 이름을 구해 보세요.

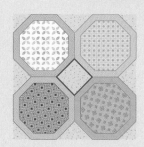

1단계 정팔각형의 한 각의 크기 구하기

2단계 빨간색 사각형의 한 각의 크기 구하기

3단계 빨간색 사각형의 이름 구하기

( )

● **핵심 NOTE**
1단계 정팔각형을 삼각형이나 사각형으로 나누어 모든 각의 크기의 합을 구한 후 한 각의 크기를 구합니다.
2단계 한 바퀴가 이루는 각도가 360°임을 이용하여 빨간색 사각형의 한 각의 크기를 구합니다.
3단계 빨간색 사각형의 변의 길이와 각의 크기를 비교하여 이름을 구합니다.

4-1 축구공은 12개의 정오각형과 20개의 정육각형으로 만든 모양입니다. 축구공의 일부분을 펼쳤을 때 표시한 각의 크기는 몇 도일까요?

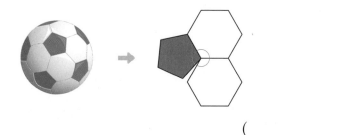

( )

단원 평가 Level 1

점수

확인

1 다각형을 모두 찾아 기호를 써 보세요.

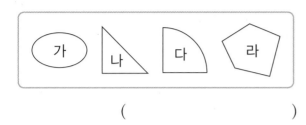

( )

2 변이 10개인 다각형의 이름을 써 보세요.

( )

3 주어진 선분을 이용하여 팔각형을 완성해 보세요.

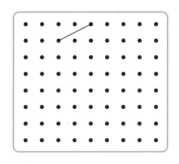

4 정다각형입니다. □ 안에 알맞은 수를 써넣으세요.

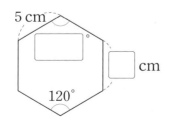

5 정다각형입니다. 모든 변의 길이의 합은 몇 cm일까요?

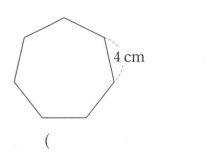

( )

6 오른쪽 다각형에서 대각선은 모두 몇 개일까요?

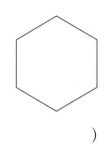

( )

[7~8] 다음을 보고 물음에 답하세요.

사다리꼴   평행사변형

마름모   직사각형   정사각형

7 두 대각선의 길이가 같은 사각형을 모두 찾아 써 보세요.

( )

8 두 대각선이 서로 수직으로 만나는 사각형을 모두 찾아 써 보세요.

( )

[9~12] 모양 조각을 보고 물음에 답하세요.

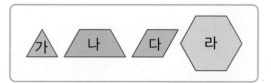

9 한 가지 모양 조각으로 라 모양 조각을 만들려고 합니다. 각각의 모양 조각은 몇 개 필요할까요?

가 모양 조각 (   )
나 모양 조각 (   )
다 모양 조각 (   )

10 가와 다 모양 조각을 모두 한 번씩만 사용하여 만들 수 있는 도형의 이름을 찾아 기호를 써 보세요.

┌─────────────────────────────┐
│ ㉠ 마름모   ㉡ 평행사변형 │
│ ㉢ 사다리꼴   ㉣ 정삼각형   │
└─────────────────────────────┘

(   )

11 가, 다, 라 모양 조각 중 2가지를 골라 평행사변형을 채우려고 합니다. 서로 다른 방법으로 평행사변형을 채워 보세요.

12 가, 나, 다, 라 모양 조각을 모두 사용하여 모양을 채워 보세요.

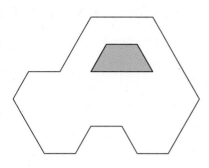

13 한 가지 모양의 타일로 바닥을 빈틈없이 채우려고 합니다. 바닥을 빈틈없이 채울 수 없는 타일 모양에 ×표 하세요.

(   ) (   ) (   )

14 정오각형 2개를 겹치지 않게 이어 붙여 만든 도형입니다. 굵은 선의 길이가 24 cm일 때 정오각형의 한 변의 길이는 몇 cm일까요?

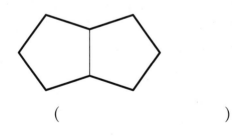

(   )

15 철사를 이용하여 한 변의 길이가 6 cm인 정
칠각형을 만들었습니다. 이 철사를 펴서 정삼
각형을 만들려고 할 때 만들 수 있는 가장 큰
정삼각형의 한 변의 길이는 몇 cm일까요?

(   )

16 직사각형에서 두 대각선의 길이의 합은 몇
cm일까요?

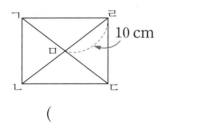

10 cm

(   )

17 대각선이 20개인 다각형의 이름을 써 보세요.

(   )

18 정육각형에서 ㉠과 ㉡의 각도의 합은 몇 도
일까요?

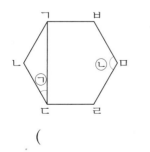

(   )

🖊 서술형 문제

19 마름모 ㄱㄴㄷㄹ에서 각 ㅇㄱㄹ의 크기는 몇 도
인지 풀이 과정을 쓰고 답을 구해 보세요.

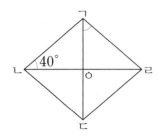

풀이 _____

_____

_____

_____

답 _____

20 조건을 모두 만족시키는 도형의 이름은 무엇
인지 풀이 과정을 쓰고 답을 구해 보세요.

> • 선분으로만 둘러싸인 모양입니다.
> • 모든 변의 길이가 같고, 모든 각의 크기
>   가 같습니다.
> • 한 꼭짓점에서 그을 수 있는 대각선의 수
>   는 8개입니다.

풀이 _____

_____

_____

_____

답 _____

단원 평가 Level ❷

1 정다각형은 어느 것일까요? ( )

 ① ② 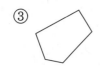 ③

 ④ ⑤

2 설명하는 도형의 이름을 써 보세요.

> • 선분으로만 둘러싸여 있습니다.
> • 변이 9개입니다.

( )

3 대각선이 아닌 것을 찾아 기호를 써 보세요.

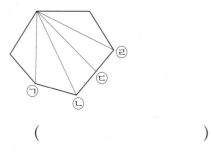

( )

4 주어진 선분을 이용하여 칠각형을 완성해 보세요.

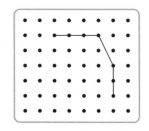

5 정다각형에 대한 설명입니다. 옳게 설명한 것에 ○표, 잘못 설명한 것에 ✕표 하세요.

(1) 직사각형은 정다각형입니다. ( )

(2) 네 변의 길이가 모두 4 cm이고, 네 각이 80°, 80°, 100°, 100°인 도형은 정다각형입니다. ( )

6 십각형에서 ㉠과 ㉡의 합은 몇 개인지 구해 보세요.

> ㉠ 변의 수
> ㉡ 꼭짓점의 수

( )

7 대각선의 수가 가장 많은 다각형은 어느 것일까요? ( )

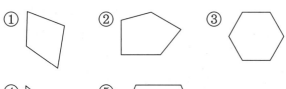

① ② ③

④ ⑤

8 한 변의 길이가 4 cm이고, 모든 변의 길이의 합이 32 cm인 정다각형의 이름을 써 보세요.

( )

[9~11] 모양 조각을 보고 물음에 답하세요.

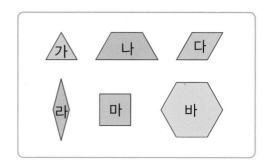

9 조건을 모두 만족시키는 모양 조각을 찾아 기호를 써 보세요.

> • 변의 길이가 모두 같습니다.
> • 각의 크기가 모두 같습니다.

( )

10 가, 라, 마 모양 조각을 모두 사용하여 서로 다른 방법으로 육각형을 채워 보세요.

11 가와 다 모양 조각으로 모양을 채우려고 합니다. 다 모양 조각을 2개 사용한다면 가 모양 조각은 몇 개 필요할까요?

( )

12 ㉠의 각도를 구해 보세요.

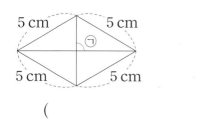

( )

13 정오각형과 마름모를 겹치지 않게 이어 붙여 만든 모양입니다. 굵은 선의 길이는 몇 cm인지 구해 보세요.

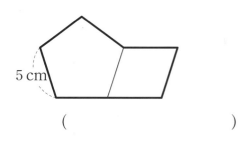

( )

14 두 다각형에 그을 수 있는 대각선의 수의 차는 몇 개일까요?

> 오각형   팔각형

( )

15 직사각형 ㄱㄴㄷㄹ에서 삼각형 ㅁㄴㄷ의 세 변의 길이의 합을 구해 보세요.

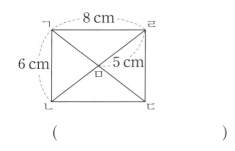

( )

16 정오각형과 정삼각형을 겹치지 않게 이어 붙여 만든 도형입니다. 정삼각형의 세 변의 길이의 합이 9 cm일 때 정오각형의 모든 변의 길이의 합은 몇 cm인지 구해 보세요.

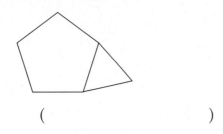

(   )

17 정오각형입니다. ㉠의 각도는 몇 도일까요?

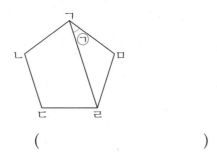

(   )

18 대각선이 14개인 정다각형의 꼭짓점은 몇 개일까요?

(   )

19 직사각형 모양의 색종이를 선을 따라 자르면 4개의 삼각형이 만들어집니다. 만들어진 삼각형은 모두 어떤 삼각형인지 풀이 과정을 쓰고 답을 구해 보세요.

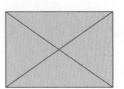

풀이 _____

_____

_____

답 _____

20 마름모와 정십각형의 모든 변의 길이의 합이 같을 때 정십각형의 한 변의 길이는 몇 cm인지 풀이 과정을 쓰고 답을 구해 보세요.

5 cm

풀이 _____

_____

_____

답 _____

계산이 아닌 개념을 깨우치는

수학을 품은 연산

디딤돌
연산은
수학이다.

1~6학년(학기용)

수학 공부의 새로운 패러다임

수능까지 연결되는 독해 로드맵

디딤돌 독해력은 수능까지 연결되는 체계적인 라인업을 통하여

수능에서 요구하는 핵심 독해 원리에 대한 이해는 물론,

단계 별로 심화되며 연결되는 학습의 과정을 통해

깊이 있고 종합적인 독해 사고의 능력까지 기를 수 있도록 도와줍니다.

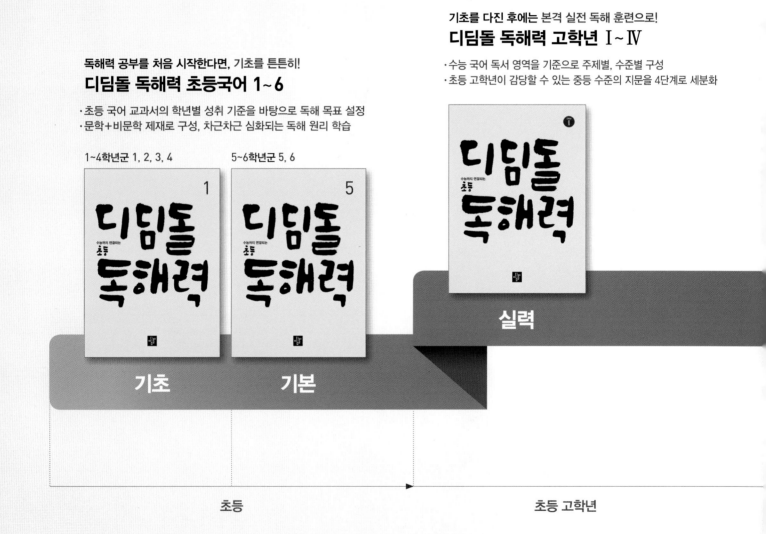

기초를 다진 후에는 본격 실전 독해 훈련으로!
디딤돌 독해력 고학년 Ⅰ~Ⅳ

· 수능 국어 독서 영역을 기준으로 주제별, 수준별 구성
· 초등 고학년이 감당할 수 있는 중등 수준의 지문을 4단계로 세분화

독해력 공부를 처음 시작한다면, 기초를 튼튼히!
디딤돌 독해력 초등국어 1~6

· 초등 국어 교과서의 학년별 성취 기준을 바탕으로 독해 목표 설정
· 문학+비문학 제재로 구성, 차근차근 심화되는 독해 원리 학습

1~4학년군 1, 2, 3, 4   5~6학년군 5, 6

실력

기초   **기본**

초등   초등 고학년

수학 좀 한다면

응용탄탄북

$\dfrac{4}{2}$

차례

수학 좀 한다면

초등수학

응용탄탄북

4
2

- **서술형 문제** | 서술형 문제를 집중 연습해 보세요.

- **다시 점검하는 단원 평가** | 시험에 잘 나오는 문제를 한 번 더 풀어 단원을 확실하게 마무리해요.

서술형 문제

1 잘못 계산한 것입니다. 그 까닭을 쓰고, 바르게 계산해 보세요.

▶ 잘못 계산한 부분을 먼저 찾습니다.

$$5\frac{7}{10} - 2\frac{3}{10} = 3 - \frac{4}{10} = 2\frac{6}{10}$$

까닭 ....

....

....

바른 계산 ....

....

....

2 계산 결과가 더 큰 것의 기호를 쓰려고 합니다. 풀이 과정을 쓰고 답을 구해 보세요.

▶ 분수의 덧셈과 뺄셈을 각각 계산한 후 크기를 비교합니다.

$$\bigcirc\ 1\frac{4}{7} + 3\frac{5}{7} \qquad \bigcirc\ 6\frac{2}{7} - 1\frac{3}{7}$$

풀이 ....

....

....

....

....

답 ....

3 규칙을 찾아 빈칸에 알맞은 수를 구하려고 합니다. 풀이 과정을 쓰고 답을 구해 보세요.

$$\boxed{\dfrac{2}{9}} - \boxed{1\dfrac{1}{9}} - \boxed{} - \boxed{2\dfrac{8}{9}} - \boxed{3\dfrac{7}{9}}$$

풀이

답

▶ 이웃한 두 수의 차를 알아봅니다.

4 ☐ 안에 들어갈 수 있는 자연수는 모두 몇 개인지 풀이 과정을 쓰고 답을 구해 보세요.

$$3 < 1\dfrac{5}{9} + 1\dfrac{\boxed{}}{9}$$

풀이

답

▶ $1\dfrac{5}{9} + 1\dfrac{\boxed{}}{9}$ 의 계산 결과가 3일 때 ☐ 안에 알맞은 수를 먼저 구해 봅니다.

5 수 카드 중에서 2장을 골라 한 번씩만 사용하여 만들 수 있는 분모가 9인 대분수 중에서 가장 큰 대분수와 가장 작은 대분수의 차를 구하려고 합니다. 풀이 과정을 쓰고 답을 구해 보세요.

$$\boxed{3} \quad \boxed{5} \quad \boxed{6} \quad \boxed{8}$$

풀이

답

▶ 자연수 부분이 클수록 더 큰 분수이고, 자연수 부분이 같으면 진분수가 클수록 더 큰 분수입니다.

6 길이가 6 cm인 색 테이프 3장을 $\frac{2}{5}$ cm씩 겹쳐서 이어 붙였습니다. 이어 붙인 색 테이프의 전체 길이는 몇 cm인지 풀이 과정을 쓰고 답을 구해 보세요.

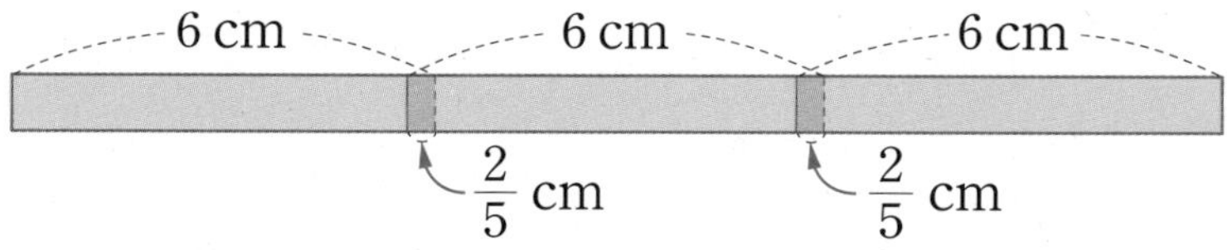

풀이

답

▶ 색 테이프 3장을 겹쳐서 이어 붙였을 때 겹쳐진 부분은 2군데입니다.

7

진수는 학교에서 출발하여 서점에 가려고 합니다. 약국을 지나 서점까지 가는 길과 시장을 지나 서점까지 가는 길 중 어느 곳을 지나가는 길이 몇 km 더 가까운지 풀이 과정을 쓰고 답을 구해 보세요.

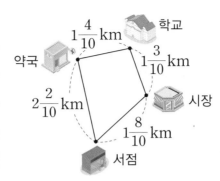

학교에서 서점까지 약국을 지나가는 길과 시장을 지나가는 길의 거리를 각각 구한 후 두 거리의 차를 구합니다.

풀이 _____

_____

_____

_____

답 _____ ,

8

$㉠ ● ㉡ = ㉠ - ㉡ + \dfrac{3}{7}$ 이라고 약속할 때 다음을 계산하려고 합니다. 풀이 과정을 쓰고 답을 구해 보세요.

$$3\dfrac{5}{7} \ ● \ \dfrac{6}{7}$$

먼저 약속에 맞게 식을 세워 봅니다.

풀이 _____

_____

_____

_____

답 _____

다시 점검하는 **단원 평가** Level **1**

점수   확인

1 □ 안에 알맞은 수를 써넣으세요.

$\dfrac{4}{9}$는 $\dfrac{1}{9}$이 □개, $\dfrac{7}{9}$은 $\dfrac{1}{9}$이 □개이므로

$\dfrac{4}{9}+\dfrac{7}{9}$은 $\dfrac{1}{9}$이 □개입니다.

➡ $\dfrac{4}{9}+\dfrac{7}{9}=\dfrac{\boxed{}}{9}=\boxed{}\dfrac{\boxed{}}{9}$

2 계산해 보세요.

(1) $1\dfrac{3}{7}+2\dfrac{2}{7}$

(2) $1-\dfrac{3}{8}$

3 계산 결과가 가장 큰 것을 찾아 기호를 써 보세요.

> ㉠ $\dfrac{3}{11}+\dfrac{4}{11}$ ㉡ $\dfrac{2}{11}+\dfrac{9}{11}$
>
> ㉢ $\dfrac{5}{11}+\dfrac{5}{11}$ ㉣ $\dfrac{6}{11}+\dfrac{2}{11}$

(   )

4 다음 수를 구해 보세요.

> $6\dfrac{3}{15}$보다 $4\dfrac{7}{15}$만큼 더 작은 수

(   )

5 어림하여 계산 결과가 5와 6 사이인 것에 ○표 하세요.

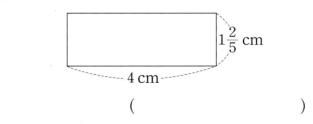

(   ) (   ) (   )

6 직사각형의 가로는 세로보다 몇 cm 더 길까요?

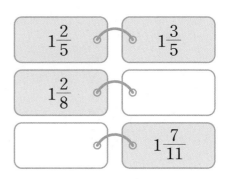

(   )

7 두 수의 합이 모두 같도록 빈칸에 알맞은 수를 써넣으세요.

$1\dfrac{2}{5}$	$1\dfrac{3}{5}$
$1\dfrac{2}{8}$	
	$1\dfrac{7}{11}$

8 가장 큰 수와 가장 작은 수의 차를 구해 보세요.

$$4\frac{7}{13} \qquad 8 \qquad 3\frac{4}{13} \qquad 6 \qquad 2\frac{5}{13}$$

( )

9 계산 결과를 비교하여 ○ 안에 >, =, < 중 알맞은 것을 써넣으세요.

$$6\frac{2}{7}-2\frac{4}{7} \bigcirc 2\frac{2}{7}+1\frac{6}{7}$$

10 무게가 $1\frac{2}{6}$ kg인 가방에 무게가 $2\frac{5}{6}$ kg인 책을 넣었습니다. 책을 넣은 가방의 무게는 몇 kg일까요?

( )

11 정연이와 나정이는 블록 쌓기를 하였습니다. 정연이는 $20\frac{3}{5}$ cm, 나정이는 $23\frac{2}{5}$ cm를 쌓았습니다. 나정이는 정연이보다 몇 cm 더 높게 쌓았을까요?

( )

12 ☐ 안에 알맞은 수를 써넣으세요.

$$4\frac{3}{20}-\boxed{}=2\frac{7}{20}$$

13 수직선에서 ㉠과 ㉡이 나타내는 수의 합을 대분수로 구해 보세요.

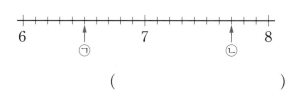

( )

14 분모가 7인 진분수가 2개 있습니다. 두 분수의 합이 $\frac{6}{7}$이고 차가 $\frac{4}{7}$일 때 두 진분수를 구해 보세요.

( )

15 ㉠에 알맞은 수를 구해 보세요.

$$10\frac{2}{12}-1\frac{11}{12}=4\frac{8}{12}+㉠$$

( )

16 길이가 $5\dfrac{5}{8}$ cm, $6\dfrac{7}{8}$ cm인 색 테이프 2장을 3 cm 겹쳐서 이어 붙였습니다. 이어 붙인 색 테이프의 전체 길이는 몇 cm일까요?

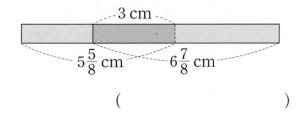

(   )

17 ☐ 안에 들어갈 수 있는 자연수를 모두 구해 보세요.

$$4\dfrac{1}{7} - 2\dfrac{5}{7} > 1\dfrac{\square}{7}$$

(   )

18 밀가루가 $2\dfrac{1}{5}$ kg 있습니다. 케이크 한 개를 만드는 데 밀가루 $\dfrac{3}{5}$ kg이 필요하다면 케이크 4개를 만들기 위해서는 밀가루를 몇 kg 더 준비해야 할까요?

(   )

19 ㉠◎㉡＝㉠－㉡＋$\dfrac{8}{9}$이라고 약속할 때 다음을 계산하려고 합니다. 풀이 과정을 쓰고 답을 구해 보세요.

$$4\dfrac{4}{9} ◎ 2\dfrac{6}{9}$$

풀이 ....

....

....

....

답 ....

20 두 분수를 골라 합이 가장 큰 덧셈을 만들어 계산하려고 합니다. 이때의 합은 얼마인지 풀이 과정을 쓰고 답을 구해 보세요.

$$8\dfrac{4}{7} \qquad 1\dfrac{6}{7} \qquad 3\dfrac{2}{7} \qquad 5\dfrac{5}{7} \qquad 4\dfrac{1}{7}$$

풀이 ....

....

....

....

답 ....

점수 |　　　 확인 |

1 ㉠에 알맞은 수를 구해 보세요.

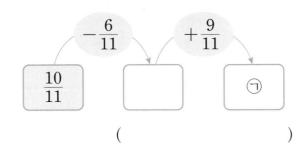

(　　　　　　　)

2 □ 안에 알맞은 수를 써넣으세요.

$$4\frac{5}{9} - 1\frac{7}{9} = \boxed{}\frac{\boxed{}}{9} - 1\frac{7}{9}$$

$$= \boxed{} + \frac{\boxed{}}{9} = \boxed{}\frac{\boxed{}}{9}$$

3 설명하는 수보다 $2\frac{6}{17}$ 만큼 더 큰 수를 구해 보세요.

$$\frac{1}{17}\text{이 18개인 수}$$

(　　　　　　　)

4 $3\frac{2}{6} - \frac{3}{6}$ 을 두 가지 방법으로 계산해 보세요.

방법 1 _____

_____

방법 2 _____

5 집에서 은행을 지나 학교까지 가는 거리는 몇 km일까요?

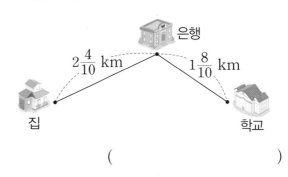

(　　　　　　　)

6 □ 안에 알맞은 수를 써넣으세요.

$$3\frac{9}{14} - \boxed{} = 2\frac{6}{14}$$

7 계산 결과가 큰 것부터 차례로 기호를 써 보세요.

㉠ $2\frac{14}{17} + 5\frac{9}{17}$

㉡ $6\frac{12}{17} + 1\frac{8}{17}$

㉢ $3\frac{15}{17} + 4\frac{6}{17}$

(　　　　　　　)

8 덧셈의 계산 결과가 진분수일 때 ☐ 안에 들어갈 수 있는 자연수를 모두 구해 보세요.

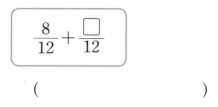

$$\dfrac{8}{12} + \dfrac{\square}{12}$$

( )

9 한 봉지에 들어 있는 잡곡의 무게입니다. 잡곡 4 kg을 사려면 무엇과 무엇을 사야 할까요?

콩	현미	팥	수수
$1\dfrac{3}{5}$ kg	$2\dfrac{3}{5}$ kg	$3\dfrac{3}{5}$ kg	$1\dfrac{2}{5}$ kg

( )

10 현우의 몸무게는 $42\dfrac{5}{10}$ kg이고, 강아지를 안고 무게를 재었더니 $45\dfrac{3}{10}$ kg이었습니다. 강아지의 무게는 몇 kg일까요?

( )

11 직사각형의 네 변의 길이의 합은 몇 cm일까요?

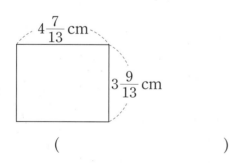

$4\dfrac{7}{13}$ cm

$3\dfrac{9}{13}$ cm

( )

12 두 수를 골라 ☐ 안에 써넣어 계산 결과가 가장 작은 뺄셈을 만들고 계산해 보세요.

$$3,\ 5,\ 6 \qquad 7 - \dfrac{\square}{11}$$

( )

13 민주가 가지고 있는 끈의 길이는 4 m입니다. 상자 1개를 포장하는 데 끈을 $1\dfrac{5}{13}$ m씩 사용한다면 포장할 수 있는 상자는 몇 개이고, 남는 끈은 몇 m일까요?

( ), ( )

14 계산 결과가 7에 가장 가까운 뺄셈을 찾아 기호를 써 보세요.

$$\text{㉠ } 10 - 2\dfrac{5}{8} \qquad \text{㉡ } 13 - 6\dfrac{1}{8}$$

$$\text{㉢ } 9 - 1\dfrac{6}{8} \qquad \text{㉣ } 11 - 4\dfrac{4}{8}$$

( )

15 어떤 수에서 $1\frac{4}{23}$ 를 빼야 할 것을 잘못하여 더했더니 $4\frac{3}{23}$ 이 되었습니다. 바르게 계산하면 얼마일까요?

(   )

16 길이가 $5\frac{3}{7}$ m인 끈과 $4\frac{6}{7}$ m인 끈을 묶어서 이었더니 이은 끈의 전체 길이가 8 m였습니다. 묶는 데 사용한 끈의 길이는 몇 m일까요?

(   )

17 다음 뺄셈식에서 ㉠+㉡이 가장 클 때의 값을 구해 보세요.

$$6\frac{㉠}{15} - 4\frac{㉡}{15} = 2\frac{7}{15}$$

(   )

18 수 카드 3 , 4 , 5 , 6 , 8 중에서 4장을 골라 한 번씩만 사용하여 분모가 7인 가장 큰 대분수와 가장 작은 대분수의 차를 구하려고 합니다. ☐ 안에 알맞은 수를 써넣으세요.

$$\boxed{}\frac{\boxed{}}{7} - \boxed{}\frac{\boxed{}}{7} = \boxed{}$$

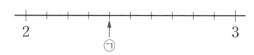
서술형 문제

19 수직선에서 ㉠이 나타내는 수보다 $1\frac{9}{10}$ 만큼 더 큰 수를 구하려고 합니다. 풀이 과정을 쓰고 답을 구해 보세요.

2   ㉠   3

풀이

답

20 아버지는 운동을 $2\frac{3}{8}$ 시간 동안 했고, 어머니는 아버지보다 $1\frac{5}{8}$ 시간만큼 더 적게 했습니다. 영우는 운동을 어머니보다 $\frac{7}{8}$ 시간만큼 더 많이 했다면 영우가 운동을 한 시간은 몇 시간인지 풀이 과정을 쓰고 답을 구해 보세요.

풀이

답

서술형 문제

1 직사각형 모양의 색종이를 선을 따라 잘랐을 때 예각삼각형은 모두 몇 개인지 풀이 과정을 쓰고 답을 구해 보세요.

▶ 예각삼각형은 세 각이 모두 예각인 삼각형입니다.

풀이

답

2 이등변삼각형입니다. 세 변의 길이의 합이 30 cm일 때 변 ㄱㄷ은 몇 cm인지 풀이 과정을 쓰고 답을 구해 보세요.

▶ 이등변삼각형은 두 변의 길이가 같습니다.

ㄱ
ㄴ —12 cm— ㄷ

풀이

답

3 두 각의 크기가 각각 45°, 30°인 삼각형의 이름으로 알맞은 것을 쓰려고 합니다. 풀이 과정을 쓰고 답을 구해 보세요.

풀이 ....

....

....

....

....

답 ....

▶ 삼각형의 세 각의 크기의 합이 180°임을 이용하여 나머지 한 각의 크기를 구해 봅니다.

2

4 이등변삼각형과 정삼각형의 세 변의 길이의 합은 같습니다. 정삼각형의 한 변은 몇 cm인지 풀이 과정을 쓰고 답을 구해 보세요.

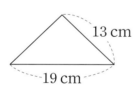

13 cm
19 cm

풀이 ....

....

....

....

....

답 ....

▶ 이등변삼각형은 두 변의 길이가 같고, 정삼각형은 세 변의 길이가 같습니다.

5 삼각형의 세 각 중에서 두 각의 크기를 나타낸 것입니다. 이등변삼각형을 모두 찾아 기호를 쓰려고 합니다. 풀이 과정을 쓰고 답을 구해 보세요.

▶ 삼각형의 세 각의 크기의 합은 180°임을 이용하여 나머지 한 각의 크기를 구해 봅니다.

> ㉠ 40°, 60°   ㉡ 35°, 110°
> ㉢ 55°, 100°   ㉣ 75°, 30°

풀이

....

....

....

....

....

답 ....

6 삼각형 ㄱㄴㄷ의 이름으로 알맞은 것을 모두 쓰고, 까닭을 써 보세요.

▶ 한 직선이 이루는 각도는 180°임을 이용해 각 ㄱㄷㄴ의 크기를 구해 봅니다.

12 cm   12 cm   140°

답 ....

까닭

....

....

....

....

7 삼각형 ㄱㄴㄷ은 정삼각형이고, 삼각형 ㄱㄷㄹ은 이등변삼각형입니다.
각 ㄷㄹㄱ의 크기는 몇 도인지 풀이 과정을 쓰고 답을 구해 보세요.

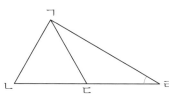

▶ 한 직선이 이루는 각도는 180°입니다.

풀이

....

....

....

....

답

2

8 크기가 같은 정삼각형을 겹치지 않게 이어 붙였습니다. 굵은 선의
길이가 120 cm라면 작은 정삼각형 한 개의 세 변의 길이의 합은
몇 cm인지 풀이 과정을 쓰고 답을 구해 보세요.

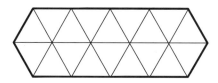

▶ 굵은 선의 길이는 작은 정삼각형 한 변의 길이의 몇 배인지 알아봅니다.

풀이

....

....

....

....

답

2. 삼각형 **15**

다시 점검하는 **단원 평가** Level **1**

점수 | 확인 |

1 둔각삼각형은 모두 몇 개일까요?

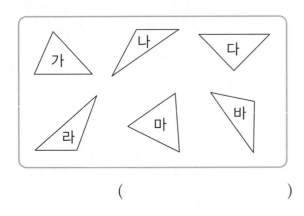

( )

2 정삼각형입니다. □ 안에 알맞은 수를 써넣으세요.

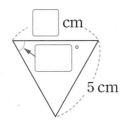

3 주어진 선분을 한 변으로 하는 둔각삼각형을 그리려고 합니다. 선분의 양 끝과 어느 점을 이어야 하는지 찾아 기호를 써 보세요.

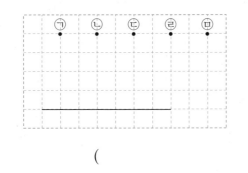

( )

4 정삼각형의 한 변을 길게 늘였습니다. ㉠과 ㉡의 각도의 합은 몇 도일까요?

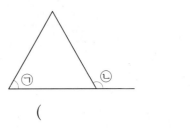

( )

5 삼각형의 세 각 중 두 각의 크기를 나타낸 것입니다. 예각삼각형을 찾아 기호를 써 보세요.

| ㉠ 20°, 40° | ㉡ 30°, 50° |
| ㉢ 55°, 50° | ㉣ 45°, 45° |

( )

6 이등변삼각형 ㄱㄴㄷ의 세 변의 길이의 합은 몇 cm일까요?

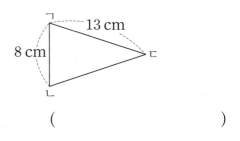

( )

7 오른쪽 삼각형에서 ㉠의 각도를 구해 보세요.

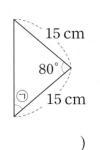

( )

8 삼각형 ㄱㄴㄷ은 이등변삼각형입니다. □ 안에 알맞은 수를 써넣으세요.

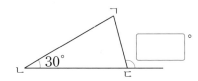

9 삼각형 ㄱㄴㄷ에서 변 ㄱㄷ의 길이는 몇 cm일까요?

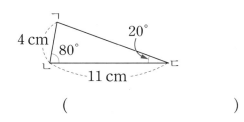

(   )

10 30° 간격으로 원의 반지름을 그렸습니다. 원의 반지름을 이용하여 한 각의 크기가 45°인 이등변삼각형을 그려 보세요.

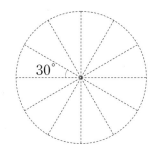

11 삼각형 ㄱㄴㄷ의 이름으로 알맞은 것을 모두 써 보세요.

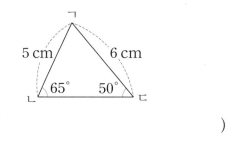

(   )

12 어떤 정삼각형의 세 변의 길이의 합은 한 변이 15 cm인 정사각형의 네 변의 길이의 합과 같습니다. 이 정삼각형의 한 변의 길이는 몇 cm일까요?

(   )

13 세 변의 길이가 다음과 같은 이등변삼각형이 있습니다. ●가 될 수 있는 자연수를 모두 구해 보세요.

| 7 cm | 10 cm | ● cm |

(   )

14 도형에서 찾을 수 있는 크고 작은 이등변삼각형은 모두 몇 개일까요?

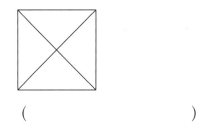

(   )

15 이등변삼각형 모양의 종이를 그림과 같이 접었을 때 ㉠의 각도를 구해 보세요.

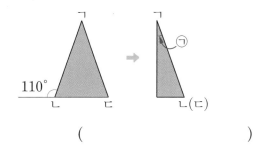

(   )

16 삼각형 ㄱㄴㄷ과 삼각형 ㄹㄴㅁ은 정삼각형 입니다. 사각형 ㄱㄹㅁㄷ의 네 변의 길이의 합은 몇 cm일까요?

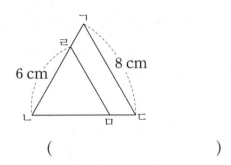

( )

17 세 변의 길이의 합이 30 cm인 똑같은 이등 변삼각형 3개를 겹치지 않게 이어 붙여서 만 든 도형입니다. 굵은 선의 길이는 몇 cm일 까요?

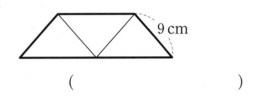

9 cm

( )

18 삼각형 ㄱㄴㄷ과 삼각형 ㄱㄷㄹ은 이등변삼 각형입니다. 각 ㄴㄱㄹ의 크기를 구해 보세요.

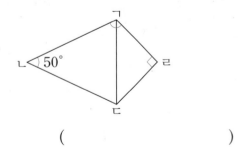

50°

( )

19 두 각의 크기가 다음과 같은 삼각형의 이름으 로 알맞은 것을 모두 쓰려고 합니다. 풀이 과 정을 쓰고 답을 구해 보세요.

40°, 100°

풀이 _____

_____

_____

_____

답 _____

20 삼각형 ㄱㄴㄷ과 삼각형 ㄱㄹㄷ은 이등변삼 각형입니다. 각 ㄴㄷㄹ의 크기는 몇 도인지 풀이 과정을 쓰고 답을 구해 보세요.

100°

40°

풀이 _____

_____

_____

_____

답 _____

1 □ 안에 알맞은 수를 써넣으세요.

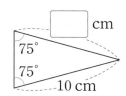

2 정삼각형 ㄱㄴㄷ의 변 ㄴㄷ을 길게 늘였습니다. □ 안에 알맞은 수를 써넣으세요.

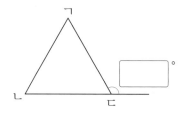

3 사각형 안에 선분 한 개를 그어 예각삼각형을 2개 만들어 보세요.

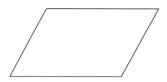

4 세 변의 길이의 합이 62 cm인 이등변삼각형입니다. □ 안에 알맞은 수를 써넣으세요.

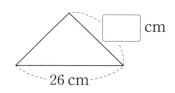

5 예각삼각형을 모두 찾아 기호를 써 보세요.

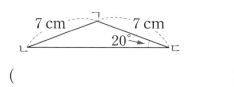

( )

6 삼각형 ㄱㄴㄷ의 이름으로 알맞은 것을 모두 써 보세요.

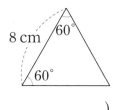

( )

7 오른쪽 삼각형의 세 변의 길이의 합은 몇 cm일까요?

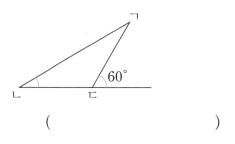

( )

8 삼각형 ㄱㄴㄷ은 이등변삼각형입니다. 각 ㄱㄴㄷ의 크기를 구해 보세요.

( )

9 삼각형 모양의 종이를 선을 따라 잘랐습니다. 예각삼각형을 모두 찾아 기호를 써 보세요.

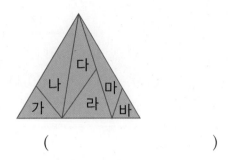

(   )

10 삼각형의 세 각 중 두 각의 크기를 나타낸 것입니다. 둔각삼각형을 찾아 기호를 써 보세요.

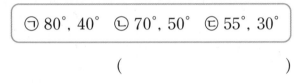

⊙ 80°, 40°　　ⓒ 70°, 50°　　ⓒ 55°, 30°

(   )

11 삼각형 ㄱㄴㄷ은 선분 ㄱㄹ을 따라 접으면 완전히 겹쳐집니다. ㉠의 각도를 구해 보세요.

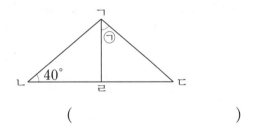

(   )

12 철사를 겹치지 않게 사용하여 오른쪽 그림과 같은 이등변삼각형을 만들었습니다. 길이가 같은 철사로 가장 큰 정삼각형을 만들면 한 변의 길이는 몇 cm일까요?

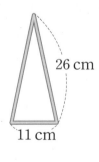

(   )

13 삼각형의 일부가 지워졌습니다. 이 삼각형의 이름으로 알맞은 것을 모두 써 보세요.

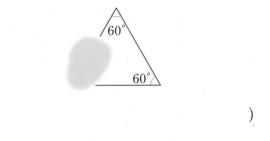

(   )

14 도형에서 찾을 수 있는 크고 작은 정삼각형은 모두 몇 개일까요?

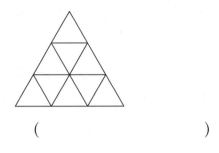

(   )

15 선분 ㄴㄷ과 선분 ㄷㄹ이 한 직선 위에 있을 때 ㉠의 각도를 구해 보세요.

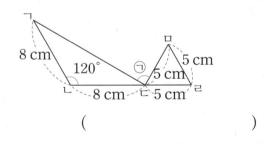

(   )

16 정삼각형과 이등변삼각형을 겹치지 않게 이어 붙여서 사각형 ㄱㄴㄷㄹ을 만들었습니다. 이등변삼각형의 세 변의 길이의 합이 23 cm일 때 사각형 ㄱㄴㄷㄹ의 네 변의 길이의 합은 몇 cm일까요?

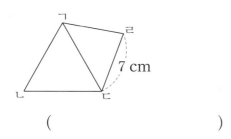

(   )

17 직각삼각형 모양의 종이를 접어서 오른쪽과 같이 만들었습니다. 삼각형 ㄱㅁㄷ의 세 변의 길이의 합은 몇 cm일까요?

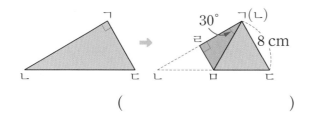

(   )

18 원 위에 일정한 간격으로 점 6개를 찍었습니다. 원 위의 세 점을 선분으로 이어 만들 수 있는 예각삼각형과 둔각삼각형은 각각 몇 개일까요?

예각삼각형 (   )
둔각삼각형 (   )

19 삼각형에서 각 ㄱㄴㄷ은 몇 도인지 풀이 과정을 쓰고 답을 구해 보세요.

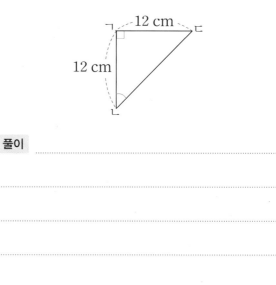

풀이 _____

_____

_____

_____

답 _____

20 두 변이 각각 5 cm, 8 cm인 이등변삼각형이 있습니다. 이 삼각형의 세 변의 길이의 합이 될 수 있는 경우를 모두 구하려고 합니다. 풀이 과정을 쓰고 답을 구해 보세요.

풀이 _____

_____

_____

_____

답 _____

서술형 문제

1

5.992보다 크고 6보다 작은 소수 세 자리 수는 모두 몇 개인지 풀이 과정을 쓰고 답을 구해 보세요.

▶ 5보다 크고 6보다 작은 소수 세 자리 수는 5.□□□ 로 나타냅니다.

풀이

답

2

㉠이 나타내는 수는 ㉡이 나타내는 수의 몇 배인지 풀이 과정을 쓰고 답을 구해 보세요.

> 84.704
> ㉠ ㉡

▶ ㉠은 일의 자리 숫자이고, ㉡은 소수 셋째 자리 숫자입니다.

풀이

답

3

8.026의 100배인 수에서 소수 첫째 자리 숫자가 나타내는 수는 얼마인지 풀이 과정을 쓰고 답을 구해 보세요.

▶ 소수를 100배 하면 소수점을 기준으로 수가 왼쪽으로 두 자리 이동합니다.

풀이

답

4 다음 수보다 0.34만큼 더 큰 수는 얼마인지 풀이 과정을 쓰고 답을 구해 보세요.

> 0.1이 5개, 0.01이 17개인 수

풀이 ....

....

....

답 ....

▶ 어떤 수보다 0.34만큼 더 큰 수는 어떤 수에 0.34를 더한 수입니다.

5 두 수를 골라 합이 가장 큰 덧셈을 만들어 계산하려고 합니다. 이때의 합은 얼마인지 풀이 과정을 쓰고 답을 구해 보세요.

> 2.45   3.9   3.77   5.71

풀이 ....

....

....

답 ....

▶ 합이 가장 크려면 가장 큰 수와 둘째로 큰 수를 더해야 합니다.

3

6 0부터 9까지의 수 중에서 ☐ 안에 들어갈 수 있는 수는 모두 몇 개인지 풀이 과정을 쓰고 답을 구해 보세요.

> 3.7 − 1.29 < 2.☐1 < 2.91

풀이 ....

....

....

답 ....

▶ 3.7−1.29를 먼저 계산합니다.

7 6장의 카드를 한 번씩 모두 사용하여 만들 수 있는 소수 두 자리 수 중에서 가장 큰 수와 가장 작은 수의 차는 얼마인지 풀이 과정을 쓰고 답을 구해 보세요. (단, 소수점 오른쪽 끝자리에는 0이 오지 않습니다.)

| 9 | 0 | 7 | 5 | 8 | . |

풀이

답 _____

▶ 카드 6장을 모두 사용하여 소수 두 자리 수를 만들려면 자연수 부분이 세 자리 수가 되어야 합니다.

8 예서네 집과 승하네 집 중에서 도서관에서 더 먼 곳은 어디이고, 몇 km 더 먼지 풀이 과정을 쓰고 답을 구해 보세요.

1.96 km   1.79 km
도서관
예서네 집   승하네 집

풀이

답 _____ ,

▶ 먼저 1.96과 1.79의 크기를 비교합니다.

9 어떤 수에서 2.69를 빼야 할 것을 잘못하여 더했더니 8.03이 되었습니다. 바르게 계산하면 얼마인지 풀이 과정을 쓰고 답을 구해 보세요.

풀이 _____

_____

_____

_____

답 _____

▶ 어떤 수를 □라고 하여 잘못 계산한 식을 먼저 세웁니다.

10 건우가 키우는 강아지의 무게는 2.51 kg이고 시은이가 키우는 고양이의 무게는 1730 g입니다. 누가 키우는 반려동물이 몇 kg 더 무거운지 풀이 과정을 쓰고 답을 구해 보세요.

풀이 _____

_____

_____

_____

답 _____ , _____

▶ 먼저 단위를 같게 합니다.

점수   확인

1 ☐ 안에 알맞은 수를 써넣으세요.

(1) 0.01이 8개인 수는 ☐ 입니다.

(2) 0.01이 10개인 수는 ☐ 입니다.

(3) 0.63은 0.01이 ☐ 개인 수입니다.

2 두 소수의 크기를 비교하여 ○ 안에 >, =, < 중 알맞은 것을 써넣으세요.

(1) 5.89 ◯ 5.98

(2) 0.721 ◯ 0.71

3 계산해 보세요.

(1)   0.5 9
   + 0.7 4

(2)   0.5 4
   − 0.3 8

4 숫자 2가 나타내는 수가 다른 것을 찾아 기호를 써 보세요.

| ㉠ 35.2̲5 | ㉡ 7.52̲9 |
| ㉢ 8.02̲ | ㉣ 19.62̲4 |

(   )

5 빈칸에 알맞은 수를 써넣으세요.

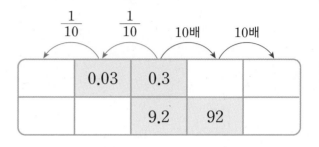

6 ☐ 안에 알맞은 소수를 써넣으세요.

하선이는 감자 2500 g과 180 mL짜리 우유 한 갑을 샀습니다.

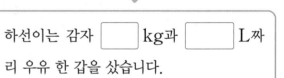

하선이는 감자 ☐ kg과 ☐ L짜리 우유 한 갑을 샀습니다.

7 유진이의 키는 1.36 m이고 승준이의 키는 118 cm입니다. 누구의 키가 몇 m 더 클까요?

(   ), (   )

8 51.8의 $\dfrac{1}{100}$인 수에서 소수 첫째 자리 숫자는 무엇일까요?

( )

9 친구들이 설명하고 있는 소수를 쓰고 읽어 보세요.

예원: 소수 두 자리 수야.
우진: 1보다 크고 2보다 작아.
시은: 소수 첫째 자리 숫자는 일의 자리 숫자보다 1만큼 더 커.
지훈: 각 자리의 숫자를 모두 더하면 7이 돼.

쓰기 ....

읽기 ....

10 ☐ 안에 알맞은 수를 써넣으세요.

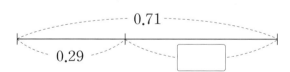

11 가장 큰 수와 가장 작은 수의 차를 구해 보세요.

5.2   3.37   4.78   8.8   6.54

( )

12 수직선에서 ㉠과 ㉡이 나타내는 수의 합을 구해 보세요.

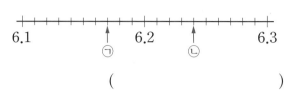

( )

13 채영이는 어제 2.15 km를 달렸고, 오늘은 어제보다 0.86 km만큼 더 많이 달렸습니다. 채영이가 오늘 달린 거리는 몇 km일까요?

( )

14 ☐ 안에 알맞은 수를 써넣으세요.

$$31.49 - 5.6 = \boxed{} + 9.76$$

15 어떤 수의 10배인 수는 1570입니다. 어떤 수의 $\dfrac{1}{100}$인 수는 얼마일까요?

( )

16 □ 안에 알맞은 수를 써넣으세요.

$$
\begin{array}{r}
8 . \square \;\; 8 \\
- \;\; 6 . 8 \;\square \\
\hline
\square . \;\; 3 \;\; 9
\end{array}
$$

17 0부터 9까지의 수 중에서 □ 안에 들어갈 수 있는 수를 모두 구해 보세요.

$$3.4\square3 < 3.44$$

(   )

18 6장의 카드를 한 번씩 모두 사용하여 만들 수 있는 소수 두 자리 수 중에서 가장 큰 수와 둘째로 큰 수의 차를 구해 보세요.

| 5 | 7 | 3 | 2 | 4 | . |

(   )

19 수현이는 길이가 $4.6\,\text{m}$인 끈의 $\dfrac{1}{10}$만큼, 지우는 길이가 $405\,\text{m}$인 끈의 $\dfrac{1}{1000}$만큼을 잘라 사용하였습니다. 사용한 끈의 길이가 더 긴 사람은 누구인지 풀이 과정을 쓰고 답을 구해 보세요.

풀이 _____

_____

_____

_____

답 _____

20 정현이와 아버지가 농장에서 고구마를 캤습니다. 정현이는 어제는 $0.53\,\text{kg}$, 오늘은 $0.89\,\text{kg}$을 캤고, 아버지는 어제와 오늘 각각 $1.76\,\text{kg}$씩 캤습니다. 정현이와 아버지가 어제와 오늘 캔 고구마는 모두 몇 kg인지 풀이 과정을 쓰고 답을 구해 보세요.

풀이 _____

_____

_____

_____

답 _____

점수 | 확인

1 ☐ 안에 알맞은 소수를 써넣으세요.

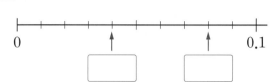

2 1이 4개, 0.1이 2개, 0.01이 8개, 0.001이 5개인 수를 쓰고 읽어 보세요.

쓰기 _____

읽기 _____

3 잘못 말한 사람의 이름을 써 보세요.

현수: 9.747은 0.001이 9747개인 수야.
상훈: 0.001이 3015개인 수는 3.015야.
민정: 12.04는 0.01이 124개인 수야.

(   )

4 소수 첫째 자리 숫자가 가장 큰 소수는 어느 것일까요? (   )

① 0.51   ② 7.29   ③ 10.09
④ 38.82   ⑤ 17.64

5 잘못 설명한 것을 찾아 기호를 써 보세요.

㉠ 3.27보다 0.01만큼 더 큰 수는 3.28입니다.
㉡ 3.452보다 0.01만큼 더 작은 수는 3.442입니다.
㉢ 3.528보다 0.001만큼 더 작은 수는 3.518입니다.

(   )

6 더 큰 수의 기호를 써 보세요.

㉠ 25.54의 $\frac{1}{10}$인 수
㉡ 0.255의 10배인 수

(   )

7 두 색 테이프의 길이의 차는 몇 m일까요?

7.03 m
5.86 m

(   )

8 잘못 계산한 곳을 찾아 바르게 계산해 보세요.

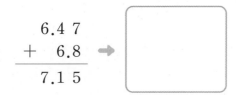

$$\begin{array}{r} 6.4\ 7 \\ +\ \ 6.8 \\ \hline 7.1\ 5 \end{array}$$

9 계산 결과를 비교하여 ○ 안에 $>$, $=$, $<$ 중 알맞은 것을 써넣으세요.

$$1.1+2.08 \bigcirc 5.34-2.16$$

10 선우와 동생이 방울토마토를 땄습니다. 동생은 $1.67\ \text{kg}$을 땄고, 선우는 동생보다 $1.5\ \text{kg}$만큼 더 많이 땄습니다. 선우가 딴 방울토마토는 몇 kg일까요?

( )

11 가장 큰 수와 가장 작은 수의 합에서 나머지 수를 빼면 계산 결과는 얼마일까요?

$$2.47 \quad 5.78 \quad 3.56$$

( )

12 ☐ 안에 알맞은 수를 써넣으세요.

$$\boxed{}+5.73=10.4$$

13 ㉠과 ㉡의 차를 구해 보세요.

$$13.65+㉠=19.24$$
$$9.13-㉡=2.97$$

( )

14 어떤 수의 100배인 수는 10이 3개, $\dfrac{1}{10}$이 6개인 수와 같습니다. 어떤 수를 구해 보세요.

( )

15 집에서 버스 정류장까지의 거리는 $1.45\ \text{km}$이고, 버스 정류장에서 은행까지의 거리는 $650\ \text{m}$입니다. 집에서 버스 정류장을 지나 은행까지 가는 거리는 몇 km일까요?

( )

16 들이가 2 L인 물통에 물이 1.75 L 들어 있었습니다. 그중에서 형우가 350 mL를 마셨습니다. 이 물통에 물을 가득 채우려면 몇 L의 물을 부어야 할까요?

(   )

17 제과점에서 식빵을 한 개 만드는 데 밀가루 0.43 kg과 버터 0.08 kg이 필요합니다. 똑같은 식빵 3개를 만드는 데 필요한 밀가루와 버터의 무게의 합은 몇 kg일까요?

(   )

18 소은이는 길이가 9 m인 끈을 두 도막으로 잘라 동생에게 한 도막을 주었습니다. 소은이가 가진 끈의 길이가 동생이 가진 끈의 길이보다 2.34 m 더 길다면 동생이 가진 끈의 길이는 몇 m일까요?

(   )

19 숫자 3이 나타내는 수가 가장 작은 소수는 어느 것인지 풀이 과정을 쓰고 답을 구해 보세요.

| 3.2 | 2.903 | 0.131 | 7.38 |

풀이

답

20 똑같은 동화책 12권이 들어 있는 상자의 무게를 재어 보니 14.39 kg이었습니다. 상자에서 책 4권을 뺀 다음 다시 무게를 재었더니 10.03 kg이었습니다. 빈 상자의 무게는 몇 kg인지 풀이 과정을 쓰고 답을 구해 보세요.

풀이

답

서술형 문제

1

직선 나는 직선 가에 대한 수선일 때 ㉠과 ㉡의 각도의 차는 몇 도인지 풀이 과정을 쓰고 답을 구해 보세요.

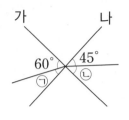

▶ 직선 가와 직선 나가 만나서 이루는 각은 직각(90°)입니다.

풀이 ....

....

....

....

....

답 ....

2

평행사변형이라고 할 수 있는 사각형을 모두 찾아 기호를 쓰고, 그 까닭을 써 보세요.

▶ 평행사변형은 마주 보는 두 쌍의 변이 서로 평행합니다.

| ㉠ 사다리꼴 | ㉡ 마름모 |
| ㉢ 직사각형 | ㉣ 정사각형 |

답 ....

까닭 ....

....

....

....

3 수선도 있고 평행선도 있는 한글 자음은 모두 몇 개인지 풀이 과정을 쓰고 답을 구해 보세요.

ㄱ ㄹ ㅅ
ㅍ ㅇ ㅁ

▶ 90°인 각이 있고 만나지 않는 두 직선(선분)이 있는 한글 자음을 찾습니다.

풀이

답

4 평행사변형 ㄱㄴㄷㄹ의 네 변의 길이의 합은 28 cm입니다. 변 ㄱㄴ의 길이는 몇 cm인지 풀이 과정을 쓰고 답을 구해 보세요.

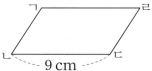

9 cm

▶ 평행사변형은 마주 보는 두 변의 길이가 같습니다.

풀이

답

5

사각형 ㄱㄴㄷㄹ의 꼭짓점 ㄱ에서 변 ㄴㄷ에 수직인 선분 ㄱㅁ을 그었습니다. ㉠의 각도는 몇 도인지 풀이 과정을 쓰고 답을 구해 보세요.

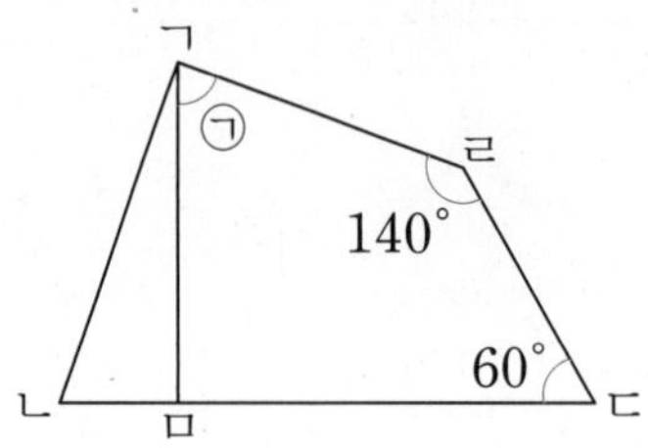

ㄱ
㉠
ㄹ
140°
60°
ㄴ
ㅁ
ㄷ

풀이

답

▶ 사각형의 네 각의 크기의 합은 360°임을 이용합니다.

6

세 직선 가, 나, 다는 서로 평행합니다. 직선 가와 직선 다 사이의 거리가 21 cm일 때 직선 나와 직선 다 사이의 거리는 몇 cm인지 풀이 과정을 쓰고 답을 구해 보세요.

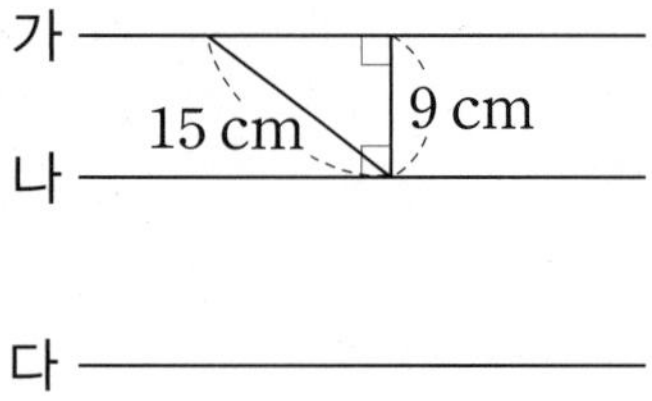

가
15 cm
9 cm
나
다

풀이

답

▶ 평행선 사이의 거리는 두 평행선 사이에 그은 수직인 선분의 길이입니다.

7 그림에서 찾을 수 있는 크고 작은 평행사변형은 모두 몇 개인지 풀이 과정을 쓰고 답을 구해 보세요.

▶ 작은 사각형 1개, 2개, 3개, ...로 이루어진 평행사변형을 각각 찾습니다.

풀이

답

8 마름모와 정사각형을 겹치지 않게 이어 붙였습니다. ㉠의 각도는 몇 도인지 풀이 과정을 쓰고 답을 구해 보세요.

▶ 마름모에서 이웃하는 두 각의 크기의 합은 180°입니다.

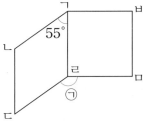

풀이

답

다시 점검하는 단원 평가 Level ❶

1 서로 수직인 변이 있는 도형을 모두 고르세요.

(   )

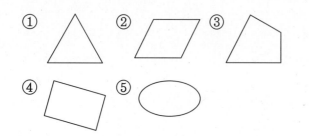

[2~3] 여러 가지 사각형을 보고 물음에 답하세요.

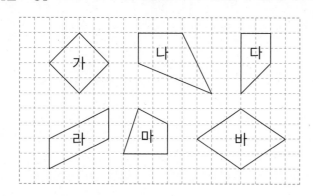

2 사다리꼴을 모두 찾아 기호를 써 보세요.

(   )

3 평행사변형을 모두 찾아 기호를 써 보세요.

(   )

4 도형에서 서로 평행한 변을 모두 찾아 써 보세요.

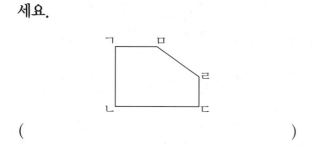

(   )

5 도형에서 점 ㄱ을 지나고 변 ㄷㄹ에 수직인 직선을 그어 보세요.

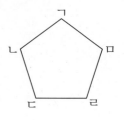

6 평행사변형입니다. ㉠과 ㉡의 각도를 각각 구해 보세요.

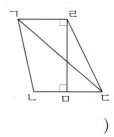

㉠ (   ), ㉡ (   )

7 도형에서 평행선 사이의 거리를 나타내는 선분을 찾아 써 보세요.

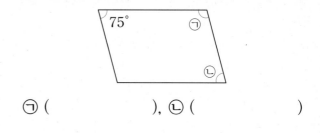

(   )

8 직사각형 모양의 종이를 선을 따라 잘랐을 때 사다리꼴은 모두 몇 개 만들어질까요?

(   )

9 오른쪽 도형의 이름으로 알맞은 것을 모두 찾아 기호를 써 보세요.

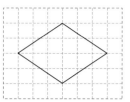

> ㉠ 사다리꼴   ㉡ 평행사변형   ㉢ 마름모
> ㉣ 직사각형   ㉤ 정사각형

(   )

10 서로 평행한 직선 가와 직선 나 사이에 여러 개의 선분을 그었습니다. 잘못 설명한 것은 어느 것일까요? (   )

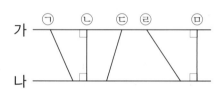

① 선분 ㉡과 직선 나는 서로 수직입니다.
② 선분 ㉤과 직선 가는 서로 수직입니다.
③ 선분 ㉣은 평행선 사이의 거리를 나타냅니다.
④ 선분 ㉡과 선분 ㉤의 길이는 같습니다.
⑤ 선분 ㉣과 선분 ㉤의 길이는 같지 않습니다.

11 평행사변형 ㄱㄴㄷㄹ에서 각 ㄱㄷㄹ의 크기를 구해 보세요.

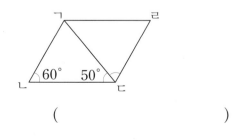

(   )

12 주어진 두 선분을 두 변으로 하는 평행사변형을 완성해 보세요.

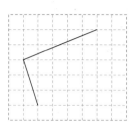

13 사각형에 대한 설명 중 틀린 것을 찾아 기호를 써 보세요.

> ㉠ 마름모는 사다리꼴입니다.
> ㉡ 정사각형은 직사각형입니다.
> ㉢ 평행사변형은 마름모입니다.

(   )

14 마름모 ㄱㄴㄷㄹ에서 각 ㄱㄹㄷ의 크기를 구해 보세요.

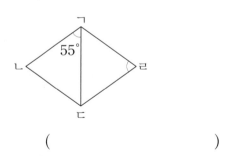

(   )

15 평행사변형의 네 변의 길이의 합은 40 cm입니다. 변 ㄴㄷ의 길이는 몇 cm일까요?

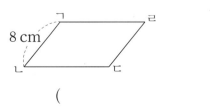

(   )

16 직사각형과 직각삼각형을 겹치지 않게 이어 붙였습니다. 직사각형 ㄱㄴㄷㄹ의 네 변의 길이의 합은 몇 cm일까요?

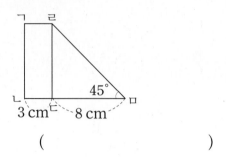

(   )

17 도형에서 변 ㄱㅂ과 변 ㄹㅁ은 서로 평행합니다. 변 ㄱㅂ과 변 ㄹㅁ 사이의 거리는 몇 cm 일까요?

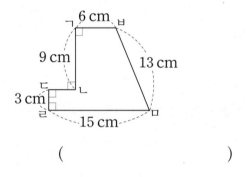

(   )

18 직선 가와 직선 나는 서로 평행합니다. ㉠의 각도는 몇 도일까요?

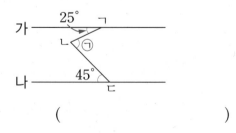

(   )

19 수직과 평행에 대해 잘못 설명한 사람을 찾아 이름을 쓰고, 그 까닭을 써 보세요.

> 윤호: 한 직선에 수직인 직선은 셀 수 없이 많이 그을 수 있어.
>
> 지수: 두 직선이 서로 수직일 때 한 직선을 다른 직선에 대한 평행선이라고 해.
>
> 태민: 한 점을 지나고 한 직선에 평행한 직선 은 1개만 그을 수 있어.

답 _____

까닭 _____

_____

_____

_____

20 마름모에서 ㉠의 각도는 몇 도인지 풀이 과정을 쓰고 답을 구해 보세요.

풀이 _____

_____

_____

_____

답 _____

다시 점검하는 **단원 평가** Level ❷

점수 | 확인

1 선분 ㄱㄷ에 대한 수선을 찾아 써 보세요.

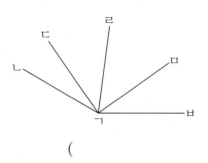

( )

2 직선 다와 평행한 직선을 찾아 써 보세요.

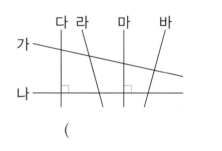

( )

3 주어진 직선과 평행선 사이의 거리가 1.5 cm 가 되는 직선을 2개 그어 보세요.

4 꼭짓점을 한 개만 옮겨서 사다리꼴을 만들어 보세요.

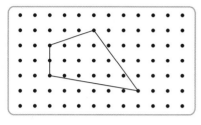

5 선분 ㄱㄴ에 대한 수선을 찾아 써 보세요.

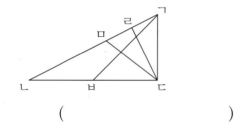

( )

[6~7] 도형에서 선분 ㄱㄹ과 선분 ㄴㄷ은 각각 선분 ㄱㄴ에 대한 수선입니다. 물음에 답하세요.

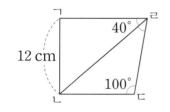

6 평행선 사이의 거리는 몇 cm일까요?

( )

7 각 ㄴㄹㄷ의 크기를 구해 보세요.

( )

8 도형에서 서로 수직인 변은 모두 몇 쌍일까요?

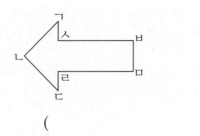

( )

9 도형 가와 도형 나 중에서 평행한 변이 더 많은 도형의 기호를 써 보세요.

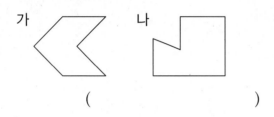

( )

10 길이가 52 cm인 철사로 만들 수 있는 가장 큰 마름모의 한 변의 길이는 몇 cm일까요?

( )

11 평행사변형 ㄱㄴㄷㄹ에서 네 변의 길이의 합은 몇 cm일까요?

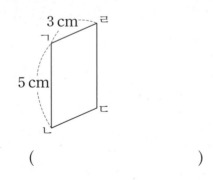

( )

12 사각형 ㄱㄴㄷㄹ은 마름모입니다. 각 ㄱㄴㄹ은 몇 도일까요?

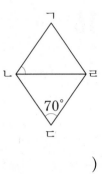

( )

13 선분 ㄱㄴ은 선분 ㄷㄹ에 대한 수선입니다. 각 ㄷㄹㄴ을 크기가 같은 각 5개로 나누었을 때 각 ㄷㄹㅁ은 몇 도일까요?

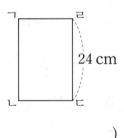

( )

14 직사각형 ㄱㄴㄷㄹ의 네 변의 길이의 합은 80 cm입니다. 변 ㄱㄹ의 길이는 몇 cm일까요?

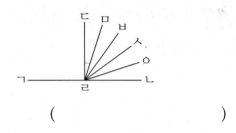

( )

15 그림에서 찾을 수 있는 크고 작은 사다리꼴은 모두 몇 개일까요?

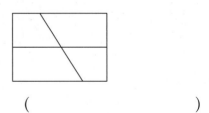

( )

16 직선 가와 직선 나는 서로 평행하고 직선 가와 직선 다는 서로 수직입니다. ㉠의 각도를 구해 보세요.

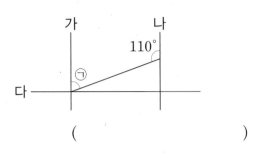

( )

17 도형에서 변 ㄱㅇ과 변 ㄴㄷ은 서로 평행합니다. 변 ㄱㅇ과 변 ㄴㄷ 사이의 거리는 몇 cm일까요?

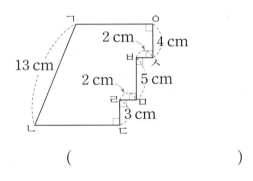

( )

18 평행사변형과 마름모를 겹치지 않게 이어 붙였습니다. ㉠의 각도를 구해 보세요.

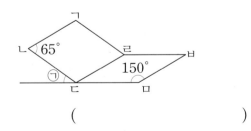

( )

서술형 문제

19 세 직선 가, 나, 다는 서로 평행합니다. 유주는 직선 가와 직선 다 사이의 거리를 15 cm라고 답하였습니다. 유주의 답이 틀린 까닭을 쓰고, 직선 가와 직선 다 사이의 거리는 몇 cm인지 풀이 과정을 쓰고 답을 구해 보세요.

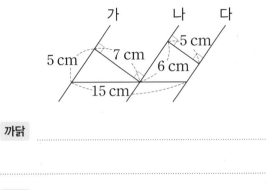

까닭 _____

_____

풀이 _____

_____

답 _____

20 사각형 ㄱㄴㄷㄹ은 사다리꼴입니다. 변 ㄱㄴ과 평행한 선분 ㄹㅁ을 그었을 때 선분 ㅁㄷ의 길이는 몇 cm인지 풀이 과정을 쓰고 답을 구해 보세요.

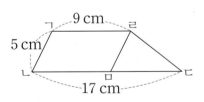

풀이 _____

_____

_____

_____

답 _____

서술형 문제

1 어느 박물관의 요일별 입장객 수를 조사하여 나타낸 꺾은선그래프입니다. 잘못된 부분을 찾아 그 까닭을 써 보세요.

▶ 꺾은선그래프는 연속적으로 변화하는 양을 점으로 표시하고, 그 점들을 선분으로 이어 그린 그래프입니다.

박물관의 요일별 입장객 수

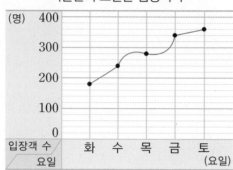

까닭 ....

....

....

2 어느 회사의 월별 휴대 전화 판매량을 조사하여 나타낸 꺾은선그래프입니다. 그래프를 보고 알 수 있는 사실을 2가지 써 보세요.

▶ 꺾은선그래프의 꺾은선이 많이 기울어져 있을수록 변화가 큰 것입니다.

월별 휴대 전화 판매량

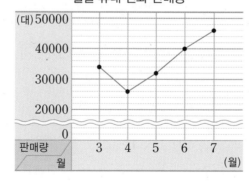

사실 ....

....

....

....

3 은서가 키우는 식물의 날짜별 키를 조사하여 나타낸 꺾은선그래프입니다. 26일에 식물의 키는 약 몇 cm였을지 풀이 과정을 쓰고 답을 구해 보세요.

▶ 세로 눈금 5칸이
1 cm = 10 mm를 나타냅니다.

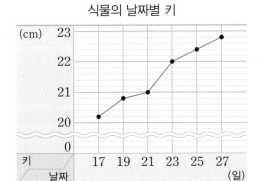

식물의 날짜별 키

풀이 _____

_____

_____

답 약 _____

4 어느 지역의 연도별 어린이 안전사고 수를 조사하여 나타낸 꺾은선그래프입니다. 2025년 어린이 안전사고 수는 어떻게 될지 예상해 보고 그렇게 생각한 까닭을 써 보세요.

▶ 꺾은선그래프에서 꺾은선의 방향을 살펴봅니다.

5

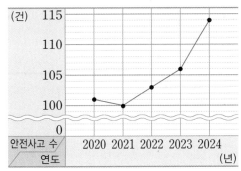

연도별 어린이 안전사고 수

답 _____

까닭 _____

_____

_____

[5~6] 어느 해 11월 서울의 날짜별 평균 기온을 조사하여 나타낸 표와 꺾은선그래프입니다. 물음에 답하세요.

날짜별 평균 기온

날짜(일)	21	22	23	24	25
기온(℃)	11.5	11.2			

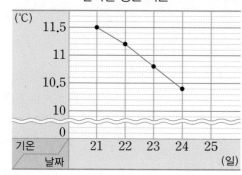

날짜별 평균 기온

5 25일의 평균 기온은 24일보다 0.5 ℃만큼 더 높을 때 표와 꺾은선그래프를 완성하려고 합니다. 풀이 과정을 쓰고 표와 꺾은선그래프를 완성해 보세요.

풀이

▶ 먼저 꺾은선그래프를 보고 24일의 평균 기온을 알아봅니다.

6 평균 기온이 가장 높은 날과 가장 낮은 날의 평균 기온의 차는 몇 ℃인지 풀이 과정을 쓰고 답을 구해 보세요.

풀이

답

▶ 꺾은선그래프에서 자료 값이 가장 큰(높은) 값은 점이 가장 높이 찍힌 곳이고, 자료 값이 가장 작은(낮은) 값은 점이 가장 낮게 찍힌 곳입니다.

[7~8] 예성이와 나은이의 월별 줄넘기 최고 기록을 조사하여 나타낸 꺾은선그래프입니다. 물음에 답하세요.

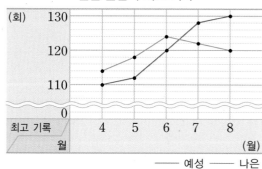

월별 줄넘기 최고 기록

―― 예성 ―― 나은

7

예성이와 나은이의 줄넘기 최고 기록의 차가 가장 큰 때는 몇 월인지 풀이 과정을 쓰고 답을 구해 보세요.

풀이 ....

....

....

....

답 ....

▶ 각 월의 최고 기록을 나타낸 두 점 사이의 눈금 칸 수의 차가 가장 큰 때를 찾아봅니다.

8

예성이와 나은이 중에서 누가 9월에 개최하는 줄넘기 대회에 출전하면 좋을지 쓰고 그렇게 생각한 까닭을 써 보세요.

답 ....

까닭 ....

....

....

▶ 빨간색 선과 초록색 선이 올라가는지 내려가는지를 비교합니다.

5

다시 점검하는 **단원 평가** Level **1**

점수 | 확인 |

[1~4] 교실의 시각별 기온을 조사하여 나타낸 꺾은선그래프입니다. 물음에 답하세요.

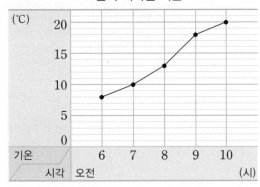

교실의 시각별 기온

1 오전 8시 교실의 기온은 몇 ℃일까요?

(   )

2 오전 7시 교실의 기온은 오전 6시 교실의 기온보다 몇 ℃만큼 더 높을까요?

(   )

3 오전 9시 30분 교실의 기온은 약 몇 ℃였을까요?

약 (   )

4 오전 11시 교실의 기온은 어떻게 변할까요?

(   )

[5~8] 매월 1일에 하진이의 키를 조사하여 나타낸 표입니다. 물음에 답하세요.

하진이의 월별 키

월(월)	7	8	9	10	11
키(cm)	132.2	132.6	133	134.2	134.8

5 표를 보고 꺾은선그래프로 나타낼 때 세로 눈금 한 칸을 몇 cm로 하는 것이 좋을까요?

(   )

6 꺾은선그래프로 나타낼 때 꼭 필요한 부분은 몇 cm부터 몇 cm까지일까요?

(   )

7 표를 보고 물결선이 있는 꺾은선그래프로 나타내 보세요.

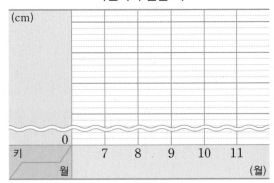

하진이의 월별 키

8 하진이의 키의 변화가 가장 큰 때는 몇 월과 몇 월 사이일까요?

(   )

[9~10] 어느 농장의 월별 감자 수확량을 조사하여 나타낸 표입니다. 물음에 답하세요.

월별 감자 수확량

월(월)	6	7	8	9
수확량(kg)	100	160		320

9 7월과 8월의 감자 수확량의 합이 400 kg일 때 표를 완성해 보세요.

10 표를 보고 꺾은선그래프로 나타내 보세요.

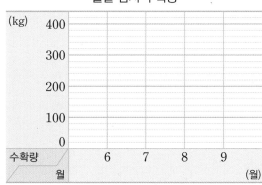

월별 감자 수확량

11 민규의 요일별 윗몸 말아 올리기 기록을 조사하여 나타낸 꺾은선그래프입니다. 기록의 변화가 일정할 때 수요일의 기록은 몇 개일까요?

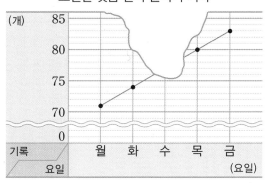

요일별 윗몸 말아 올리기 기록

(   )

[12~13] 어느 마을의 연도별 인구를 조사하여 나타낸 꺾은선그래프입니다. 물음에 답하세요.

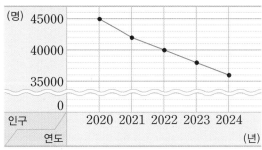

연도별 마을 인구

12 2020년부터 2024년까지 줄어든 인구는 몇 명일까요?

(   )

13 2025년에 이 마을의 인구는 몇 명이 될까요?

(   )

[14~15] 어느 서점의 요일별 책 판매량을 조사하여 나타낸 꺾은선그래프입니다. 물음에 답하세요.

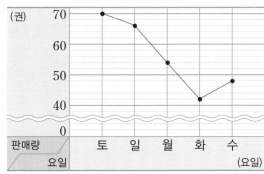

요일별 책 판매량

14 책을 54권 판매한 때는 언제일까요?

(   )

15 책을 가장 많이 판매한 날과 가장 적게 판매한 날의 판매량의 차는 몇 권일까요?

(   )

[16~18] 어느 가게의 날짜별 딸기주스와 오렌지주스의 판매량을 조사하여 나타낸 꺾은선그래프입니다. 물음에 답하세요.

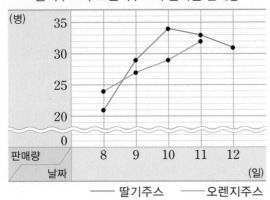

딸기주스와 오렌지주스의 날짜별 판매량

── 딸기주스 ── 오렌지주스

16 12일의 오렌지주스 판매량은 11일보다 2병 더 많습니다. 꺾은선그래프를 완성해 보세요.

17 두 주스의 판매량의 차가 가장 큰 때는 언제이고, 몇 병 차이가 날까요?

( ), ( )

18 딸기주스 판매량의 변화가 가장 큰 때에 오렌지주스의 판매량은 어떻게 변했을까요?

( )

19 콩나물의 키를 매일 오전 9시에 조사하여 나타낸 꺾은선그래프입니다. 수요일 오후 9시 콩나물의 키는 약 몇 cm였을지 풀이 과정을 쓰고 답을 구해 보세요.

콩나물의 요일별 키

풀이

답 약

20 어느 과수원의 연도별 사과 수확량을 조사하여 나타낸 꺾은선그래프입니다. 2021년부터 2024년까지 사과 수확량은 모두 몇 kg인지 풀이 과정을 쓰고 답을 구해 보세요.

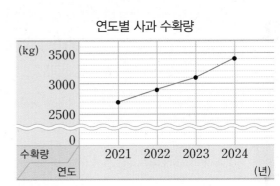

연도별 사과 수확량

풀이

답

다시 점검하는 **단원 평가** Level ❷

점수 | 확인 |

[1~4] 어느 도시의 요일별 최저 기온을 조사하여 나타낸 꺾은선그래프입니다. 물음에 답하세요.

요일별 최저 기온

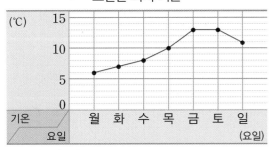

1 그래프를 보고 표를 완성해 보세요.

요일별 최저 기온

요일(요일)	월	화	수	목	금	토	일
기온(℃)	6	7					

2 최저 기온의 변화가 없었던 때는 무슨 요일과 무슨 요일 사이일까요?

(   )

3 최저 기온이 가장 높은 날과 가장 낮은 날의 최저 기온의 차는 몇 ℃일까요?

(   )

4 세로 눈금 한 칸의 크기를 0.2 ℃로 하여 꺾은선그래프를 다시 나타낸다면 토요일과 일요일의 최저 기온은 세로 눈금 몇 칸 차이가 날까요?

(   )

5 어느 날의 시각별 누적 강수량을 조사하여 나타낸 꺾은선그래프입니다. 오후 1시 30분의 누적 강수량은 약 몇 mm였을까요?

시각별 누적 강수량

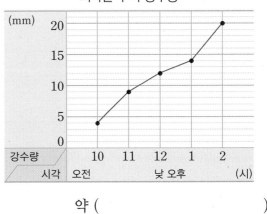

약 (   )

[6~7] 어느 편의점의 월별 아이스크림 판매량을 조사하여 나타낸 표와 꺾은선그래프입니다. 물음에 답하세요.

월별 아이스크림 판매량

월(월)	4	5	6	7	8
판매량(개)	460	458	452		

월별 아이스크림 판매량

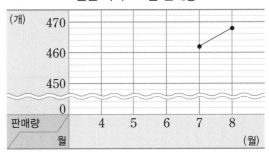

6 표와 꺾은선그래프를 완성해 보세요.

7 4월부터 8월까지 아이스크림 판매량은 모두 몇 개일까요?

(   )

[8~9] 어느 과수원의 연도별 감 수확량을 조사하여 나타낸 꺾은선그래프입니다. 물음에 답하세요.

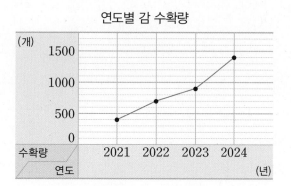

연도별 감 수확량

8 감 수확량의 변화가 가장 큰 때는 몇 년과 몇 년 사이일까요?

( )

9 2024년에 수확한 감을 한 개에 1000원씩 받고 모두 팔았다면 감을 판매한 금액은 얼마일까요?

( )

10 어느 제과점의 월별 빵 판매량을 조사하여 나타낸 꺾은선그래프입니다. 이 그래프를 세로 눈금 한 칸의 크기가 5개인 꺾은선그래프로 다시 나타낸다면 8월과 9월의 빵 판매량은 세로 눈금 몇 칸 차이가 날까요?

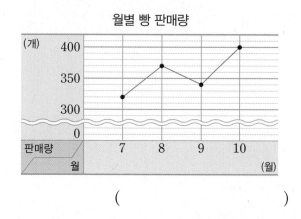

월별 빵 판매량

( )

[11~15] 가 회사와 나 회사의 월별 에어컨 판매량을 조사하여 나타낸 꺾은선그래프입니다. 물음에 답하세요.

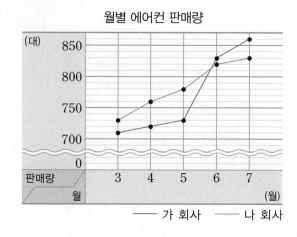

월별 에어컨 판매량

—— 가 회사 —— 나 회사

11 가 회사와 나 회사의 3월 에어컨 판매량은 모두 몇 대일까요?

( )

12 두 회사의 에어컨 판매량의 차가 가장 큰 때는 몇 월이고, 판매량의 차는 몇 대일까요?

( ), ( )

13 3월부터 7월까지 에어컨 판매량의 합은 어느 회사가 몇 대 더 많을까요?

( ), ( )

14 가 회사의 에어컨 판매량이 나 회사의 에어컨 판매량보다 많아지기 시작한 때는 몇 월일까요?

( )

15 8월 가 회사와 나 회사의 에어컨 판매량은 어떻게 변할까요?

( )

[16~17] 어느 지역의 연도별 1인당 쌀 소비량을 조사하여 나타낸 꺾은선그래프입니다. 물음에 답하세요.

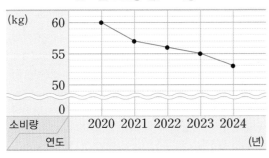

연도별 1인당 쌀 소비량

16 전년도와 비교하여 1인당 쌀 소비량이 가장 많이 줄어든 해는 몇 년이고, 줄어든 양은 몇 kg일까요?

(   ), (   )

17 2024년 1인당 쌀 소비량은 2020년 1인당 쌀 소비량보다 몇 kg 줄어들었을까요?

(   )

18 선희네 학교에서 요일별 발생하는 쓰레기양을 조사하여 나타낸 꺾은선그래프입니다. 쓰레기양이 수요일에는 월요일보다 2 kg만큼 더 적었고 목요일에는 수요일보다 5 kg만큼 더 많았을 때 꺾은선그래프를 완성해 보세요.

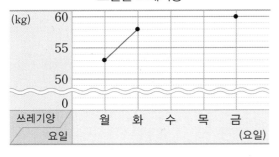

요일별 쓰레기양

[19~20] 은호네 모둠의 줄넘기 기록표입니다. 물음에 답하세요.

줄넘기 기록표

이름＼횟수	1회	2회	3회	4회	합계
은호	125	123	138	148	534
민주	98	110	128	132	468
태영	107	120	121	125	473
서희	120	125	125	137	507

19 은호는 모둠 친구들의 줄넘기 기록의 합을 그래프로 나타내 비교하려고 합니다. 막대그래프와 꺾은선그래프 중 알맞은 그래프를 쓰고 그 까닭을 써 보세요.

답 _____

까닭 _____

_____

_____

20 민주는 자신의 줄넘기 기록의 변화를 그래프로 나타내 알아보려고 합니다. 막대그래프와 꺾은선그래프 중 알맞은 그래프를 쓰고 그 까닭을 써 보세요.

답 _____

까닭 _____

_____

_____

서술형 문제

1

정육각형의 특징을 3가지 써 보세요.

특징

▶ 정육각형은 변이 6개인 정다각형입니다.

2

모양 조각 2개를 사용하여 다각형을 만들고 만든 다각형의 특징을 써 보세요.

모양 조각	다각형

특징

▶ 길이가 같은 변끼리 이어 붙여 선분으로 둘러싸인 도형을 만듭니다.

3

한 변의 길이가 12 cm이고 모든 변의 길이의 합이 108 cm인 정다각형이 있습니다. 이 도형의 이름은 무엇인지 풀이 과정을 쓰고 답을 구해 보세요.

풀이

답

▶ 정다각형은 변의 길이가 모두 같습니다.

4 직사각형 ㄱㄴㄷㄹ에서 선분 ㄴㅁ의 길이는 몇 cm인지 풀이 과정을 쓰고 답을 구해 보세요.

▶ 직사각형의 두 대각선의 성질을 생각해 봅니다.

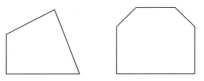

풀이 ....

....

....

....

....

답 ....

5 두 도형의 대각선은 모두 몇 개인지 풀이 과정을 쓰고 답을 구해 보세요.

▶ 대각선은 이웃하지 않는 두 꼭짓점을 이은 선분입니다.

풀이 ....

....

....

....

....

답 ....

6

6 정오각형과 마름모를 겹치지 않게 이어 붙여 만든 도형입니다. 굵은 선의 길이는 몇 cm인지 풀이 과정을 쓰고 답을 구해 보세요.

▶ 정오각형과 마름모는 각각 변의 길이가 모두 같습니다.

7 cm

풀이

....

....

....

....

....

답 ....

7 정팔각형의 한 각의 크기는 몇 도인지 풀이 과정을 쓰고 답을 구해 보세요.

▶ 삼각형의 세 각의 크기의 합은 180°, 사각형의 네 각의 크기의 합은 360°임을 이용하여 정팔각형의 모든 각의 크기의 합을 구해 봅니다.

풀이

....

....

....

....

....

답 ....

8

십각형의 대각선은 몇 개인지 풀이 과정을 쓰고 답을 구해 보세요.

도형	한 꼭짓점에서 그을 수 있는 대각선 수
사각형	1개
오각형	2개
⋮	⋮
십각형	7개

풀이

답

9

정육각형에서 ㉠의 각도는 몇 도인지 풀이 과정을 쓰고 답을 구해 보세요.

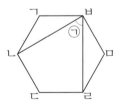

▶ 정육각형의 모든 각의 크기의 합과 한 각의 크기를 구해 봅니다.

풀이

답

다시 점검하는 **단원 평가** Level **1**

점수 | 확인 |

[1~2] 도형을 보고 물음에 답하세요.

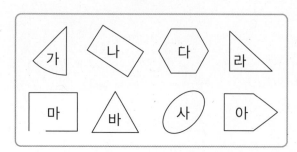

1 다각형을 모두 찾아 기호를 써 보세요.

( )

2 정다각형은 모두 몇 개일까요?

( )

[3~4] 다음을 보고 물음에 답하세요.

> ㉠ 정사각형   ㉡ 직사각형   ㉢ 마름모
> ㉣ 사다리꼴   ㉤ 평행사변형

3 두 대각선의 길이가 같은 사각형을 모두 찾아 기호를 써 보세요.

( )

4 두 대각선이 서로 수직인 사각형을 모두 찾아 기호를 써 보세요.

( )

5 정다각형의 모든 변의 길이의 합은 몇 cm일 까요?

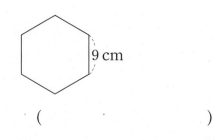

( )

6 대각선이 가장 많은 도형은 어느 것일까요?

( )

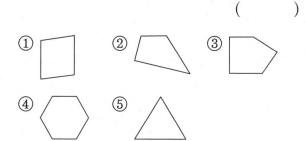

7 다각형의 이름을 쓰고 대각선은 모두 몇 개인 지 구해 보세요.

( ), ( )

8 정다각형의 모든 변의 길이의 합은 130 cm 입니다. 한 변의 길이는 몇 cm일까요?

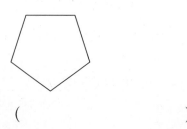

( )

[9~11] 모양 조각을 보고 물음에 답하세요.

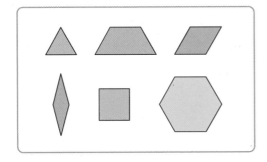

9 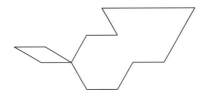 모양 조각을 빈틈없이 채우려면

모양 조각은 몇 개 필요할까요?

( )

10 모양 조각으로 다음 모양을 채워 보세요.
(단, 같은 모양 조각을 여러 번 사용해도 됩니다.)

11 모양 조각을 사용하여 서로 다른 방법으로 정육각형을 채워 보세요. (단, 같은 모양 조각을 여러 번 사용해도 됩니다.)

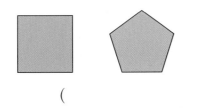

12 정사각형과 정오각형 모양의 색종이에 각각 대각선을 모두 그은 후 대각선을 따라 가위로 잘랐습니다. 이때 만들어진 다각형은 모두 몇 개일까요?

( )

13 마름모 ㄱㄴㄷㄹ에서 두 대각선의 길이의 합이 14 cm일 때 삼각형 ㄱㄴㅁ의 세 변의 길이의 합은 몇 cm인지 구해 보세요.

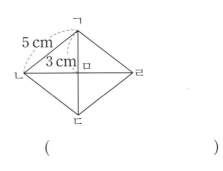

( )

14 정다각형 가와 나는 각각 모든 변의 길이의 합이 80 cm로 같습니다. 정다각형 가와 나의 한 변의 길이의 합을 구해 보세요.

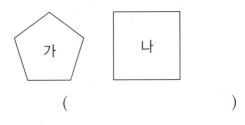

( )

15 직사각형 ㄱㄴㄷㄹ에서 삼각형 ㄹㅁㄷ의 세 변의 길이의 합은 몇 cm인지 구해 보세요.

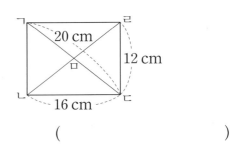

( )

16 정다각형 4개를 겹치지 않게 이어 붙여 만든 도형입니다. 굵은 선의 길이는 몇 cm인지 구해 보세요.

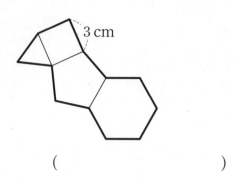

( )

17 정육각형의 한 변을 길게 늘였습니다. ㉠의 각도를 구해 보세요.

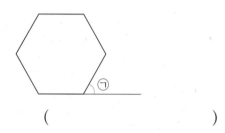

( )

18 설명하는 다각형의 이름을 써 보세요.

- 변의 길이가 모두 같습니다.
- 각의 크기가 모두 같습니다.
- 대각선이 35개입니다.

( )

19 도형이 다각형이 아닌 까닭을 써 보세요.

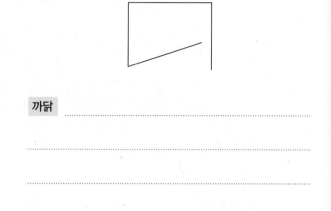

까닭 _____

_____

_____

_____

20 축구공은 정오각형 12개와 정육각형 20개로 이루어져 있습니다. 축구공을 잘라서 펼쳐 놓았을 때 ㉠의 각도는 몇 도인지 풀이 과정을 쓰고 답을 구해 보세요.

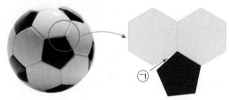

풀이 _____

_____

_____

_____

답 _____

다시 점검하는 **단원 평가** Level ❷

점수   확인

1 정다각형의 이름을 쓰고 모든 변의 길이의 합을 구해 보세요.

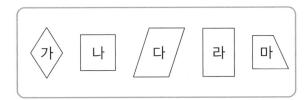

도형		
이름		
모든 변의 길이의 합		

2 사각형을 대각선의 성질에 따라 분류해 보세요.

가   나   다   라   마

대각선의 성질	기호
두 대각선의 길이가 같은 사각형	
두 대각선이 서로 수직으로 만나는 사각형	
두 대각선의 길이가 같고 서로 수직으로 만나는 사각형	

3 구각형에서 ㉠과 ㉡의 합은 몇 개인지 구해 보세요.

㉠ 변의 수
㉡ 꼭짓점의 수

(   )

4 오각형의 대각선은 몇 개일까요?

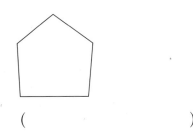

(   )

5 모양 조각을 모두 한 번씩 사용하여 다음 모양을 채워 보세요.

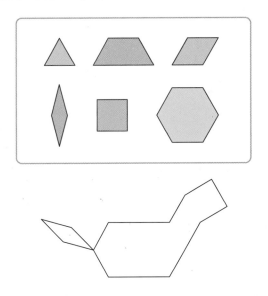

6 바닥을 겹치지 않게 빈틈없이 채울 수 없는 다각형을 찾아 기호를 써 보세요.

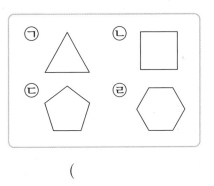

(   )

6

7 정사각형 안에 두 대각선을 그은 것입니다. □ 안에 알맞은 수를 써넣으세요.

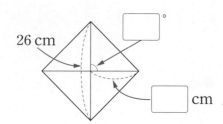

26 cm

8 한 변의 길이가 5 cm이고 모든 변의 길이의 합이 45 cm인 정다각형의 이름을 써 보세요.

(   )

9 마름모 모양의 종이를 두 대각선을 따라 잘랐을 때 만들어지는 삼각형의 이름을 써 보세요.

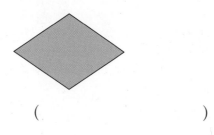

(   )

10 길이가 136 cm인 철사를 겹치지 않게 모두 사용하여 만들 수 있는 정팔각형의 한 변의 길이는 몇 cm일까요?

(   )

11 다음 도형의 대각선은 모두 몇 개일까요?

(   )

12 3개의 모양 조각을 한 번씩만 사용하여 정육각형을 만들었습니다. 만든 정육각형에서 가장 긴 대각선의 길이는 몇 cm일까요?

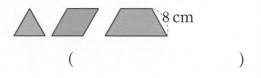

8 cm

(   )

13 두 정다각형의 모든 변의 길이의 합이 같을 때 나의 한 변의 길이는 몇 cm일까요?

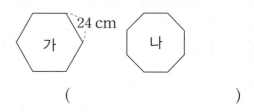

24 cm 가   나

(   )

14 정다각형을 겹치지 않게 이어 붙여 만든 도형입니다. 정육각형의 모든 변의 길이의 합이 54 cm일 때 굵은 선의 길이는 몇 cm일까요?

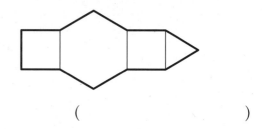

(   )

15 정사각형과 정육각형을 겹치지 않게 이어 붙여서 만든 도형입니다. ㉠의 각도를 구해 보세요.

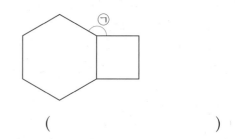

㉠

(   )

16 정오각형에서 각 ㄹㅁㄴ의 크기는 몇 도일까요?

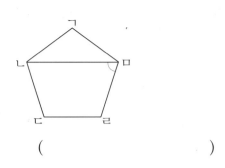

( )

17 길이가 18 cm인 끈을 겹치지 않게 모두 사용하여 한 변의 길이가 ■ cm인 정다각형을 만들려고 합니다. 만들 수 있는 정다각형은 모두 몇 개일까요? (단, ■는 자연수입니다.)

( )

18 정육각형에서 각 ㄱㅅㅂ은 몇 도일까요?

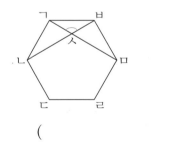

( )

19 한 변의 길이가 7 cm이고 모든 변의 길이의 합이 42 cm인 정다각형이 있습니다. 이 정다각형의 대각선은 몇 개인지 풀이 과정을 쓰고 답을 구해 보세요.

풀이

답

20 정구각형의 한 각의 크기는 몇 도인지 풀이 과정을 쓰고 답을 구해 보세요.

풀이

답

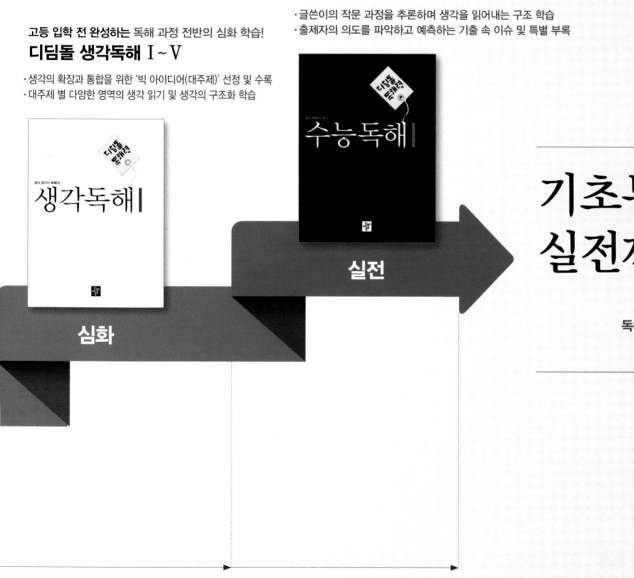

고등 입학 전 완성하는 독해 과정 전반의 심화 학습!
디딤돌 생각독해 I ~ V
· 생각의 확장과 통합을 위한 '빅 아이디어(대주제)' 선정 및 수록
· 대주제 별 다양한 영역의 생각 읽기 및 생각의 구조화 학습

수능국어 실전대비 독해 학습의 완성!
디딤돌 수능독해 I ~ III
· 글쓴이의 작문 과정을 추론하며 생각을 읽어내는 구조 학습
· 출제자의 의도를 파악하고 예측하는 기출 속 이슈 및 특별 부록

심화

실전

기초부터
실전까지

독해는

중등   고등(예비고~고2)

한걸음 한걸음 디딤돌을 걷다 보면
수학이 완성됩니다.

- **개념 다지기**
  원리, 기본

  초등수학 원리 / 초등수학 기본

- **문제해결력 강화**
  문제유형, 응용

  초등수학 문제유형 / 초등수학 응용

- **심화 완성**
  최상위 수학S, 최상위 수학

  최상위 수학 S / 최상위 수학

- **연산 개념 다지기**
  디딤돌 연산

  디딤돌 연산은 수학이다.

- **개념+문제해결력 강화를 동시에**
  기본+유형, 기본+응용

  초등수학 기본+유형 / 초등수학 기본+응용

- **상위권의 힘, 사고력 강화**
  최상위 사고력

  최상위 사고력

개념 이해 → **개념 응용** → **개념 확장**

학습 능력과 목표에 따라
맞춤형이 가능한 디딤돌 초등 수학

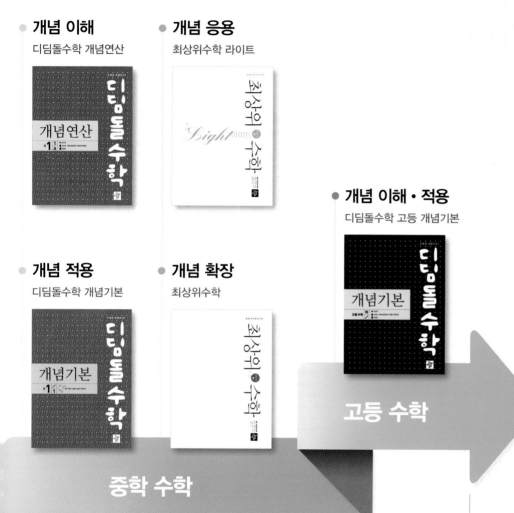

● **개념 이해**

디딤돌수학 개념연산

● **개념 응용**

최상위수학 라이트

● **개념 이해 · 적용**

디딤돌수학 고등 개념기본

● **개념 적용**

디딤돌수학 개념기본

● **개념 확장**

최상위수학

고등 수학

중학 수학

초등부터
고등까지

수학 좀 한다면

개념을 이해하고, 깨우치고, 꺼내 쓰는
올바른 중고등 개념 학습서

상위권의 기준

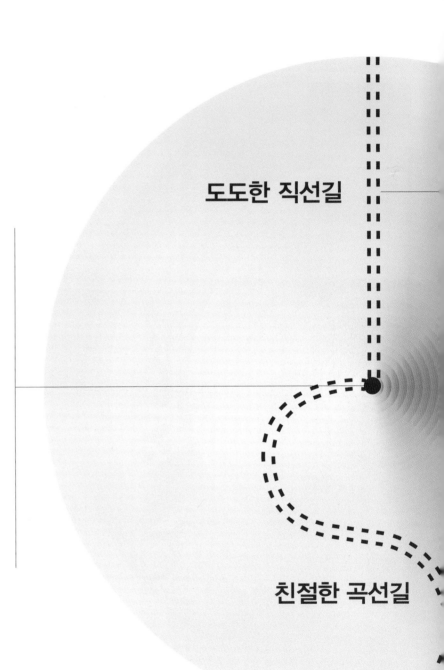

상위권의 기준

최상위
사고력

수학 좀 한다면

도도한 직선길

친절한 곡선길

응용 | 정답과 풀이

수학 좀 한다면

디딤돌

$\dfrac{4}{2}$

1 분수의 덧셈과 뺄셈

이미 학생들은 첨가나 합병, 제거나 비교 상황으로 자연수의 덧셈과 뺄셈의 의미를 학습하였습니다. 마찬가지로 분수의 덧셈과 뺄셈은 같은 상황에 자연수 대신 분수가 포함된 것입니다.

또한 3-1에서 학습한 분수의 의미, 즉 전체를 똑같이 나누어 전체가 분모가 되고 부분이 분자가 되는 내용과 3-2에서 학습한 가분수와 대분수의 의미를 잘 인지하고 있어야 이 단원을 어렵지 않게 학습할 수 있습니다. 이 단원은 분수의 연산을 처음으로 학습하는 단원으로 이후에 학습할 분모가 다른 분수의 덧셈과 뺄셈, 분수의 곱셈과 나눗셈과도 연계가 됩니다. 따라서 부족함 없이 충분히 학습할 수 있도록 지도해 주세요.

1 분수의 덧셈(1) 8쪽

1 3, 4, 7 / 7

2 4, 3 / 4, 3, 7, 1, 2

3 (1) $\frac{13}{15}$ (2) $1\frac{3}{9}$

1 $\frac{3}{8} + \frac{4}{8} = \frac{3+4}{8} = \frac{7}{8}$

2 수직선에서 작은 눈금 한 칸의 크기는 $\frac{1}{5}$입니다.

작은 눈금 4칸은 $\frac{4}{5}$, 3칸은 $\frac{3}{5}$이므로

$\frac{4}{5} + \frac{3}{5} = \frac{4+3}{5} = \frac{7}{5} = 1\frac{2}{5}$입니다.

3 (1) $\frac{4}{15} + \frac{9}{15} = \frac{4+9}{15} = \frac{13}{15}$

(2) $\frac{5}{9} + \frac{7}{9} = \frac{5+7}{9} = \frac{12}{9} = 1\frac{3}{9}$

2 분수의 덧셈(2) 9쪽

4 16 / 9, 7, 16, 2, 4

5 4, 9, 4, 2, 5, 2 / 25, 12, 37, 5, 2

6 (1) $3\frac{5}{9}$ (2) $6\frac{4}{8}$

4 수직선에서 작은 눈금 한 칸의 크기는 $\frac{1}{6}$입니다.

➡ $1\frac{3}{6} + 1\frac{1}{6} = \frac{9}{6} + \frac{7}{6} = \frac{16}{6} = 2\frac{4}{6}$

5 방법 1 $3\frac{4}{7} + 1\frac{5}{7} = 4 + \frac{9}{7} = 4 + 1\frac{2}{7} = 5\frac{2}{7}$

방법 2 $3\frac{4}{7} + 1\frac{5}{7} = \frac{25}{7} + \frac{12}{7} = \frac{37}{7} = 5\frac{2}{7}$

6 (1) $2\frac{1}{9} + 1\frac{4}{9} = 3 + \frac{5}{9} = 3\frac{5}{9}$

(2) $3\frac{5}{8} + 2\frac{7}{8} = 5 + \frac{12}{8} = 5 + 1\frac{4}{8} = 6\frac{4}{8}$

기본에서 응용으로 10~13쪽

1 $\frac{6}{9}$, $1\frac{3}{9}$ 2 $\frac{14}{15}$

3 예 분모가 같은 분수의 덧셈은 분모는 그대로 쓰고 분자끼리 더해야 하는데 분모끼리도 더했습니다. /
예 $\frac{4}{6} + \frac{5}{6} = \frac{4+5}{6} = \frac{9}{6} = 1\frac{3}{6}$

4 $\frac{12}{14}$ 5 >

6 ㉠, ㉢ 7 2, 4, 6

8 $1\frac{2}{7}$ kg 9 $1\frac{5}{11}$ L

10 예 $\frac{3}{10}$, $\frac{5}{10}$, $\frac{2}{10}$ 11 1, 2, 3, 4, 5, 6

12 $3\frac{2}{4}$ km 13 $5\frac{6}{7}$

14 $2\frac{10}{11}$, $2\frac{8}{11}$, $2\frac{6}{11}$ 15 ㉠, ㉢

16 $3\dfrac{4}{6}$

17 예) $3\dfrac{3}{12}$, $3\dfrac{8}{12}$ / $2\dfrac{9}{12}$, $4\dfrac{2}{12}$

18 $4\dfrac{2}{9}$ kg   **19** (1) 1, 8   (2) 1, 8

20 $5\dfrac{7}{8}$시간   **21** $2\dfrac{4}{8}$ cm

22 $7\dfrac{7}{13}$ cm   **23** $14\dfrac{2}{7}$ cm

24 1, 2, 3, 4   **25** 6

26 4개

1 $\dfrac{2}{9} + \dfrac{4}{9} = \dfrac{2+4}{9} = \dfrac{6}{9}$,

$\dfrac{6}{9} + \dfrac{6}{9} = \dfrac{6+6}{9} = \dfrac{12}{9} = 1\dfrac{3}{9}$

2 $\dfrac{1}{15}$이 6개인 수는 $\dfrac{6}{15}$이고 $\dfrac{1}{15}$이 8개인 수는 $\dfrac{8}{15}$이

므로 두 분수의 합은 $\dfrac{6}{15} + \dfrac{8}{15} = \dfrac{14}{15}$입니다.

서술형
3

단계	문제 해결 과정
①	잘못 계산한 곳을 찾아 까닭을 썼나요?
②	바르게 계산했나요?

4 $\dfrac{9}{14} > \dfrac{7}{14} > \dfrac{4}{14} > \dfrac{3}{14}$이므로 가장 큰 수는 $\dfrac{9}{14}$이고,

가장 작은 수는 $\dfrac{3}{14}$입니다.

➡ $\dfrac{9}{14} + \dfrac{3}{14} = \dfrac{12}{14}$

5 $\dfrac{7}{13} + \dfrac{9}{13} = \dfrac{16}{13} = 1\dfrac{3}{13}$

➡ $1\dfrac{3}{13} > 1\dfrac{2}{13}$

6 ㉠ $\dfrac{9}{8} = 1\dfrac{1}{8}$ ㉡ $\dfrac{6}{8}$ ㉢ $\dfrac{7}{8}$ ㉣ $\dfrac{14}{8} = 1\dfrac{6}{8}$

따라서 계산 결과가 1보다 큰 것은 ㉠, ㉣입니다.

7 더해지는 수가 작아지는 만큼 더하는 수가 커지면 계산 결과는 같습니다.

8 (밤이 담긴 바구니의 무게)

$= \dfrac{6}{7} + \dfrac{3}{7} = \dfrac{9}{7} = 1\dfrac{2}{7}$(kg)

9 (준수가 마신 주스의 양) $= \dfrac{7}{11} + \dfrac{2}{11} = \dfrac{9}{11}$(L)

(예서와 준수가 마신 주스의 양)

$= \dfrac{7}{11} + \dfrac{9}{11} = \dfrac{16}{11} = 1\dfrac{5}{11}$(L)

10 $1 = \dfrac{10}{10}$입니다.

세 분자의 합이 10이 되는 경우는 $3 + 5 + 2 = 10$이

므로 $\dfrac{3}{10} + \dfrac{5}{10} + \dfrac{2}{10} = 1$입니다.

11 $\dfrac{6}{13} + \dfrac{\square}{13} = \dfrac{6+\square}{13}$이고 덧셈의 계산 결과로 나올

수 있는 가장 큰 진분수는 $\dfrac{12}{13}$입니다. $6 + \square$는 12이

거나 12보다 작아야 하므로 $\square$ 안에 들어갈 수 있는 자

연수는 1, 2, 3, 4, 5, 6입니다.

12 (왕복한 거리) $= 1\dfrac{3}{4} + 1\dfrac{3}{4} = 2 + \dfrac{6}{4} = 2 + 1\dfrac{2}{4}$

$= 3\dfrac{2}{4}$(km)

13 $3\dfrac{4}{7} + 2\dfrac{2}{7} = 5 + \dfrac{6}{7} = 5\dfrac{6}{7}$

14 $1\dfrac{3}{11} + 1\dfrac{7}{11} = 2\dfrac{10}{11}$이고 더해지는 수가 같을 때 더

하는 수가 $\dfrac{2}{11}$씩 작아지면 계산 결과도 $\dfrac{2}{11}$씩 작아집

니다.

15 ㉠ 분수 부분의 합이 $\dfrac{2}{8} + \dfrac{3}{8} = \dfrac{5}{8}$로 1보다 작으므

로 계산 결과는 3과 4 사이입니다.

㉣ $\dfrac{12}{11}$를 대분수로 바꾸면 $1\dfrac{1}{11}$입니다. 분수 부분의

합이 $\dfrac{1}{11} + \dfrac{2}{11} = \dfrac{3}{11}$으로 1보다 작으므로 계산

결과는 3과 4 사이입니다.

따라서 계산 결과가 3과 4 사이인 덧셈을 어림하여 찾

으면 ㉠, ㉣입니다.

서술형
16 예) 합이 가장 작은 덧셈을 만들려면 가장 작은 수와 둘

째로 작은 수를 더해야 합니다.

$1\dfrac{1}{6} < 2\dfrac{3}{6} < 3\dfrac{2}{6} < 4\dfrac{2}{6}$이므로

$1\dfrac{1}{6} + 2\dfrac{3}{6} = 3 + \dfrac{4}{6} = 3\dfrac{4}{6}$입니다.

단계	문제 해결 과정
①	합이 가장 작은 덧셈을 만들기 위한 방법을 알았나요?
②	덧셈을 만들어 계산했나요?

17 자연수 부분의 합이 6, 분자의 합이 11인 분모가 12인 두 대분수를 구합니다.

18 (태준이와 서하가 주운 쓰레기의 양)
$$= 1\frac{4}{9} + 2\frac{7}{9} = 3 + \frac{11}{9}$$
$$= 3 + 1\frac{2}{9} = 4\frac{2}{9}(kg)$$

19 (1) $5 = 4\frac{10}{10}$ 으로 생각할 수 있습니다.

(2) $6 = 4\frac{26}{13}$ 으로 생각할 수 있습니다.

20 (3일 동안 수학 공부를 한 시간)
$$= 2\frac{3}{8} + 1\frac{5}{8} + 1\frac{7}{8}$$
$$= 4 + \frac{15}{8} = 4 + 1\frac{7}{8} = 5\frac{7}{8}(시간)$$

21 정사각형은 네 변의 길이가 모두 같습니다.
(네 변의 길이의 합)
$$= \frac{5}{8} + \frac{5}{8} + \frac{5}{8} + \frac{5}{8} = \frac{20}{8} = 2\frac{4}{8}(cm)$$

22 직사각형은 마주 보는 두 변의 길이가 같습니다.
(네 변의 길이의 합)
$$= 1\frac{8}{13} + 2\frac{2}{13} + 1\frac{8}{13} + 2\frac{2}{13}$$
$$= 6 + \frac{20}{13} = 6 + 1\frac{7}{13} = 7\frac{7}{13}(cm)$$

23 (가로) = (세로) $+ 1\frac{3}{7} = 2\frac{6}{7} + 1\frac{3}{7}$
$$= 3 + \frac{9}{7} = 3 + 1\frac{2}{7} = 4\frac{2}{7}(cm)$$
직사각형은 마주 보는 두 변의 길이가 같습니다.
(네 변의 길이의 합) $= 4\frac{2}{7} + 2\frac{6}{7} + 4\frac{2}{7} + 2\frac{6}{7}$
$$= 12 + \frac{16}{7} = 12 + 2\frac{2}{7}$$
$$= 14\frac{2}{7}(cm)$$

24 $\frac{3}{8} + \frac{\square}{8} = \frac{3+\square}{8}$ 이고 $1 = \frac{8}{8}$ 이므로 $\frac{3+\square}{8} < \frac{8}{8}$
에서 $3 + \square < 8$ 입니다.
$3 + \square = 8$ 일 때 $\square = 5$ 이므로 $3 + \square < 8$ 에서 $\square$ 안에 들어갈 수 있는 자연수는 5보다 작은 수인 1, 2, 3, 4입니다.

25 $\frac{7}{11} + \frac{\square}{11} = \frac{7+\square}{11}$ 이고 $1\frac{3}{11} = \frac{14}{11}$ 이므로
$\frac{7+\square}{11} < \frac{14}{11}$ 에서 $7 + \square < 14$ 입니다.
$7 + \square = 14$ 일 때 $\square = 7$ 이므로 $7 + \square < 14$ 에서 $\square$ 안에 들어갈 수 있는 자연수는 7보다 작은 수이고 그중 가장 큰 수는 6입니다.

26 $\frac{7}{9} + \frac{\square}{9} = \frac{7+\square}{9}$ 이고 $1 = \frac{9}{9}$, $1\frac{5}{9} = \frac{14}{9}$ 이므로
$\frac{9}{9} < \frac{7+\square}{9} < \frac{14}{9}$ 에서 $9 < 7 + \square < 14$ 입니다.
$7 + \square = 9$ 일 때 $\square = 2$ 이고 $7 + \square = 14$ 일 때 $\square = 7$ 이므로 $9 < 7 + \square < 14$ 에서 $\square$ 안에 들어갈 수 있는 자연수는 3부터 6까지의 수인 3, 4, 5, 6으로 모두 4개입니다.

3 분수의 뺄셈(1)

1 5, 2, 3 / 3

2 4, 2 / 6, 2, 6, 2, 4

3 (1) $\frac{8}{13}$ (2) $\frac{6}{9}$

1 $\frac{5}{7} - \frac{2}{7} = \frac{5-2}{7} = \frac{3}{7}$

2 수직선에서 작은 눈금 한 칸의 크기는 $\frac{1}{6}$ 입니다.
➡ $1 - \frac{2}{6} = \frac{6}{6} - \frac{2}{6} = \frac{6-2}{6} = \frac{4}{6}$

3 (1) $\frac{11}{13} - \frac{3}{13} = \frac{11-3}{13} = \frac{8}{13}$

(2) $1 - \frac{3}{9} = \frac{9}{9} - \frac{3}{9} = \frac{9-3}{9} = \frac{6}{9}$

4 분수의 뺄셈(2)

❶ $-$, $+$, $-$, $+$

4 1, 3, 1, 3

5 $\frac{33}{7} - \frac{9}{7} = \frac{24}{7} = 3\frac{3}{7}$

6 (1) $1\frac{4}{11}$ (2) 2

4 $2\dfrac{4}{6}$만큼 색칠되어 있고 그중 $1\dfrac{1}{6}$만큼 지워서 $1\dfrac{3}{6}$이 남았으므로 $2\dfrac{4}{6}-1\dfrac{1}{6}=1+\dfrac{3}{6}=1\dfrac{3}{6}$입니다.

5 대분수를 가분수로 바꾸어 뺍니다.

6 (1) $3\dfrac{5}{11}-2\dfrac{1}{11}=1+\dfrac{4}{11}=1\dfrac{4}{11}$

(2) $4\dfrac{7}{8}-\dfrac{23}{8}=\dfrac{39}{8}-\dfrac{23}{8}=\dfrac{16}{8}=2$

5 분수의 뺄셈(3) 16쪽

❶ 1, 3

7 21, 16, 5 / 21, 16, 5

8 ( )(○)( )

9 (1) $1\dfrac{1}{6}$ (2) $\dfrac{8}{9}$

8 • $8-6\dfrac{1}{2}$에서 $8-6=2$이고, 여기에서 $\dfrac{1}{2}$을 더 빼야 하므로 계산 결과는 2보다 작습니다.

• $5-\dfrac{13}{4}=5-3\dfrac{1}{4}$에서 $5-3=2$이고, 여기에서 $\dfrac{1}{4}$을 더 빼야 하므로 계산 결과는 2보다 작습니다.

9 (1) $4-2\dfrac{5}{6}=3\dfrac{6}{6}-2\dfrac{5}{6}=1\dfrac{1}{6}$

(2) $7-6\dfrac{1}{9}=6\dfrac{9}{9}-6\dfrac{1}{9}=\dfrac{8}{9}$

6 분수의 뺄셈(4) 17쪽

10 8, 1, 4, 1, 4 / 18, 9, 9, 1, 4

11 (1) $\dfrac{5}{7}$ (2) $3\dfrac{7}{10}$ **12** $3\dfrac{9}{12}$

11 (1) $2\dfrac{1}{7}-1\dfrac{3}{7}=1\dfrac{8}{7}-1\dfrac{3}{7}=\dfrac{5}{7}$

(2) $7\dfrac{3}{10}-3\dfrac{6}{10}=6\dfrac{13}{10}-3\dfrac{6}{10}=3\dfrac{7}{10}$

12 $\square=6\dfrac{8}{12}-2\dfrac{11}{12}=5\dfrac{20}{12}-2\dfrac{11}{12}=3\dfrac{9}{12}$

기본에서 응용으로 18~23쪽

27 $\dfrac{7}{12}$ **28** ㄹ

29 $\dfrac{5}{9}$

30 ⑩ $\dfrac{10}{11}-\dfrac{6}{11}$, $\dfrac{9}{11}-\dfrac{5}{11}$, $\dfrac{8}{11}-\dfrac{4}{11}$

31 $\dfrac{4}{10}$ L   **32** $\dfrac{1}{9}$ kg

33 $\dfrac{1}{12}$ km   **34** $5\dfrac{4}{9}$, $2\dfrac{2}{9}$

35 $1\dfrac{4}{8}$, $1\dfrac{3}{8}$, $1\dfrac{2}{8}$ **36** $3\dfrac{4}{14}$

37 $2\dfrac{2}{6}$ **38** $2\dfrac{3}{7}$ / $2\dfrac{3}{7}$, $4\dfrac{5}{7}$

39 1, 2, 3, 4   **40** $3\dfrac{1}{9}$ L

41 (위에서부터) $1\dfrac{1}{5}$, $3\dfrac{3}{5}$

42 <

43 (위에서부터) $2\dfrac{4}{6}$, $3\dfrac{1}{8}$

44 $2\dfrac{3}{8}$ kg   **45** ㉢

46 $3\dfrac{3}{8}$ **47** $3\dfrac{6}{10}$

48 $2\dfrac{11}{17}$ **49** $\dfrac{5}{7}$ L

50 3 / $4\dfrac{8}{9}$ **51** $4\dfrac{2}{13}$

52 2개, $1\dfrac{6}{11}$ kg   **53** $\dfrac{9}{10}$ g

54 $\dfrac{6}{14}$ **55** $\dfrac{9}{11}$

56 $\dfrac{5}{9}$ **57** 9, 2 / $6\dfrac{7}{13}$

58 7, 5 / $\dfrac{4}{9}$ **59** 3, 5 / $\dfrac{5}{7}$

60 $\dfrac{2}{8}$, $\dfrac{3}{8}$ **61** $\dfrac{4}{9}$, $\dfrac{7}{9}$

62 $\dfrac{5}{6}$, $1\dfrac{4}{6}$ **63** 11

64 15

27 $1 - \dfrac{5}{12} = \dfrac{12}{12} - \dfrac{5}{12} = \dfrac{7}{12}$

28 ㉠ $\dfrac{4}{11}$ ㉡ $\dfrac{4}{11}$ ㉢ $\dfrac{4}{11}$ ㉣ $\dfrac{5}{11}$

따라서 계산 결과가 다른 하나는 ㉣입니다.

29 수직선에서 작은 눈금 한 칸의 크기는 $\dfrac{1}{9}$이므로

㉠은 $\dfrac{2}{9}$, ㉡은 $\dfrac{7}{9}$을 나타냅니다.

$\dfrac{7}{9} > \dfrac{2}{9}$이므로 두 수의 차는 $\dfrac{7}{9} - \dfrac{2}{9} = \dfrac{5}{9}$입니다.

30 분모가 11이고 분자의 차가 4인 두 진분수로 뺄셈을 만듭니다.

31 (남은 음료수의 양) $= \dfrac{7}{10} - \dfrac{3}{10} = \dfrac{4}{10}$(L)

32 (남은 설탕의 양) $= 1 - \dfrac{3}{9} - \dfrac{5}{9} = \dfrac{9}{9} - \dfrac{3}{9} - \dfrac{5}{9}$

$= \dfrac{6}{9} - \dfrac{5}{9} = \dfrac{1}{9}$(kg)

서술형
33 예 (집에서 학교까지의 거리)

= (집~문구점) − (학교~놀이터) − (놀이터~문구점)

$= \dfrac{7}{12} - \dfrac{4}{12} - \dfrac{2}{12} = \dfrac{3}{12} - \dfrac{2}{12} = \dfrac{1}{12}$(km)

단계	문제 해결 과정
①	집에서 학교까지의 거리를 구하는 식을 세웠나요?
②	집에서 학교까지의 거리를 구했나요?

34 $7\dfrac{8}{9} - 2\dfrac{4}{9} = 5 + \dfrac{4}{9} = 5\dfrac{4}{9}$,

$5\dfrac{4}{9} - 3\dfrac{2}{9} = 2 + \dfrac{2}{9} = 2\dfrac{2}{9}$

35 $2\dfrac{7}{8} - 1\dfrac{3}{8} = 1\dfrac{4}{8}$이고 빼는 수가 같을 때 빼지는 수

가 $\dfrac{1}{8}$씩 작아지면 계산 결과도 $\dfrac{1}{8}$씩 작아집니다.

36 $5\dfrac{13}{14} > 5\dfrac{4}{14} > 4\dfrac{11}{14} > 2\dfrac{9}{14}$이므로 가장 큰 수는

$5\dfrac{13}{14}$이고, 가장 작은 수는 $2\dfrac{9}{14}$입니다.

➡ $5\dfrac{13}{14} - 2\dfrac{9}{14} = 3 + \dfrac{4}{14} = 3\dfrac{4}{14}$

37 $\dfrac{1}{6}$이 27개인 수는 $\dfrac{27}{6} = 4\dfrac{3}{6}$입니다.

$4\dfrac{3}{6} > 2\dfrac{1}{6}$이므로 두 수의 차는

$4\dfrac{3}{6} - 2\dfrac{1}{6} = 2 + \dfrac{2}{6} = 2\dfrac{2}{6}$입니다.

38 덧셈과 뺄셈의 관계를 이용합니다.

39 두 식의 빼지는 수가 같으므로 $5\dfrac{7}{8} - 3\dfrac{\square}{8}$의 계산 결

과가 더 크려면 $3\dfrac{5}{8}$보다 더 작은 수를 빼야 합니다.

따라서 □ 안에 들어갈 수 있는 자연수는 5보다 작은

수인 1, 2, 3, 4입니다.

40 (사용하고 남은 물의 양) $= 2\dfrac{7}{9} - 1\dfrac{2}{9} = 1\dfrac{5}{9}$(L)

➡ (그릇에 들어 있는 물의 양)

$= 1\dfrac{5}{9} + \dfrac{14}{9} = 1\dfrac{5}{9} + 1\dfrac{5}{9}$

$= 2 + \dfrac{10}{9} = 2 + 1\dfrac{1}{9} = 3\dfrac{1}{9}$(L)

41 $5 - 3\dfrac{4}{5} = 4\dfrac{5}{5} - 3\dfrac{4}{5} = 1\dfrac{1}{5}$

$5 - 1\dfrac{2}{5} = 4\dfrac{5}{5} - 1\dfrac{2}{5} = 3\dfrac{3}{5}$

42 $10 - 4\dfrac{3}{9} = 9\dfrac{9}{9} - 4\dfrac{3}{9} = 5\dfrac{6}{9}$

$12\dfrac{8}{9} - 7\dfrac{1}{9} = 5\dfrac{7}{9}$

➡ $5\dfrac{6}{9} < 5\dfrac{7}{9}$

43 두 수의 합이 5가 되는 수를 구합니다.

· $2\dfrac{2}{6} + \square = 5$,

$\square = 5 - 2\dfrac{2}{6} = 4\dfrac{6}{6} - 2\dfrac{2}{6} = 2\dfrac{4}{6}$

· $\square + 1\dfrac{7}{8} = 5$,

$\square = 5 - 1\dfrac{7}{8} = 4\dfrac{8}{8} - 1\dfrac{7}{8} = 3\dfrac{1}{8}$

다른 풀이
자연수 부분의 합이 4, 분수 부분의 합이 1이 되는 대

분수를 구합니다.

44 (태준이가 딴 귤의 무게) − (이서가 딴 귤의 무게)

$$= 4 - 1\frac{5}{8} = 3\frac{8}{8} - 1\frac{5}{8} = 2\frac{3}{8}(kg)$$

45 ㉠ $7\frac{1}{6}$ ㉡ $7\frac{5}{6}$ ㉢ $9\frac{3}{6}$ ㉣ $8\frac{2}{6}$

계산 결과와 9의 차가 작을수록 9에 가까운 수입니다. 계산 결과의 자연수 부분이 8 또는 9인 ㉢과 ㉣이 ㉠과 ㉡보다 9에 더 가깝습니다.

$$㉢ - 9 = 9\frac{3}{6} - 9 = \frac{3}{6}$$

$$9 - ㉣ = 9 - 8\frac{2}{6} = 8\frac{6}{6} - 8\frac{2}{6} = \frac{4}{6}$$

따라서 $\frac{3}{6} < \frac{4}{6}$이므로 9에 가장 가까운 것은 ㉢입니다.

> **참고**
> $9 - ㉠ = 9 - 7\frac{1}{6} = 1\frac{5}{6}$, $9 - ㉡ = 9 - 7\frac{5}{6} = 1\frac{1}{6}$

46 둘째로 골라야 할 카드에 적힌 수를 □라고 하면

$$6\frac{5}{8} + □ = 10,$$

$$□ = 10 - 6\frac{5}{8} = 9\frac{8}{8} - 6\frac{5}{8} = 3\frac{3}{8}$$입니다.

47 $5\frac{3}{10} - 1\frac{7}{10} = 4\frac{13}{10} - 1\frac{7}{10} = 3\frac{6}{10}$

48 차가 가장 큰 뺄셈은 가장 큰 수에서 가장 작은 수를 빼야 합니다.

$7\frac{2}{17} > 5\frac{9}{17} > 4\frac{8}{17}$이므로

$$7\frac{2}{17} - 4\frac{8}{17} = 6\frac{19}{17} - 4\frac{8}{17} = 2\frac{11}{17}$$입니다.

49 (성현이가 마신 물의 양) − (윤하가 마신 물의 양)

$$= 2\frac{2}{7} - 1\frac{4}{7} = 1\frac{9}{7} - 1\frac{4}{7} = \frac{5}{7}(L)$$

50 은호는 어림으로, 태하는 덧셈으로 확인하기로 설명하고 있습니다.

$$㉠ = 3, ㉡ = 3\frac{3}{9} + 1\frac{5}{9} = 4 + \frac{8}{9} = 4\frac{8}{9}$$

51 $7\frac{5}{13} ★ 1\frac{8}{13} = 7\frac{5}{13} - 1\frac{8}{13} - 1\frac{8}{13}$

$$= 6\frac{18}{13} - 1\frac{8}{13} - 1\frac{8}{13}$$

$$= 5\frac{10}{13} - 1\frac{8}{13} = 4\frac{2}{13}$$

52 ^{서술형} ⑩ (빵 1개를 만들고 남는 밀가루의 양)

$$= 7 - 2\frac{8}{11} = 6\frac{11}{11} - 2\frac{8}{11} = 4\frac{3}{11}(kg)$$

(빵 2개를 만들고 남는 밀가루의 양)

$$= 4\frac{3}{11} - 2\frac{8}{11} = 3\frac{14}{11} - 2\frac{8}{11} = 1\frac{6}{11}(kg)$$

$1\frac{6}{11}$ kg으로는 빵을 더 만들 수 없으므로 만들 수 있는 빵은 2개이고, 남는 밀가루는 $1\frac{6}{11}$ kg입니다.

단계	문제 해결 과정
①	만들 수 있는 빵은 몇 개인지 구했나요?
②	남는 밀가루의 양을 구했나요?

53 $\frac{21}{10} = 2\frac{1}{10}$이고 $2\frac{5}{10} > 2\frac{1}{10} > 1\frac{6}{10}$이므로 단백질 양이 가장 많은 식품은 닭가슴살이고 가장 적은 식품은 달걀입니다. 두 식품의 단백질 양의 차는

$$2\frac{5}{10} - 1\frac{6}{10} = 1\frac{15}{10} - 1\frac{6}{10} = \frac{9}{10}(g)$$입니다.

54 $2 - \frac{3}{14} = 1\frac{14}{14} - \frac{3}{14} = 1\frac{11}{14}$

어떤 수를 □라고 하면 $□ + 1\frac{5}{14} = 1\frac{11}{14}$,

$$□ = 1\frac{11}{14} - 1\frac{5}{14} = \frac{6}{14}$$입니다.

55 어떤 수를 □라고 하면 $□ - \frac{2}{11} = \frac{5}{11}$,

$$□ = \frac{5}{11} + \frac{2}{11} = \frac{7}{11}$$입니다.

따라서 바르게 계산하면 $\frac{7}{11} + \frac{2}{11} = \frac{9}{11}$입니다.

56 ^{서술형} ⑩ 어떤 수를 □라고 하면

$$□ + 2\frac{4}{9} = 5\frac{4}{9}, □ = 5\frac{4}{9} - 2\frac{4}{9} = 3$$입니다.

따라서 바르게 계산하면

$$3 - 2\frac{4}{9} = 2\frac{9}{9} - 2\frac{4}{9} = \frac{5}{9}$$입니다.

단계	문제 해결 과정
①	어떤 수를 구했나요?
②	바르게 계산한 값을 구했나요?

57 계산 결과가 가장 큰 뺄셈은
(가장 큰 수) − (가장 작은 수)일 때입니다.

$10\frac{□}{13}$가 가장 큰 수일 때 $10\frac{9}{13}$, $4\frac{□}{13}$가 가장 작은 수일 때 $4\frac{2}{13}$이므로 $10\frac{9}{13} - 4\frac{2}{13} = 6\frac{7}{13}$입니다.

58 계산 결과가 가장 작은 뺄셈은 빼는 수가 가장 큰 수일 때입니다. $\square\dfrac{\square}{9}$가 가장 큰 수일 때 $7\dfrac{5}{9}$이므로

$8 - 7\dfrac{5}{9} = 7\dfrac{9}{9} - 7\dfrac{5}{9} = \dfrac{4}{9}$입니다.

59 빼지는 수가 작을수록, 빼는 수가 클수록 계산 결과가 작습니다.

$7\dfrac{\square}{7}$가 가장 작은 수일 때 $7\dfrac{3}{7}$, $6\dfrac{\square}{7}$가 가장 큰 수일 때

$6\dfrac{5}{7}$이므로 $7\dfrac{3}{7} - 6\dfrac{5}{7} = 6\dfrac{10}{7} - 6\dfrac{5}{7} = \dfrac{5}{7}$입니다.

60 분모가 같은 분수의 합과 차는 분모는 그대로 쓰고 분자끼리 계산합니다.

8보다 작은 수 중에서 합이 5인 두 수는 (1, 4), (2, 3)이고 이 중 차가 1인 두 수는 (2, 3)입니다.

따라서 두 진분수는 $\dfrac{2}{8}$, $\dfrac{3}{8}$입니다.

61 $1\dfrac{2}{9} = \dfrac{11}{9}$이고 두 진분수의 분모가 같으므로 합이 11, 차가 3인 두 분자를 구합니다.

9보다 작은 수 중에서 합이 11인 두 수는 (3, 8), (4, 7), (5, 6)이고 이 중 차가 3인 두 수는 (4, 7)입니다.

따라서 두 진분수는 $\dfrac{4}{9}$, $\dfrac{7}{9}$입니다.

62 $2\dfrac{3}{6} = \dfrac{15}{6}$이고 진분수와 대분수의 분모가 같으므로 합이 15, 차가 5인 두 분자를 구합니다.

6보다 작은 수와 6보다 큰 수의 합이 15인 두 수는 (1, 14), (2, 13), (3, 12), (4, 11), (5, 10)이고 이 중 차가 5인 두 수는 (5, 10)입니다.

따라서 두 분수는 $\dfrac{5}{6}$, $\dfrac{10}{6}$, 즉 $\dfrac{5}{6}$, $1\dfrac{4}{6}$입니다.

63 ㉠ − ㉡ = 5이고, ㉠과 ㉡은 9보다 작아야 하므로 (㉠, ㉡)이 될 수 있는 수는 (8, 3), (7, 2), (6, 1)입니다.

따라서 ㉠ + ㉡이 가장 클 때의 값은 ㉠ + ㉡ = 8 + 3 = 11입니다.

64 ㉠ − ㉡ = 7이고, ㉠과 ㉡은 13보다 작아야 하므로 (㉠, ㉡)이 될 수 있는 수는 (12, 5), (11, 4), (10, 3), (9, 2), (8, 1)입니다.

따라서 ㉠ + ㉡이 둘째로 클 때의 값은 ㉠ + ㉡ = 11 + 4 = 15입니다.

응용에서 최상위로

24~27쪽

1 1   **1-1** $1\dfrac{1}{12}$

1-2 8, 4, 2, 3, $11\dfrac{2}{5}$

2 $7\dfrac{2}{10}$ L   **2-1** $9\dfrac{7}{11}$ L   **2-2** $14\dfrac{6}{8}$ L

3 $14\dfrac{2}{4}$ cm   **3-1** $11\dfrac{3}{5}$ cm   **3-2** $9\dfrac{1}{6}$ cm

4 1단계 예 아시아와 아프리카는 전체 대륙의

$\dfrac{11}{50} + \dfrac{7}{50} = \dfrac{18}{50}$입니다.

2단계 예 전체 대륙의 $\dfrac{18}{50} - \dfrac{3}{50} = \dfrac{15}{50}$만큼 더 넓습니다.

/ $\dfrac{15}{50}$

4-1 $\dfrac{1}{10}$

---

1 만들 수 있는 가장 큰 진분수는 $\dfrac{6}{7}$이고 가장 작은 진분수는 $\dfrac{1}{7}$입니다.

➡ $\dfrac{6}{7} + \dfrac{1}{7} = \dfrac{7}{7} = 1$

1-1 만들 수 있는 가장 큰 진분수는 $\dfrac{11}{12}$이고 가장 작은 진분수는 $\dfrac{2}{12}$입니다.

➡ $\dfrac{11}{12} + \dfrac{2}{12} = \dfrac{13}{12} = 1\dfrac{1}{12}$

1-2 만들 수 있는 가장 큰 대분수는 $8\dfrac{4}{5}$이고 가장 작은 대분수는 $2\dfrac{3}{5}$입니다.

➡ $8\dfrac{4}{5} + 2\dfrac{3}{5} = 10 + \dfrac{7}{5} = 10 + 1\dfrac{2}{5} = 11\dfrac{2}{5}$

2 2분 = 1분 + 1분이므로 2분 동안 빠져나가는 물의 양은 $1\dfrac{4}{10} + 1\dfrac{4}{10} = 2\dfrac{8}{10}$(L)입니다.

따라서 2분 후에 물통에 남아 있는 물의 양은

$10 - 2\dfrac{8}{10} = 9\dfrac{10}{10} - 2\dfrac{8}{10} = 7\dfrac{2}{10}$(L)입니다.

2-1 20분 = 10분 + 10분이므로 20분 동안 빠져나가는 물의 양은

$$5\frac{6}{11} + 5\frac{6}{11} = 10 + \frac{12}{11} = 10 + 1\frac{1}{11} = 11\frac{1}{11}(L)$$

입니다.

따라서 20분 후에 물통에 남아 있는 물의 양은

$$20\frac{8}{11} - 11\frac{1}{11} = 9\frac{7}{11}(L)$$입니다.

2-2 $1\frac{5}{8} < 2\frac{3}{8}$에서 물이 채워지는 양보다 빠져나가는 양이 더 많으므로 물은 1분에

$$2\frac{3}{8} - 1\frac{5}{8} = 1\frac{11}{8} - 1\frac{5}{8} = \frac{6}{8}(L)씩 줄어듭니다.$$

따라서 1분 후에 물탱크에 들어 있는 물의 양은

$$15\frac{4}{8} - \frac{6}{8} = 14\frac{12}{8} - \frac{6}{8} = 14\frac{6}{8}(L)$$입니다.

3 (색 테이프 3장의 길이의 합) $= 5 \times 3 = 15$(cm)

(겹쳐진 부분의 길이의 합) $= \frac{1}{4} + \frac{1}{4} = \frac{2}{4}$(cm)

➡ (이어 붙인 색 테이프의 전체 길이)

$$= 15 - \frac{2}{4} = 14\frac{4}{4} - \frac{2}{4} = 14\frac{2}{4}(cm)$$

3-1 (색 테이프 3장의 길이의 합) $= 4 \times 3 = 12$(cm)

(겹쳐진 부분의 길이의 합) $= \frac{1}{5} + \frac{1}{5} = \frac{2}{5}$(cm)

➡ (이어 붙인 색 테이프의 전체 길이)

$$= 12 - \frac{2}{5} = 11\frac{5}{5} - \frac{2}{5} = 11\frac{3}{5}(cm)$$

3-2 (묶기 전 두 끈의 길이의 합)

$$= 30\frac{3}{6} + 26\frac{5}{6} = 56 + \frac{8}{6} = 56 + 1\frac{2}{6}$$

$$= 57\frac{2}{6}(cm)$$

(줄어든 끈의 길이)

= (묶기 전 두 끈의 길이의 합)

  − (두 끈을 묶은 후의 길이)

$$= 57\frac{2}{6} - 48\frac{1}{6} = 9\frac{1}{6}(cm)$$

4-1 태평양과 대서양이 전체 해양의 $\frac{5}{10} + \frac{3}{10} = \frac{8}{10}$을 차지하고, 삼대양은 전체 해양의 $\frac{9}{10}$를 차지하므로 인도양은 전체 해양의 $\frac{9}{10} - \frac{8}{10} = \frac{1}{10}$을 차지합니다.

단원 평가 Level ❶　　28~30쪽

1 3, 7　　　　　　**2** 2, 3, 4

3 $1\frac{5}{14}$　　　　　　**4** <

5 $2\frac{7}{12}, 2\frac{2}{12}$ / $2\frac{2}{12}$　　**6** $2\frac{2}{8}$

7 ㉠, ㉢, ㉡, ㉣　　**8** $\frac{6}{15}$

9 $8\frac{6}{9}, 7\frac{4}{9}, 16\frac{1}{9}$ (또는 $7\frac{4}{9}, 8\frac{6}{9}, 16\frac{1}{9}$)

10 $8\frac{5}{7}$ L　　　　**11** 1, 2, 3

12 $5\frac{1}{15}$　　　　　**13** $4\frac{5}{6}$ cm

14 $9\frac{7}{13}$ cm　　　　**15** 6, 7, 8

16 $\frac{2}{12}, \frac{5}{12}$　　　　**17** 10

18 $6\frac{3}{11}$

19 ⓔ 자연수에서 1만큼을 분수로 바꿀 때 자연수 부분에서 1을 빼지 않았습니다. /

ⓔ $7\frac{5}{10} - 4\frac{9}{10} = 6\frac{15}{10} - 4\frac{9}{10} = 2\frac{6}{10}$

20 $5\frac{7}{8}$ cm

2 빼는 수가 같을 때 계산 결과가 $\frac{1}{9}$씩 커지면 빼지는 수는 $\frac{1}{9}$씩 커져야 합니다.

3 ㉠은 $\frac{12}{14}$, ㉡은 $\frac{7}{14}$이므로

$$㉠ + ㉡ = \frac{12}{14} + \frac{7}{14} = \frac{19}{14} = 1\frac{5}{14}$$입니다.

4 $1 - \frac{5}{11} = \frac{11}{11} - \frac{5}{11} = \frac{6}{11}$,

$$\frac{10}{11} - \frac{3}{11} = \frac{7}{11} \Rightarrow \frac{6}{11} < \frac{7}{11}$$

5 $3\frac{7}{12} - 1 = 2\frac{7}{12}, 2\frac{7}{12} - \frac{5}{12} = 2\frac{2}{12}$이므로

$$3\frac{7}{12} - 1\frac{5}{12} = 2\frac{2}{12}$$입니다.

6 분모가 8인 진분수 중에서 $\frac{4}{8}$보다 큰 분수는 $\frac{5}{8}$, $\frac{6}{8}$, $\frac{7}{8}$입니다.

$\Rightarrow \frac{5}{8} + \frac{6}{8} + \frac{7}{8} = \frac{18}{8} = 2\frac{2}{8}$

7 ㉠ $1\frac{3}{5} + 1\frac{1}{5} = 2\frac{4}{5}$

㉡ $\frac{3}{5} + 1\frac{4}{5} = 1 + \frac{7}{5} = 1 + 1\frac{2}{5} = 2\frac{2}{5}$

㉢ $3 - \frac{2}{5} = 2\frac{5}{5} - \frac{2}{5} = 2\frac{3}{5}$

㉣ $3\frac{2}{5} - 1\frac{1}{5} = 2\frac{1}{5}$

따라서 계산 결과가 큰 것부터 차례로 기호를 쓰면 ㉠, ㉢, ㉡, ㉣입니다.

8 $1 - \frac{2}{15} = \frac{15}{15} - \frac{2}{15} = \frac{13}{15}$

$\Rightarrow \square + \frac{7}{15} = \frac{13}{15}$, $\square = \frac{13}{15} - \frac{7}{15} = \frac{6}{15}$

9 합이 가장 큰 덧셈식을 만들려면 가장 큰 대분수와 둘째로 큰 대분수를 더해야 합니다.

$8\frac{6}{9} > 7\frac{4}{9} > 4\frac{1}{9} > 2\frac{8}{9}$이므로

$8\frac{6}{9} + 7\frac{4}{9} = 15 + \frac{10}{9} = 15 + 1\frac{1}{9} = 16\frac{1}{9}$입니다.

10 (주황색 페인트의 양)

$= 5\frac{4}{7} + \frac{22}{7} = 5\frac{4}{7} + 3\frac{1}{7} = 8\frac{5}{7}$(L)

11 $\frac{7}{11} + \frac{\square}{11} = \frac{7+\square}{11}$이고 덧셈의 계산 결과로 나올 수 있는 가장 큰 진분수는 $\frac{10}{11}$입니다.

$7 + \square$는 10이거나 10보다 작아야 하므로 $\square$ 안에 들어갈 수 있는 자연수는 1, 2, 3입니다.

12 어떤 수를 $\square$라고 하면 $\square - 2\frac{7}{15} = 2\frac{9}{15}$입니다.

$\Rightarrow \square = 2\frac{9}{15} + 2\frac{7}{15} = 4 + \frac{16}{15}$

$= 4 + 1\frac{1}{15} = 5\frac{1}{15}$

13 (남은 리본 끈의 길이)

$= 26\frac{2}{6} - 11\frac{5}{6} - 9\frac{4}{6} = 25\frac{8}{6} - 11\frac{5}{6} - 9\frac{4}{6}$

$= 14\frac{3}{6} - 9\frac{4}{6} = 13\frac{9}{6} - 9\frac{4}{6} = 4\frac{5}{6}$(cm)

14 정사각형은 네 변의 길이가 모두 같습니다.

(네 변의 길이의 합)

$= 2\frac{5}{13} + 2\frac{5}{13} + 2\frac{5}{13} + 2\frac{5}{13}$

$= 8 + \frac{20}{13} = 8 + 1\frac{7}{13} = 9\frac{7}{13}$(cm)

15 $7 - 3\frac{\square}{9} = 6\frac{9}{9} - 3\frac{\square}{9} = 3\frac{9-\square}{9}$이므로

$3\frac{9-\square}{9} < 3\frac{4}{9}$에서 $9 - \square < 4$입니다.

$9 - \square = 4$일 때 $\square = 5$이므로 $9 - \square < 4$에서 $\square$ 안에 들어갈 수 있는 수는 5보다 큰 수인 6, 7, 8입니다.

16 12보다 작은 수 중에서 합이 7인 두 수는 (1, 6), (2, 5), (3, 4)이고 이 중 차가 3인 두 수는 (2, 5)입니다.

따라서 두 진분수는 $\frac{2}{12}$, $\frac{5}{12}$입니다.

17 ㉠ $- ㉡ = 2$이고, ㉠과 ㉡은 7보다 작아야 하므로 (㉠, ㉡)이 될 수 있는 수는 (6, 4), (5, 3), (4, 2), (3, 1)입니다.

따라서 ㉠ $+ ㉡$이 가장 클 때의 값은 $6 + 4 = 10$입니다.

18 만들 수 있는 분모가 11인 가장 큰 대분수는 $7\frac{6}{11}$, 가장 작은 대분수는 $1\frac{3}{11}$입니다.

$\Rightarrow 7\frac{6}{11} - 1\frac{3}{11} = 6\frac{3}{11}$

서술형
19

평가 기준	배점(5점)
잘못 계산한 곳을 찾아 까닭을 썼나요?	2점
바르게 계산했나요?	3점

서술형
20 예 (색 테이프 2장의 길이의 합)

$= 4\frac{3}{8} + 4\frac{3}{8} = 8\frac{6}{8}$(cm)

(이어 붙인 색 테이프의 전체 길이)

$= 8\frac{6}{8} - 2\frac{7}{8} = 7\frac{14}{8} - 2\frac{7}{8} = 5\frac{7}{8}$(cm)

평가 기준	배점(5점)
색 테이프 2장의 길이의 합을 구했나요?	2점
이어 붙인 색 테이프의 전체 길이를 구했나요?	3점

단원 평가 Level ❷

31~33쪽

1 3, 5, 8 / 8

2 $3\frac{9}{13}$, $3\frac{9}{13}$, $3\frac{9}{13}$

3 (1) $1\frac{6}{11}$ (2) $2\frac{2}{9}$

4 $\frac{56}{7}-\frac{23}{7}=\frac{33}{7}=4\frac{5}{7}$

5 $\frac{3}{8}$ m

6 $1\frac{8}{12}$

7 $1\frac{1}{14}$

8 $9\frac{2}{9}$ kg

9 $3\frac{10}{12}$

10 예 $\frac{1}{8}$, $\frac{3}{8}$, $\frac{4}{8}$

11 $5\frac{5}{13}$

12 $1\frac{5}{8}$

13 $1\frac{1}{4}$

14 ㉠

15 승연

16 $\frac{6}{15}$

17 4, 6 / $\frac{9}{11}$

18 $15\frac{2}{3}$ L

19 $4\frac{13}{15}$

20 $2\frac{6}{8}$ km

1 $\frac{3}{9}+\frac{5}{9}=\frac{3+5}{9}=\frac{8}{9}$

2 더해지는 수가 커진 만큼 더하는 수가 작아지면 계산 결과는 같습니다.

3 (1) $2\frac{9}{11}-1\frac{3}{11}=1+\frac{6}{11}=1\frac{6}{11}$

(2) $4-1\frac{7}{9}=3\frac{9}{9}-1\frac{7}{9}=2+\frac{2}{9}=2\frac{2}{9}$

4 자연수와 대분수를 가분수로 바꾸어 뺍니다.

5 $1-\frac{5}{8}=\frac{8}{8}-\frac{5}{8}=\frac{3}{8}$(m)

6 $3\frac{5}{12}-1\frac{9}{12}=2\frac{17}{12}-1\frac{9}{12}=1\frac{8}{12}$

7 수직선에서 작은 눈금 한 칸의 크기는 $\frac{1}{14}$입니다.

㉠은 $\frac{4}{14}$, ㉡은 $\frac{11}{14}$ 을 나타내므로

㉠ + ㉡ $=\frac{4}{14}+\frac{11}{14}=\frac{15}{14}=1\frac{1}{14}$입니다.

8 (윤수네 가족이 캔 고구마의 양)

$=4\frac{5}{9}+4\frac{6}{9}=8+\frac{11}{9}$

$=8+1\frac{2}{9}=9\frac{2}{9}$(kg)

9 $2\frac{5}{12}>2\frac{1}{12}>1\frac{11}{12}>1\frac{5}{12}$이므로

가장 큰 수는 $2\frac{5}{12}$, 가장 작은 수는 $1\frac{5}{12}$입니다.

➡ $2\frac{5}{12}+1\frac{5}{12}=3\frac{10}{12}$

10 $1=\frac{8}{8}$입니다.

세 분자의 합이 8이 되는 경우는 $1+3+4=8$이므로

$\frac{1}{8}+\frac{3}{8}+\frac{4}{8}=1$입니다.

11 $3\frac{2}{13}+4\frac{5}{13}=7\frac{7}{13}$

$\square+2\frac{2}{13}=7\frac{7}{13}$, $\square=7\frac{7}{13}-2\frac{2}{13}=5\frac{5}{13}$

12 $3\frac{2}{8} \odot 4\frac{7}{8}=3\frac{2}{8}+3\frac{2}{8}-4\frac{7}{8}$

$=6\frac{4}{8}-4\frac{7}{8}=5\frac{12}{8}-4\frac{7}{8}=1\frac{5}{8}$

13 민우가 골라야 할 카드에 적힌 수를 $\square$라고 하면

$5\frac{3}{4}+\square=7$,

$\square=7-5\frac{3}{4}=6\frac{4}{4}-5\frac{3}{4}=1\frac{1}{4}$입니다.

14 ㉠ $5\frac{2}{11}$ ㉡ $5\frac{7}{11}$ ㉢ $5\frac{5}{11}$ ㉣ $4\frac{7}{11}$

계산 결과와 5의 차가 작을수록 5에 가까운 수입니다.

㉠ $-5=5\frac{2}{11}-5=\frac{2}{11}$

㉡ $-5=5\frac{7}{11}-5=\frac{7}{11}$

㉢ $-5=5\frac{5}{11}-5=\frac{5}{11}$

$5-$ ㉣ $=5-4\frac{7}{11}=4\frac{11}{11}-4\frac{7}{11}=\frac{4}{11}$

따라서 $\frac{2}{11}<\frac{4}{11}<\frac{5}{11}<\frac{7}{11}$이므로 5에 가장 가까운 것은 ㉠입니다.

15 (혜림이가 책을 읽은 시간)

$= $ (현수가 책을 읽은 시간) $+ \dfrac{7}{8}$

$= 2\dfrac{3}{8} + \dfrac{7}{8} = 2 + \dfrac{10}{8} = 2 + 1\dfrac{2}{8} = 3\dfrac{2}{8}$ (시간)

따라서 $3\dfrac{4}{8} > 3\dfrac{2}{8} > 2\dfrac{3}{8}$ 이므로 승연이가 책을 가장 오랫동안 읽었습니다.

16 $\dfrac{4}{15} + \dfrac{4}{15} + \square = \dfrac{14}{15}$ 라고 하면

$\square = \dfrac{14}{15} - \dfrac{4}{15} - \dfrac{4}{15} = \dfrac{10}{15} - \dfrac{4}{15} = \dfrac{6}{15}$ 입니다.

17 빼지는 수가 작을수록, 빼는 수가 클수록 계산 결과가 작습니다.

$5\dfrac{\square}{11}$ 가 가장 작은 수일 때는 $5\dfrac{4}{11}$, $4\dfrac{\square}{11}$ 가 가장 큰 수일 때 $4\dfrac{6}{11}$ 이므로

$5\dfrac{4}{11} - 4\dfrac{6}{11} = 4\dfrac{15}{11} - 4\dfrac{6}{11} = \dfrac{9}{11}$ 입니다.

18 2시간 $=$ 1시간 $+$ 1시간이므로 2시간 동안 빠져나가는 물의 양은

$2\dfrac{2}{3} + 2\dfrac{2}{3} = 4 + \dfrac{4}{3} = 4 + 1\dfrac{1}{3} = 5\dfrac{1}{3}$ (L)입니다.

따라서 2시간 후에 물통에 남아 있는 물의 양은

$21 - 5\dfrac{1}{3} = 20\dfrac{3}{3} - 5\dfrac{1}{3} = 15\dfrac{2}{3}$ (L)입니다.

_{서술형}
19 예 어떤 수를 $\square$ 라고 하면 $\square + \dfrac{9}{15} = 6\dfrac{1}{15}$ 입니다.

$\square = 6\dfrac{1}{15} - \dfrac{9}{15} = 5\dfrac{16}{15} - \dfrac{9}{15} = 5\dfrac{7}{15}$ 입니다.

따라서 바르게 계산하면

$5\dfrac{7}{15} - \dfrac{9}{15} = 4\dfrac{22}{15} - \dfrac{9}{15} = 4\dfrac{13}{15}$ 입니다.

평가 기준	배점(5점)
어떤 수를 구했나요?	3점
바르게 계산한 값을 구했나요?	2점

_{서술형}
20 예 (학교에서 공원까지의 거리)

$= $ (집~공원) $+$ (학교~은행) $-$ (집~은행)

$= 4\dfrac{7}{8} + 5\dfrac{2}{8} - 7\dfrac{3}{8} = 9\dfrac{9}{8} - 7\dfrac{3}{8} = 2\dfrac{6}{8}$ (km)

평가 기준	배점(5점)
학교에서 공원까지의 거리를 구하는 식을 세웠나요?	2점
학교에서 공원까지의 거리를 구했나요?	3점

2 삼각형

삼각형은 평면도형 중 가장 간단한 형태로 평면도형에서 가장 기본이 되는 도형이면서 학생들에게 친숙한 도형이기도 합니다. 이미 3–1에서 직각삼각형과 4–1에서 예각과 둔각 및 삼각형의 세 각의 크기의 합을 배웠습니다. 이번 단원에서는 더 나아가 삼각형을 변의 길이에 따라 분류하고 또 각의 크기에 따라 분류해 보면서 삼각형에 대한 폭넓은 이해를 가질 수 있게 됩니다. 또 이후에 학습할 사각형, 다각형 등의 기초가 되므로 다양한 분류 활동 및 구체적인 조작 활동을 통해 학습의 기초를 다질 수 있도록 합니다.

1 변의 길이에 따라 삼각형 분류하기 36쪽

1 가, 나, 라, 마 / 나, 마

2 (1) 6 (2) 4, 4

3 예

 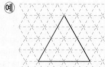

3 이등변삼각형: 주어진 선분과 길이가 같은 한 변과 나머지 한 변을 그리거나 주어진 선분을 제외한 길이가 같은 두 변을 그려 완성합니다.

정삼각형: 주어진 선분과 길이가 같은 두 변을 그려 완성합니다.

2 이등변삼각형의 성질 37쪽

4 (1) 70, 70 (2) (왼쪽에서부터) 100, 40

5 (   ) (○) (○) (   )

6 (1) 30 (2) 8

4 (1) 한 각의 크기가 $40°$ 이므로 나머지 두 각의 크기의 합은 $180° - 40° = 140°$ 입니다.

나머지 두 각의 크기가 같으므로

$\square° = 140° \div 2 = 70°$ 입니다.

(2) 이등변삼각형은 길이가 같은 두 변
에 있는 두 각의 크기가 같으므로
㉠ = 40°입니다.
삼각형의 세 각의 크기의 합은
180°이므로
㉡ = 180° − 40° − 40° = 100°입니다.

5 이등변삼각형은 길이가 같은 두 변에 있는 두 각의 크기
가 같습니다.

6 (1) 두 변의 길이가 같으므로 이등변삼각형입니다.
이등변삼각형은 길이가 같은 두 변에 있는 두 각의
크기가 같으므로 □° = 30°입니다.
(2) 두 각의 크기가 같으므로 이등변삼각형입니다.
이등변삼각형은 두 변의 길이가 같으므로
□ cm = 8 cm입니다.

3 정삼각형의 성질   38쪽

7 (1) 60, 60   (2) 60, 60   **8** (1) ○   (2) ×

9 (1) 60   (2) (왼쪽에서부터) 9, 60

8 (1) 정삼각형의 세 각의 크기는 모두 60°로 같습니다.
(2) 정삼각형은 모양은 모두 같지만 크기는 다릅니다.

9 (1) 세 변의 길이가 같으므로 정삼각형입니다. 정삼각형
은 세 각의 크기가 모두 60°로 같으므로
□° = 60°입니다.
(2) 나머지 한 각의 크기는 180° − 60° − 60° = 60°입
니다. 세 각의 크기가 같으므로 정삼각형이고, 정삼
각형은 세 변의 길이가 같으므로
□ cm = 9 cm입니다.

4 각의 크기에 따라 삼각형 분류하기   39쪽

❶ 세에 ○표, 예각에 ○표

10 나, 마 / 가, 라, 사 / 다, 바, 아

11 예

예각삼각형	둔각삼각형

10 세 각이 모두 예각인 삼각형을 예각삼각형, 한 각이 직
각인 삼각형을 직각삼각형, 한 각이 둔각인 삼각형을
둔각삼각형이라고 합니다.

11 예각삼각형: 세 각이 모두 예각이 되도록 삼각형을 그
립니다.
둔각삼각형: 한 각이 둔각이 되도록 삼각형을 그립니다.

5 두 가지 기준으로 삼각형 분류하기   40쪽

12 이등변삼각형 / 직각삼각형

13

가	마	바
나	라	다

12 주어진 삼각형은 두 변의 길이가 같으므로 이등변삼각
형이고, 한 각이 직각이므로 직각삼각형입니다.

기본에서 응용으로   41~46쪽

1 나, 다, 마, 바   **2** 나, 바

3 석현 / 예 이등변삼각형은 정삼각형이라고 할 수 없어.

4 21 cm   **5** 이등변삼각형

6 4, 7   **7** 24 cm

8 12 cm   **9** 15 cm

10 (위에서부터) 9, 50, 50

11 120°

12 예

13 예 삼각형의 세 각의 크기의 합이 180°이므로 나머지
한 각의 크기는 180° − 80° − 40° = 60°입니다. 크
기가 같은 두 각이 없으므로 이등변삼각형이 아닙니다.

14 70   **15** 60°

16 $120°$　　　　　**17** $120°$

18 $120°$　　　　　**19** $60°$

20 $33\,cm$

21 예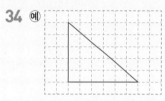

22 $7\,cm$　　　　　**23** 가, 마, 바 / 다 / 나, 라

24 직각삼각형　　　**25** 4칸

26 ⓒ

27 나, 다, 마 / 가, 바, 사, 자, 차 / 라, 아

28 둔각삼각형　　　　**29** 6개

30 ㉠, ㉢

31 예 정삼각형은 세 각이 모두 $60°$로 예각입니다.
따라서 정삼각형은 세 각이 모두 예각이므로 예각삼각형입니다.

32 이등변삼각형, 예각삼각형

33 이등변삼각형, 둔각삼각형

34 예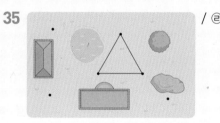

35
| | | / ㉣ |

36 $84°$　　　　　**37** $38°$

3 정삼각형은 세 변의 길이가 같으므로 두 변의 길이가 같은 이등변삼각형이라고 할 수 있지만 이등변삼각형은 두 변의 길이가 같고 나머지 한 변의 길이는 다를 수 있으므로 정삼각형이라고 할 수 없습니다.

4 정삼각형은 세 변의 길이가 같습니다.
(세 변의 길이의 합) $= 7 × 3 = 21(cm)$

5 세 변의 길이가 $8\,cm$, $8\,cm$, $12\,cm$인 두 변의 길이가 같은 삼각형을 만들 수 있으므로 이등변삼각형입니다.

6 삼각형의 세 변 중 두 변이 각각 $4\,cm$, $7\,cm$이므로 이등변삼각형이 될 수 있는 세 변의 길이는 $4\,cm$, $7\,cm$, $4\,cm$ 또는 $4\,cm$, $7\,cm$, $7\,cm$입니다.
따라서 □ 안에 들어갈 수 있는 수는 4, 7입니다.

7 만든 도형의 굵은 선의 길이는 정삼각형의 한 변의 길이의 6배입니다.
(굵은 선의 길이) $= 4 × 6 = 24(cm)$

8 (변 ㄱㄴ과 변 ㄱㄷ의 길이의 합)
　$= 44 - 20 = 24(cm)$
변 ㄱㄴ과 변 ㄱㄷ의 길이가 같으므로
(변 ㄱㄴ) $= 24 ÷ 2 = 12(cm)$입니다.

9 변 ㄱㄴ, 변 ㄴㄷ, 변 ㄷㄱ은 두 원의 반지름이므로 각각 $5\,cm$입니다.
따라서 삼각형 ㄱㄴㄷ은 정삼각형이므로 세 변의 길이의 합은 $5 × 3 = 15(cm)$입니다.

10 이등변삼각형은 두 변의 길이가 같고, 길이가 같은 두 변에 있는 두 각의 크기가 같습니다.
나머지 두 각의 크기의 합은 $180° - 80° = 100°$이므로 □$° = 100° ÷ 2 = 50°$입니다.

11 두 변의 길이가 $7\,cm$로 같으므로 이등변삼각형입니다.
(각 ㄴㄱㄷ) $=$ (각 ㄱㄴㄷ) $= 30°$이므로
(각 ㄴㄷㄱ) $= 180° - 30° - 30° = 120°$입니다.

12 3개의 변으로 둘러싸인 도형은 삼각형이고, 두 각의 크기가 같은 삼각형은 이등변삼각형입니다. 양 두 마리와 겹치지 않고, 양 두 마리를 둘러싸고 있는 이등변삼각형을 그립니다.

서술형
13
단계	문제 해결 과정
①	나머지 한 각의 크기를 구했나요?
②	이등변삼각형이 아닌 까닭을 썼나요?

14 (각 ㄱㄴㄷ) $= 180° - 145° = 35°$이고,
삼각형 ㄱㄴㄷ은 이등변삼각형이므로
(각 ㄴㄱㄷ) $=$ (각 ㄱㄴㄷ) $= 35°$입니다.
(각 ㄱㄷㄴ) $= 180° - 35° - 35° = 110°$
➡ □$° = 180° - 110° = 70°$

15 (각 ㄱㄴㄷ) $= 180° - 150° = 30°$이고
삼각형 ㄱㄴㄷ은 이등변삼각형이므로
(각 ㄴㄱㄷ) $=$ (각 ㄱㄴㄷ) $= 30°$입니다.
➡ (각 ㄷㄱㄹ) $= 90° - 30° = 60°$

16 정삼각형은 세 각의 크기가 모두 $60°$로 같습니다.

$\,$ ㉠ $+$ ㉡ $= 60° + 60° = 120°$

17 정삼각형의 한 각의 크기는 $60°$입니다.

$\,$ (각 ㄴㄱㄹ) $=$ (각 ㄴㄱㄷ) $+$ (각 ㄷㄱㄹ)

$\qquad\qquad\quad = 60° + 60° = 120°$

18 한 직선이 이루는 각도는 $180°$이고, 정삼각형의 한 각의 크기는 $60°$입니다. ➡ ㉠ $= 180° - 60° = 120°$

19 정삼각형의 세 각의 크기는 모두 $60°$이고, 한 직선이 이루는 각도는 $180°$입니다.

$\,$ (각 ㄱㄷㅁ) $= 180° - 60° - 60° = 60°$

20 서술형 ㉤ 두 변의 길이가 같으므로 삼각형 ㄱㄴㄷ은 이등변삼각형입니다.

$\,$ (각 ㄱㄷㄴ) $=$ (각 ㄱㄴㄷ) $= 60°$이고

$\,$ (각 ㄴㄱㄷ) $= 180° - 60° - 60° = 60°$입니다.

세 각의 크기가 같으므로 삼각형 ㄱㄴㄷ은 정삼각형입니다.

따라서 세 변의 길이의 합은 $11 \times 3 = 33(\text{cm})$입니다.

단계	문제 해결 과정
①	삼각형 ㄱㄴㄷ은 정삼각형인지 알았나요?
②	세 변의 길이의 합을 구했나요?

21 원의 반지름을 두 변으로 하는 삼각형은 이등변삼각형입니다. 이웃하는 두 반지름이 이루는 각이 $20°$이므로 $20°$를 3번 포함하여 $60°$를 만들면 나머지 두 각의 크기도 $180° - 60° = 120°$, $120° \div 2 = 60°$가 되어 정삼각형이 됩니다.

22 삼각형 ㄱㄴㄷ과 삼각형 ㄱㄹㅁ은 정삼각형이므로

$\,$ (변 ㄴㄷ) $=$ (변 ㄱㄴ) $= 5\,\text{cm}$,

$\,$ (변 ㄹㅁ) $=$ (변 ㄱㅁ) $= 2\,\text{cm}$입니다.

$\,$ ➡ (변 ㄹㅁ) $+$ (변 ㄴㄷ) $= 2 + 5 = 7(\text{cm})$

24

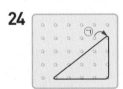

25

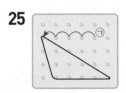

28 (나머지 한 각의 크기) $= 180° - 55° - 25° = 100°$

따라서 한 각이 둔각이므로 둔각삼각형입니다.

29

작은 삼각형 1개짜리: ③ → 1개

작은 삼각형 2개짜리: ② $+$ ③, ③ $+$ ④ → 2개

작은 삼각형 3개짜리: ① $+$ ② $+$ ③, ② $+$ ③ $+$ ④

$\qquad\qquad\qquad\qquad$ → 2개

작은 삼각형 4개짜리: ① $+$ ② $+$ ③ $+$ ④ → 1개

➡ $1 + 2 + 2 + 1 = 6(\text{개})$

30 두 변의 길이가 같으므로 이등변삼각형이고, 한 각이 직각이므로 직각삼각형입니다.

31 서술형

단계	문제 해결 과정
①	정삼각형의 성질을 알았나요?
②	정삼각형이 예각삼각형인 까닭을 썼나요?

32 두 각의 크기가 $50°$로 같으므로 이등변삼각형이고, 세 각이 모두 예각이므로 예각삼각형입니다.

33 (나머지 한 각의 크기) $= 180° - 100° - 40° = 40°$

따라서 두 각의 크기가 같으므로 이등변삼각형이고, 한 각이 둔각이므로 둔각삼각형입니다.

34 한 각이 직각이므로 직각삼각형입니다. 따라서 세 변의 길이가 모두 다른 직각삼각형을 그립니다.

35 장애물에 닿지 않게 점을 이어 그린 삼각형은 세 변의 길이가 같으므로 정삼각형이면서 이등변삼각형이고, 세 각이 모두 $60°$이므로 예각삼각형입니다.

36 서술형 ㉤ (각 ㄱㄴㄷ) $= 60°$이므로

$\,$ (각 ㄹㄴㄷ) $= 60° - 12° = 48°$입니다.

$\,$ (각 ㄹㄷㄴ) $=$ (각 ㄹㄴㄷ) $= 48°$이므로

$\,$ (각 ㄴㄹㄷ) $= 180° - 48° - 48° = 84°$입니다.

단계	문제 해결 과정
①	각 ㄹㄴㄷ의 크기를 구했나요?
②	각 ㄴㄹㄷ의 크기를 구했나요?

37 삼각형 ㄱㄴㄷ은 정삼각형이므로 (각 ㄱㄴㄷ) $= 60°$입니다. 삼각형 ㄹㄴㄷ은 이등변삼각형이므로

$\,$ (각 ㄹㄴㄷ) $+$ (각 ㄹㄷㄴ) $= 180° - 136° = 44°$,

$\,$ (각 ㄹㄴㄷ) $=$ (각 ㄹㄷㄴ) $= 44° \div 2 = 22°$입니다.

$\,$ ➡ (각 ㄱㄴㄹ) $= 60° - 22° = 38°$

1 44 cm	1-1 64 cm	1-2 25 cm
2 7 cm	2-1 9 cm	2-2 11 cm
3 120°	3-1 86°	3-2 105°

4

1단계 예 ①, ②, ③, ④, ⑤, ⑥, ⑦, ⑧, ⑨, ⑩, ⑪, ⑫
→ 12개

2단계 예 ①+③+④+⑤, ②+③+④+⑧,
④+⑤+⑥+⑩, ③+⑦+⑧+⑨,
⑤+⑨+⑩+⑪, ⑧+⑨+⑩+⑫ → 6개

3단계 예 ①+③+④+⑤+⑦+⑧+⑨+⑩+⑪,
②+③+④+⑤+⑥+⑧+⑨+⑩+⑫
→ 2개

4단계 예 12+6+2=20(개)
/ 20개

4-1 16개

1 이등변삼각형 ㄱㄴㄷ에서
(변 ㄱㄴ)=(변 ㄱㄷ)=7 cm이므로
(변 ㄴㄷ)=24-7-7=10(cm)입니다.
➡ (사각형의 네 변의 길이의 합)
=7+10+10+7+10=44(cm)

1-1 이등변삼각형 ㄱㄴㄷ에서
(변 ㄱㄴ)+(변 ㄱㄷ)=28-12=16(cm)이므로
(변 ㄱㄴ)=(변 ㄱㄷ)=16÷2=8(cm)입니다.
➡ (사각형의 네 변의 길이의 합)
=8+12+12+8+12+12=64(cm)

1-2 변 ㄴㄷ의 길이를 □cm라고 하면 사각형의 네 변의
길이의 합은
9+□+□+□+9+□+□=53입니다.
□+□+□+□+□=53-18,
□×5=35, □=7
➡ (이등변삼각형의 세 변의 길이의 합)
=9+7+9=25(cm)

2 (이등변삼각형의 세 변의 길이의 합)
=8+8+5=21(cm)
➡ (정삼각형의 한 변의 길이)=21÷3=7(cm)

2-1 (정삼각형의 세 변의 길이의 합)
=7+7+7=21(cm)
(이등변삼각형의 세 변의 길이의 합)
=6+(변 ㄴㄷ)+6=21(cm)
➡ (변 ㄴㄷ)=21-6-6=9(cm)

2-2 (이등변삼각형의 세 변의 길이의 합)
=19+19+28=66(cm)
(정삼각형 한 개의 세 변의 길이의 합)
=66÷2=33(cm)
➡ (정삼각형의 한 변의 길이)
=33÷3=11(cm)

3 이등변삼각형 ㄱㄴㄹ에서
(각 ㄴㄱㄹ)=(각 ㄴㄹㄱ)=50°이므로
(각 ㄱㄴㄹ)=180°-50°-50°=80°입니다.
이등변삼각형 ㄴㄷㄹ에서
(각 ㄴㄷㄹ)=(각 ㄴㄷㄹ)=70°이므로
(각 ㄹㄴㄷ)=180°-70°-70°=40°입니다.
➡ (각 ㄱㄴㄷ)=80°+40°=120°

3-1 이등변삼각형 ㄱㄴㄷ에서
(각 ㄱㄴㄷ)=(각 ㄱㄷㄴ)=77°이므로
(각 ㄴㄱㄷ)=180°-77°-77°=26°입니다.
정삼각형 ㄱㄷㄹ에서 (각 ㄷㄱㄹ)=60°입니다.
➡ (각 ㄴㄱㄹ)=26°+60°=86°

3-2 삼각형 ㄱㄴㄷ은 이등변삼각형이므로
(각 ㄴㄱㄷ)=(각 ㄴㄷㄱ)=25°이고
(각 ㄱㄴㄷ)=180°-25°-25°=130°입니다.
삼각형 ㄴㄷㄹ은 이등변삼각형이므로
(각 ㄹㄴㄷ)=(각 ㄹㄷㄴ)=25°입니다.
➡ (각 ㄱㄴㄹ)=130°-25°=105°

4-1 찾을 수 있는 크고 작은 예각삼각형은

 입니다.

△ : ①, ④, ⑦, ⑩, ⑬, ⑯, ⑲,
㉒ → 8개

△ : ⑥+⑧, ⑤+⑨, ⑱+⑳, ⑰+㉑ → 4개

진도책 | 정답과 풀이

: ①＋⑥＋⑤＋⑨＋⑧＋⑦,
④＋⑤＋⑥＋⑧＋⑨＋⑩,
⑬＋⑱＋⑰＋㉑＋⑳＋⑲,
⑯＋⑰＋⑱＋⑳＋㉑＋㉒ → 4개
➡ 8＋4＋4＝16(개)

단원 평가 Level ❶   51~53쪽

1 4개   **2** 가, 나, 바

3 ③   **4** 24 cm

5 6 cm, 9 cm   **6** 이등변삼각형, 둔각삼각형

7 120°   **8**

9 예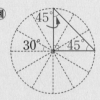

10 140°

11 (1) 둔각삼각형   (2) 예각삼각형

12 정삼각형, 이등변삼각형, 예각삼각형

13 이등변삼각형, 직각삼각형

14 30 cm   **15** 6 cm

16 120°   **17** 8개

18 15 cm   **19** 10 cm

20 10°

---

1 두 변의 길이가 같은 삼각형은 가, 나, 라, 마로 모두 4개입니다.

3 ③ 95°는 90°보다 크므로 둔각삼각형입니다.

4 정삼각형은 세 변의 길이가 같으므로 세 변의 길이의 합은 8＋8＋8＝24(cm)입니다.

5 두 변의 길이가 6 cm, 9 cm이므로 세 변의 길이는 6 cm, 6 cm, 9 cm 또는 6 cm, 9 cm, 9 cm가 될 수 있습니다.

6 두 각의 크기가 20°로 같으므로 이등변삼각형입니다. 한 각이 둔각이므로 둔각삼각형입니다.

7 정삼각형의 세 각의 크기는 모두 60°입니다 (각 ㄴㄷㄹ)＝60°＋60°＝120°

8 사각형에서 둔각인 부분을 포함하여 선분을 그으면 둔각삼각형을 만들 수 있습니다.

9 원의 반지름을 두 변으로 하는 삼각형은 이등변삼각형이므로 크기가 같은 두 각은 45°, 45°입니다. 나머지 한 각의 크기는 180°－45°－45°＝90°이므로 30°를 3번 포함하여 90°를 나타낼 수 있습니다.

10 (각 ㄱㄷㄴ)＝180°－110°＝70°이므로 (각 ㄱㄴㄷ)＝(각 ㄱㄷㄴ)＝70°입니다. (각 ㄱㄴㄷ)＝180°－70°－70°＝40°이므로 ㉠＝180°－40°＝140°입니다.

11 (1) 나머지 한 각의 크기가 180°－40°－40°＝100° 이므로 둔각삼각형입니다.
(2) 나머지 한 각의 크기가 180°－60°－35°＝85° 이므로 예각삼각형입니다.

12
12 cm 12 cm
6 cm 6 cm

• 세 변의 길이가 12 cm로 모두 같으므로 정삼각형입니다.
• 정삼각형은 이등변삼각형이라고 할 수 있습니다.
• 정삼각형은 세 각의 크기가 모두 60°이므로 예각삼각형입니다.

13 (나머지 한 각의 크기)＝180°－45°－45°＝90° 두 각의 크기가 45°로 같으므로 이등변삼각형이고, 한 각이 직각(90°)이므로 직각삼각형입니다.

14 만든 도형의 굵은 선의 길이는 정삼각형 한 변의 길이의 6배입니다.
(굵은 선의 길이)＝5×6＝30(cm)

15 (이등변삼각형의 세 변의 길이의 합)
＝5＋5＋8＝18(cm)
➡ (정삼각형의 한 변의 길이)＝18÷3＝6(cm)

16 이등변삼각형 ㄱㄴㄷ에서
(각 ㄴㄷㄱ)＝(각 ㄴㄷㄱ)＝20°이므로
(각 ㄱㄴㄷ)＝180°－20°－20°＝140°입니다.
이등변삼각형 ㄹㄴㄷ에서
(각 ㄹㄴㄷ)＝(각 ㄹㄷㄴ)＝20°입니다.
➡ (각 ㄱㄴㄹ)＝140°－20°＝120°

16 수학 4-2

17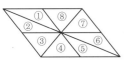

작은 삼각형 1개짜리: ①, ②, ⑤, ⑥ → 4개
작은 삼각형 2개짜리: ① + ⑧, ④ + ⑤ → 2개
작은 삼각형 4개짜리: ② + ③ + ④ + ⑤,
　　　　　　　　　　① + ⑧ + ⑦ + ⑥ → 2개
➡ $4 + 2 + 2 = 8$(개)

18 삼각형 ㄱㄴㄷ과 삼각형 ㄹㅁㄷ은 정삼각형이므로
(변 ㄱㄴ) = (변 ㄴㄷ) = (변 ㄷㄱ) = 6 cm,
(변 ㄹㅁ) = (변 ㅁㄷ) = (변 ㄷㄹ) = 3 cm입니다.
(변 ㄴㅁ) = (변 ㄱㄹ) = $6 - 3 = 3$(cm)
➡ (사각형 ㄱㄴㅁㄹ의 네 변의 길이의 합)
　　 = $6 + 3 + 3 + 3 = 15$(cm)

서술형
19 예 이등변삼각형은 두 변의 길이가 같으므로 변 ㄱㄷ의
길이를 □cm라고 하면
□ + □ + 5 = 25, □ + □ = 20, □ = 10입니다.
따라서 변 ㄱㄷ의 길이는 10 cm입니다.

평가 기준	배점(5점)
이등변삼각형의 성질을 알았나요?	2점
변 ㄱㄷ의 길이를 구했나요?	3점

서술형
20 예 삼각형 ㄱㄴㄷ은 정삼각형이므로
(각 ㄱㄷㄴ) = 60°입니다.
삼각형 ㄹㄴㄷ은 이등변삼각형이므로
(각 ㄹㄴㄷ) + (각 ㄹㄷㄴ) = $180° - 80° = 100°$,
(각 ㄹㄴㄷ) = (각 ㄹㄷㄴ) = $100° ÷ 2 = 50°$입니다.
➡ (각 ㄱㄷㄹ) = $60° - 50° = 10°$

평가 기준	배점(5점)
각 ㄹㄷㄴ의 크기를 구했나요?	2점
각 ㄱㄷㄹ의 크기를 구했나요?	3점

단원 평가 Level ❷

54~56쪽

1 정삼각형　　　　　　**2** 13 cm

3

나	다	바
마	라	가

4 20 cm　　　　　　**5** (위에서부터) 45, 8

6 예
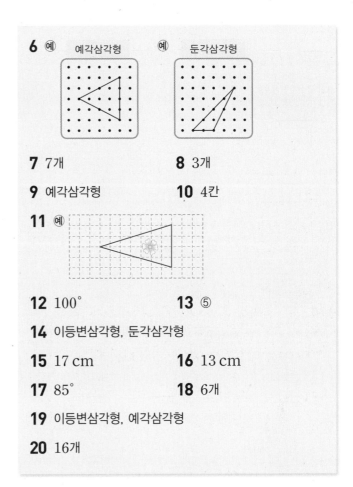

예각삼각형　　　　둔각삼각형

7 7개　　　　　　　　**8** 3개

9 예각삼각형　　　　　**10** 4칸

11 예

12 100°　　　　　　**13** ⑤

14 이등변삼각형, 둔각삼각형

15 17 cm　　　　　　**16** 13 cm

17 85°　　　　　　　**18** 6개

19 이등변삼각형, 예각삼각형

20 16개

1 정삼각형은 세 변의 길이가 같고, 세 각의 크기가 모두
60°로 같습니다.

2 이등변삼각형은 두 변의 길이가 같으므로 나머지 한 변
의 길이는 5 cm입니다.
(세 변의 길이의 합) = $5 + 5 + 3 = 13$(cm)

4 정삼각형은 세 변의 길이가 모두 같습니다.
(한 변의 길이) = $60 ÷ 3 = 20$(cm)

5 (나머지 한 각의 크기) = $180° - 90° - 45° = 45°$
두 각의 크기가 같으므로 이등변삼각형입니다. 이등변
삼각형은 두 변의 길이가 같습니다.

6 예각삼각형: 세 각이 모두 예각이 되도록 삼각형을 그
립니다.
둔각삼각형: 한 각이 둔각이 되도록 삼각형을 그립니다.

7 가: 직각삼각형이므로 예각이 2개입니다.
나: 예각삼각형이므로 예각이 3개입니다.
다: 둔각삼각형이므로 예각이 2개입니다.
➡ $2 + 3 + 2 = 7$(개)

8 둔각삼각형: 가, 다, 라 ➡ 3개

참고 예각삼각형: 마, 직각삼각형: 나

9

10 1칸, 2칸을 움직였을 때: 예각삼각형
3칸을 움직였을 때: 직각삼각형

다른 풀이

㉠을 움직였을 때 직각삼각형이 되는 점보다 더 오른쪽에 있는 점으로 움직이면 $90°$보다 큰 각이 됩니다.

11 두 변의 길이가 같고, 세 각이 모두 예각인 삼각형을 그립니다.

12

잘라서 펼친 모양은 이등변삼각형입니다.
➡ ㉠ $= 180° - 40° - 40° = 100°$

13 나머지 두 각의 크기의 합은 $180° - 35° = 145°$입니다.
둔각삼각형의 한 각은 $90°$보다 커야 하므로 둔각이 아닌 나머지 한 각은 $145° - 90° = 55°$보다 작아야 합니다.

14 (각 ㄴㄷㄱ) $= 180° - 50° = 130°$이므로
(각 ㄴㄱㄷ) $= 180° - 25° - 130° = 25°$입니다.
두 각의 크기가 같으므로 이등변삼각형이고, 한 각이 $130°$로 둔각이므로 둔각삼각형입니다.

15 (변 ㄱㄷ) $=$ (변 ㄱㄴ) $= 11\,cm$
➡ (변 ㄴㄷ) $= 39 - 11 - 11 = 17(cm)$

16 (이등변삼각형의 세 변의 길이의 합)
$= 9 + 15 + 15 = 39(cm)$
➡ (만들 수 있는 가장 큰 정삼각형의 한 변의 길이)
$= 39 \div 3 = 13(cm)$

17 삼각형 ㄱㄴㄷ은 이등변삼각형이므로
(각 ㄴㄱㄷ) $+$ (각 ㄴㄷㄱ) $= 180° - 110° = 70°$,
(각 ㄴㄷㄱ) $= 70° \div 2 = 35°$입니다.
삼각형 ㅁㄷㄹ은 정삼각형이므로 (각 ㅁㄷㄹ) $= 60°$입니다.
➡ ㉠ $= 180° - 35° - 60° = 85°$

18 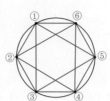 ①－②－③, ②－③－④,
③－④－⑤, ④－⑤－⑥,
⑤－⑥－①, ⑥－①－②
➡ 6개

서술형
19 예 나머지 한 각의 크기는 $180° - 65° - 50° = 65°$
입니다. 두 각의 크기가 $65°$로 같으므로 이등변삼각형이고 세 각이 모두 예각이므로 예각삼각형입니다.

평가 기준	배점(5점)
나머지 한 각의 크기를 구했나요?	2점
삼각형의 이름을 모두 썼나요?	3점

서술형
20 예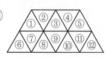

작은 정삼각형 1개짜리: ①~⑫ → 12개,
작은 정삼각형 4개짜리: ① ＋ ⑥ ＋ ⑦ ＋ ⑧,
③ ＋ ⑧ ＋ ⑨ ＋ ⑩, ⑤ ＋ ⑩ ＋ ⑪ ＋ ⑫,
② ＋ ③ ＋ ④ ＋ ⑨ → 4개
➡ $12 + 4 = 16$(개)

평가 기준	배점(5점)
작은 정삼각형 1개짜리, 4개짜리 정삼각형은 각각 몇 개인지 구했나요?	4점
크고 작은 정삼각형은 모두 몇 개인지 구했나요?	1점

💡 **사고력이 반짝** 57쪽

3 소수의 덧셈과 뺄셈

3-1에서 $\frac{1}{10}$=0.1임을 학습하였습니다. 이번에는 더 나아가 $\frac{1}{100}$, $\frac{1}{1000}$과 0.01, 0.001의 관계를 알아보면서 소수 두 자리 수, 소수 세 자리 수의 읽고 쓰기 및 자릿값, 크기 비교 등을 학습합니다. 소수의 덧셈과 뺄셈은 자연수의 덧셈과 뺄셈처럼 십진위치 기수체계를 따르지만 필요에 따라 소수의 오른쪽 끝자리에 0을 붙여서 계산하거나 소수점 아래 자리 수가 다를 때 소수점의 자리를 맞추어 계산하는 등의 차이가 있습니다. 따라서 수 모형, 모눈종이, 수직선 등 다양한 활동 등을 통해 자연수의 연산의 공통점, 차이점을 알 수 있도록 지도합니다. 소수는 분수에 비해 일상적으로 활용되는 빈도가 높으므로 분수와 소수의 관계, 계산 원리 등을 완벽히 이해할 수 있도록 합니다.

1 소수 두 자리 수
60쪽

1 $\frac{27}{100}$, 0.27

2 1.28, 일 점 이팔

3 0.8, 0.03 / 2.83

1 모눈 100칸 중 27칸이 색칠되어 있으므로 분수로 $\frac{27}{100}$이고 소수로 0.27입니다.

2 수직선에서 작은 눈금 한 칸의 크기는 0.01입니다. 1.2에서 오른쪽으로 8칸 더 간 곳은 1.28입니다.

2 소수 세 자리 수
61쪽

4 8.473, 팔 점 사칠삼

5 (1) 일, 4 (2) 첫째, 0.2 (3) 둘째, 0.09
  (4) 셋째, 0.008

6 0.6, 0.005 / 3.605

4 수직선에서 작은 눈금 한 칸의 크기는 0.001입니다. 8.47에서 오른쪽으로 3칸 더 간 곳은 8.473입니다.

5 4.298 = 4 + 0.2 + 0.09 + 0.008

3 소수의 크기 비교
62쪽

❶ <

7 <

8 ![수직선](3.55 —— 3.556 —— 3.56 —— 3.563 —— 3.57)

  <

9 (1) > (2) < (3) < (4) >

7 한 칸의 크기가 0.01인 모눈의 칸 수가 0.35는 35칸, 0.42는 42칸이므로 0.35<0.42입니다.

8 수직선에서 작은 눈금 한 칸의 크기는 0.001입니다. 3.563이 3.556보다 오른쪽에 있으므로 더 큰 수입니다.

9 (1) 3.24>1.67   (2) 0.74<0.76
       3>1   4<6

  (3) 6.295<6.318   (4) 0.456>0.450
        2<3   6>0

4 소수 사이의 관계
63쪽

❶ $\frac{1}{10}$, $\frac{1}{100}$, $\frac{1}{1000}$ / 10, 100, 1000

10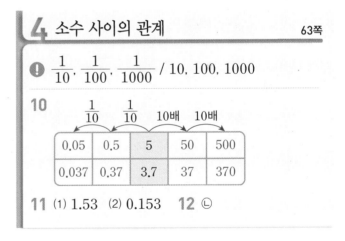

11 (1) 1.53 (2) 0.153   12 ㉡

10 • 소수의 $\frac{1}{10}$은 소수점을 기준으로 수가 오른쪽으로 한 자리 이동합니다.
   • 소수를 10배 하면 소수점을 기준으로 수가 왼쪽으로 한 자리 이동합니다.

11 (1) 15.3의 $\frac{1}{10}$은 소수점을 기준으로 수가 오른쪽으로 한 자리 이동하므로 1.53입니다.
   (2) 15.3의 $\frac{1}{100}$은 소수점을 기준으로 수가 오른쪽으로 두 자리 이동하므로 0.153입니다.

12 ㉠ 124.7   ㉡ 12.47   ㉢ 124.7

기본에서 응용으로

64~67쪽

1 (1) 0.48, 영 점 사팔 (2) 2.07, 이 점 영칠

2

3 ㉢

4 (1) 0.28 (2) 0.41 (3) 57

5 0.84 m

6 (1) 사 점 오영삼 (2) 0.967

7 ㉢   **8** 4.528

9 9 / 0.03, 0.009 / 4.039

10 ㉣   **11** (1) 3.26 (2) 7.5

12 (1) > (2) <

13 2.957, 2.18, 2.1, 2.084

14 수린   **15** 캔, 플라스틱, 종이

16 (1) 10 (2) 100 (3) $\dfrac{1}{10}$

17 ㉡   **18** 0.132

19 100배   **20** 0.006

21 0.73   **22** 6.524, 육 점 오이사

23 7.942   **24** (1) 0.479 (2) 15.72

25 5.7   **26** 3.052

3 ㉠, ㉡, ㉣의 4는 소수 둘째 자리 숫자이고 0.04를 나타냅니다.
㉢의 4는 소수 첫째 자리 숫자이고 0.4를 나타냅니다.

4 0.01이 ■▲개인 수는 0.■▲입니다.

5 작은 눈금 한 칸의 길이는 0.01 m입니다.

7 ㉢ 소수점 아래의 수는 숫자만 차례로 읽습니다.
6.431 ➡ 육 점 사삼일

8 $\dfrac{1}{100}=0.01$, $\dfrac{1}{1000}=0.001$입니다.

   1이 4개 ➡ 4
   0.1이 5개 ➡ 0.5
   0.01이 2개 ➡ 0.02
   0.001이 8개 ➡ 0.008
         4.528

10 예 숫자 7이 나타내는 수는 ㉠ 0.7, ㉡ 7, ㉢ 0.07, ㉣ 0.007입니다.
따라서 숫자 7이 나타내는 수가 가장 작은 것은 ㉣입니다.

단계	문제 해결 과정
①	숫자 7이 나타내는 수를 각각 구했나요?
②	숫자 7이 나타내는 수가 가장 작은 것을 찾았나요?

11 (1) 3.20 < 3.26 (2) 7.5 > 7.45
   0 < 6   5 > 4

12 (1) 61.892 > 61.751 (2) 20.046 < 20.049
    8 > 7   6 < 9

13 자연수 부분이 2로 같으므로 소수 첫째 자리부터 차례로 같은 자리의 수끼리 크기를 비교합니다.
➡ 2.957 > 2.18 > 2.1 > 2.084

14 3470 g = 3.470 kg
3.472 > 3.470이므로 수린이의 가방이 더 무겁습니다.
  2 > 0

15 4361 g = 4.361 kg
5.562 > 4.365 > 4.361이므로 많이 모은 재활용품부터 차례로 쓰면 캔, 플라스틱, 종이입니다.

17 ㉠ 8.902 ㉡ 89.02 ㉢ 8.902

18 0.01이 132개인 수는 1.32입니다.
1.32의 $\dfrac{1}{10}$인 수는 0.132입니다.

19 ㉠은 소수 첫째 자리 숫자로 0.4를 나타내고, ㉡은 소수 셋째 자리 숫자로 0.004를 나타냅니다.
0.4는 0.004의 소수점을 기준으로 수가 왼쪽으로 두 자리 이동한 것이므로 ㉠이 나타내는 수는 ㉡이 나타내는 수의 100배입니다.

20 예 47.6의 $\dfrac{1}{100}$인 수는 47.6의 소수점을 기준으로 수가 오른쪽으로 두 자리 이동한 0.476입니다.
0.476에서 6은 소수 셋째 자리 숫자이므로 0.006을 나타냅니다.

단계	문제 해결 과정
①	47.6의 $\dfrac{1}{100}$인 수를 구했나요?
②	숫자 6이 나타내는 수를 구했나요?

21 7.3의 10배는 73입니다.

73의 $\frac{1}{10}$ 은 7.3이고 7.3의 $\frac{1}{10}$ 은 0.73입니다.

따라서 7.3은 0.73이 되었습니다.

22 6보다 크고 7보다 작으므로 일의 자리 숫자는 6입니다.

➡ 6.□□□ ➡ 6.524

23 • 7보다 크고 8보다 작으므로 일의 자리 숫자는 7입니다. ➡ 7.□□□

• 소수 첫째 자리 숫자는 9입니다. ➡ 7.9□□

• (소수 둘째 자리 숫자) = 11 − (일의 자리 숫자)
  = 11 − 7 = 4

• (소수 셋째 자리 숫자) = (소수 둘째 자리 숫자) − 2
  = 4 − 2 = 2

따라서 조건을 모두 만족시키는 소수 세 자리 수는 7.942입니다.

24 (1) □의 100배가 47.9이면 □는 47.9의 $\frac{1}{100}$ 입니다.

47.9의 $\frac{1}{100}$ 은 0.479입니다.

(2) □의 $\frac{1}{10}$ 이 1.572이면 □는 1.572의 10배입니다.

1.572의 10배는 15.72입니다.

25 어떤 수의 $\frac{1}{100}$ 이 0.057이면 어떤 수는 0.057의 100배입니다.

0.057의 100배는 5.7이므로 어떤 수는 5.7입니다.

26 10이 3개, 0.1이 5개, 0.01이 2개인 수는 30.52입니다. 어떤 수의 10배가 30.52이면 어떤 수는 30.52의 $\frac{1}{10}$ 입니다.

30.52의 $\frac{1}{10}$ 은 3.052이므로 어떤 수는 3.052입니다.

5 소수 한 자리 수의 덧셈　　68쪽

1 (위에서부터) (1) 13 / 36 / 4.9, 49
　　(2) 7 / 28 / 3.5, 35

2 (1) 3.6　(2) 6.8　(3) 2.1　(4) 21.4

3 (1) 4.8　(2) 8.3

---

2 (1)
```
    1.6
  + 2
    3.6
```
(2)
```
    4.3
  + 2.5
    6.8
```
(3)
```
     1
    0.7
  + 1.4
    2.1
```
(4)
```
    1 1
   11.6
  + 9.8
   21.4
```

3 (1)
```
    0.3
  + 4.5
    4.8
```
(2)
```
    1
    2.7
  + 5.6
    8.3
```

6 소수 두 자리 수의 덧셈　　69쪽

4 (위에서부터) (1) 376 / 19 / 3.95, 395
　　(2) 254, 350 / 6.04, 604

5 (1) 0.77　(2) 9.81　(3) 8.43　(4) 25.14

6 4.38 / 4.4 / 4.42

5 (1)
```
    0.4 2
  + 0.3 5
    0.7 7
```
(2)
```
        1
    3.2 7
  + 6.5 4
    9.8 1
```
(3)
```
    1 1
    3.6 5
  + 4.7 8
    8.4 3
```
(4)
```
        1
    2 1.8
  +   3.3 4
    2 5.1 4
```

6 같은 수에 더하는 수가 0.02씩 커지므로 계산 결과도 0.02씩 커집니다.

7 소수 한 자리 수의 뺄셈　　70쪽

7 (위에서부터) (1) 37 / 14 / 2.3, 23
　　(2) 85 / 39 / 4.6, 46

8 (1) 0.2　(2) 0.3　(3) 7.7　(4) 2.9

9 (1) 5.2　(2) 1.3

8 (1)
```
    0.7
  − 0.5
    0.2
```
(2)
```
      3 10
    4̸
  − 3.7
    0.3
```

(3)
$$\begin{array}{r} \overset{7}{\cancel{8}}.\overset{10}{4} \\ -\ 0.7 \\ \hline 7.7 \end{array}$$

(4)
$$\begin{array}{r} \overset{4}{\cancel{5}}.\overset{10}{3} \\ -\ 2.4 \\ \hline 2.9 \end{array}$$

9 (1)
$$\begin{array}{r} 8.7 \\ -\ 3.5 \\ \hline 5.2 \end{array}$$

(2)
$$\begin{array}{r} \overset{3}{\cancel{4}}.\overset{10}{2} \\ -\ 2.9 \\ \hline 1.3 \end{array}$$

8 소수 두 자리 수의 뺄셈   71쪽

10 (위에서부터) (1) 834 / 365 / 4.69, 469
    (2) 620 / 283 / 3.37, 337

11 (1) 0.31   (2) 7.34   (3) 2.66   (4) 4.92

12 6.31 / 6.11 / 5.91

11 (1)
$$\begin{array}{r} 0.5\,5 \\ -\ 0.2\,4 \\ \hline 0.3\,1 \end{array}$$

(2)
$$\begin{array}{r} \overset{4}{9}.\overset{10}{\cancel{5}}\,3 \\ -\ 2.1\,9 \\ \hline 7.3\,4 \end{array}$$

(3)
$$\begin{array}{r} \overset{2}{\cancel{3}}.\overset{9}{\cancel{0}}\overset{10}{2} \\ -\ 0.3\,6 \\ \hline 2.6\,6 \end{array}$$

(4)
$$\begin{array}{r} \overset{5}{\cancel{6}}.\overset{13}{\cancel{4}}\overset{10}{} \\ -\ 1.4\,8 \\ \hline 4.9\,2 \end{array}$$

12 같은 수에서 빼는 수가 0.2씩 커지므로 계산 결과는 0.2씩 작아집니다.

기본에서 응용으로   72~75쪽

27 ✕ (선 연결)
28 16.2
29 4.6 L
30 0.6, 0.4 (또는 0.4, 0.6)
31 2.2   **32** 1.25
33 2, 3, 1
34 ⓔ 소수점의 자리를 잘못 맞추어 계산했습니다. /
$$\begin{array}{r} \overset{1}{3}.6\,7 \\ +\ 0.5\ \ \\ \hline 4.1\,7 \end{array}$$

35 15.56 km   **36** 5.3
37 (1) <   (2) >   **38** 가 도시
39 10.7, 7.4, 3.3   **40** 30.43
41 (   ) (   ) (○)
42 0.13   **43** 고구마, 3.67 kg
44 18.29   **45** 0.53
46 8.52   **47** 9.18 m
48 3.18   **49** (위에서부터) 8, 3, 7
50 (위에서부터) 9, 3, 4   **51** 6, 7, 8, 9
52 6   **53** 3개

27 $5.4+3.8=9.2$, $2.9+6.6=9.5$,
$4.7+3.5=8.2$

28 $9.4+3.4=12.8$, $12.8<13$이므로 한 번 더 3.4를 더합니다.
$12.8+3.4=16.2$, $16.2>13$이므로 ○ 안에 알맞은 수는 16.2입니다.

29 (필요한 물의 양) $=1.9+2.7=4.6(\text{L})$

30 $6+4=10$이므로 $0.6+0.4=1.0(=1)$입니다.

서술형
31 ⓔ ㉠ 0.1이 9개인 수는 0.9입니다.
    ㉡ 일의 자리 숫자가 1, 소수 첫째 자리 숫자가 3인 수는 1.3입니다.
    ➡ ㉠+㉡ $=0.9+1.3=2.2$

단계	문제 해결 과정
①	㉠과 ㉡이 나타내는 수를 각각 구했나요?
②	㉠과 ㉡이 나타내는 수의 합을 구했나요?

32 $0.81>0.46>0.44$이므로 가장 큰 수는 0.81, 가장 작은 수는 0.44입니다.
    ➡ $0.81+0.44=1.25$

33
$$\begin{array}{r} \overset{1}{2}.0\,6 \\ +\ 3.8\,5 \\ \hline 5.9\,1 \end{array} \quad \begin{array}{r} \overset{1}{5}.2\,3 \\ +\ 0.5\,8 \\ \hline 5.8\,1 \end{array} \quad \begin{array}{r} \overset{1}{1}.5\,4 \\ +\ 4.3\,9 \\ \hline 5.9\,3 \end{array}$$
    ➡ $5.93>5.91>5.81$

35 (어제 달린 거리) + (오늘 달린 거리)
    $=6.86+8.7=15.56(\text{km})$

36 $8.5 - 3.2 = 5.3$

37 (1) $0.9 - 0.3 = 0.6$, $0.8 - 0.1 = 0.7$ ➡ $0.6 < 0.7$
(2) $4.4 - 3.7 = 0.7$, $3 - 2.6 = 0.4$ ➡ $0.7 > 0.4$

38 가 도시: $18.3 - 10.6 = 7.7(℃)$
나 도시: $21.4 - 14.2 = 7.2(℃)$
따라서 최저 기온과 최고 기온의 차가 더 큰 도시는 가 도시입니다.

39 차가 가장 크려면 가장 큰 수에서 가장 작은 수를 뺍니다.
$10.7 > 9.5 > 8.2 > 7.4$ ➡ $10.7 - 7.4 = 3.3$

40 16.6보다 크고 16.8보다 작은 소수 한 자리 수는 16.7이고, 0.01이 4713개인 수는 47.13입니다.
➡ $47.13 - 16.7 = 30.43$

41 $3.61 - 1.73 = 1.88$, $5.16 - 4.07 = 1.09$,
$6.42 - 5.48 = 0.94$

42 수직선에서 작은 눈금 한 칸의 크기는 0.01이므로
㉠ $= 4.35$, ㉡ $= 4.48$입니다.
➡ $4.48 - 4.35 = 0.13$

43 $13.24 > 9.57$이므로 고구마를
$13.24 - 9.57 = 3.67(kg)$ 더 많이 샀습니다.

44
$$\begin{array}{r} 1이\ 25개 ➡ 25 \\ 0.01이\ 12개 ➡ \ 0.12 \\ \hline 25.12 \end{array}$$
따라서 $25.12 - 6.83 = 18.29$입니다.

45 서아: 0.18을 10배 한 수는 1.8입니다.
은호: 1270의 $\frac{1}{1000}$인 수는 1.27입니다.
➡ $1.8 - 1.27 = 0.53$

46 $8.6 > 8.2 > 8.12$
➡ $8.6 + 8.12 - 8.2 = 16.72 - 8.2 = 8.52$

47 (현재 가지고 있는 털실의 길이)
$= 15.4 - 9.62 + 3.4$
$= 5.78 + 3.4 = 9.18(m)$

서술형
48 (예) 어떤 수를 □라고 하면 □ $+ 0.57 = 4.32$입니다.
□ $= 4.32 - 0.57 = 3.75$
따라서 바르게 계산하면 $3.75 - 0.57 = 3.18$입니다.

단계	문제 해결 과정
①	어떤 수를 구했나요?
②	바르게 계산한 값을 구했나요?

49
$$\begin{array}{r} 2\ .\ ㉡\ 8 \\ +\ 4\ .\ 2\ ㉠ \\ \hline ㉢\ .\ 1\ 1 \end{array}$$
· $8 + ㉠ = 11$, $㉠ = 3$
· $1 + ㉡ + 2 = 11$, $㉡ = 8$
· $1 + 2 + 4 = ㉢$, $㉢ = 7$

50
$$\begin{array}{r} ㉢\ .\ 2 \\ -\ 4\ .\ ㉡\ 6 \\ \hline 4\ .\ 8\ ㉠ \end{array}$$
· $10 - 6 = ㉠$, $㉠ = 4$
· $2 - 1 + 10 - ㉡ = 8$, $㉡ = 3$
· $㉢ - 1 - 4 = 4$, $㉢ = 9$

51 $4.65 + 3.88 = 8.53$이므로 $8.53 < 8.□3$입니다.
따라서 $5 < □$이므로 □ 안에 들어갈 수 있는 수는 6, 7, 8, 9입니다.

52 $9.4 - 5.62 = 3.78$이므로 $3.78 > 3.□8$입니다.
따라서 $7 > □$이므로 □ 안에 들어갈 수 있는 가장 큰 수는 6입니다.

53 $3.21 + 4.31 = 7.52$, $5.87 + 2.05 = 7.92$이므로
$7.52 < 7.□2 < 7.92$입니다.
따라서 □ 안에 들어갈 수 있는 수는 6, 7, 8로 모두 3개입니다.

응용에서 최상위로

1 4.008, 4.009

1-1 0.951, 0.952, 0.953   **1-2** 4개

2 4.35 m   **2-1** 66.75 kg   **2-2** 12.88 km

3 769.23   **3-1** 659.34   **3-2** 1.98

4 1단계 (예) 2코스는 2.76 km, 5코스는 2.49 km이므로 2코스와 5코스의 길이의 합은
$2.76 + 2.49 = 5.25(km)$입니다.
2단계 (예) 10 km까지 남은 길이는
$10 - 5.25 = 4.75(km)$입니다.
따라서 셋째에 완주해야 하는 코스는
4.75 km에 가장 가까운 3코스입니다.

/ 3코스

4-1 5코스

1
$$1이 4개 \Rightarrow 4$$
$$\underline{0.001이 7개 \Rightarrow 0.007}$$
$$4.007$$

따라서 4.007보다 크고 4.01보다 작은 소수 세 자리 수는 4.008, 4.009입니다.

1-1
$$0.1이 9개 \Rightarrow 0.9$$
$$0.01이 5개 \Rightarrow 0.05$$
$$\underline{0.001이 4개 \Rightarrow 0.004}$$
$$0.954$$

따라서 0.95보다 크고 0.954보다 작은 소수 세 자리 수는 0.951, 0.952, 0.953입니다.

1-2 $\dfrac{1}{100} = 0.01$, $\dfrac{1}{1000} = 0.001$입니다.

$$1이 12개 \Rightarrow 12$$
$$0.01이 9개 \Rightarrow 0.09$$
$$\underline{0.001이 5개 \Rightarrow 0.005}$$
$$12.095$$

따라서 12.095보다 크고 12.1보다 작은 소수 세 자리 수는 12.096, 12.097, 12.098, 12.099로 모두 4개입니다.

2 $65\,\text{cm} = 0.65\,\text{m}$
(승현이가 가지고 있는 끈의 길이)
$= 2.5 - 0.65 = 1.85(\text{m})$
$\Rightarrow$ (두 사람이 가지고 있는 끈의 길이)
$= 2.5 + 1.85 = 4.35(\text{m})$

2-1 $3750\,\text{g} = 3.75\,\text{kg}$
(지수의 몸무게) $= 35.25 - 3.75 = 31.5(\text{kg})$
$\Rightarrow$ (두 사람의 몸무게의 합)
$= 35.25 + 31.5 = 66.75(\text{kg})$

2-2 $2640\,\text{m} = 2.64\,\text{km}$
(산 입구에서 정상까지의 거리)
$= 3.8 + 2.64 = 6.44(\text{km})$
등산하는 거리는 산 입구에서 정상까지 왕복하는 거리입니다.
(성진이네 가족이 등산하는 거리)
$= 6.44 + 6.44 = 12.88(\text{km})$

3 가장 큰 소수 두 자리 수: 873.01
가장 작은 소수 두 자리 수: 103.78
$\Rightarrow 873.01 - 103.78 = 769.23$

3-1 가장 큰 소수 두 자리 수: 864.02
가장 작은 소수 두 자리 수: 204.68
$\Rightarrow 864.02 - 204.68 = 659.34$

3-2 가장 큰 소수 두 자리 수: 975.03
둘째로 큰 소수 두 자리 수: 973.05
$\Rightarrow 975.03 - 973.05 = 1.98$

4 10 km에 가장 가깝게 걸으려면 남은 길이 4.75 km와 차가 가장 작은 코스를 완주해야 합니다.
1코스: $4.75 - 4.48 = 0.27(\text{km})$,
3코스: $5.01 - 4.75 = 0.26(\text{km})$이므로 3코스와 차가 가장 작습니다.

4-1 4코스는 3.87 km, 6코스는 3.51 km이므로 4코스와 6코스의 길이의 합은 $3.87 + 3.51 = 7.38(\text{km})$입니다.
10 km까지 남은 길이는 $10 - 7.38 = 2.62(\text{km})$입니다.
10 km에 가장 가깝게 걸으려면 남은 길이 2.62 km와 차가 가장 작은 코스를 완주해야 합니다.
2코스: $2.76 - 2.62 = 0.14(\text{km})$,
5코스: $2.62 - 2.49 = 0.13(\text{km})$이므로 5코스와 차가 가장 작습니다.
따라서 셋째에 완주해야 하는 코스는 2.62 km에 가장 가까운 5코스입니다.

단원 평가 Level ❶
80~82쪽

1 7.251, 칠 점 이오일   **2** 0.774

3 0.008, 0.08, 8, 80   **4** ©

5 (1) $>$ (2) $<$

6 (1) 0.25 (2) 0.3 (3) 97

7 (1) 3.65 (2) 0.65 (3) 25.65 (4) 11.29

8 9.46

9
$$
\begin{array}{r}
\overset{7}{\cancel{4}}\overset{10}{8}.\overset{10}{\cancel{1}}6 \\
-\;\;3.78 \\
\hline
44.38
\end{array}
$$

10 0.13 kg   **11** 2.45, 0.75 / 3.2

12 0.06

13 10.18, 10.1, 20.28 (또는 10.1, 10.18, 20.28)	
14 0.413	**15** (위에서부터) 8, 7, 1
16 17.296	**17** 529.65
18 5.88 L	**19** 0.7
20 0.69	

3 · 소수의 $\dfrac{1}{10}$ 은 소수점을 기준으로 수가 오른쪽으로 한 자리 이동합니다.

· 소수를 10배 하면 소수점을 기준으로 수가 왼쪽으로 한 자리 이동합니다.

4 ㉠, ㉡, ㉣은 5가 소수 첫째 자리 숫자이므로 0.5를 나타내고 ㉢은 5가 소수 둘째 자리 숫자이므로 0.05를 나타냅니다.

5 ⑴ 8.63 > 8.617   ⑵ 17.152 < 17.154
　　　$\underset{3>1}{\underline{\hspace{1.2cm}}}$ 　　　　$\underset{2<4}{\underline{\hspace{1.2cm}}}$

6 0.01이 ■▲개인 수는 0.■▲입니다.

8 4.96 > 4.52 > 4.5이므로 가장 큰 수는 4.96, 가장 작은 수는 4.5입니다.
➡ 4.96 + 4.5 = 9.46

9 소수점의 자리를 잘못 맞추어 계산했습니다.

10 (빈 상자의 무게)
　 = (물건을 넣은 상자의 무게) − (물건의 무게)
　 = 1 − 0.87 = 0.13(kg)

11 2 m 45 cm = 2 m + 0.4 m + 0.05 m
　　　　　　 = 2.45 m
　 75 cm = 0.7 m + 0.05 m = 0.75 m
　 ➡ 2 m 45 cm + 75 cm = 2.45 m + 0.75 m
　　　　　　　　　　　　 = 3.2 m

12 0.01이 15개인 수는 0.15입니다.
　 0.01이 9개인 수는 0.09입니다.
　 ➡ 0.15 − 0.09 = 0.06

13 합이 가장 크려면 가장 큰 수와 둘째로 큰 수를 더합니다.
　 10.18 > 10.1 > 8.9 > 8.27
　 ➡ 10.18 + 10.1 = 20.28

14 $\dfrac{1}{10}$ = 0.1, $\dfrac{1}{100}$ = 0.01이므로 1이 4개, $\dfrac{1}{10}$ 이 1개, $\dfrac{1}{100}$ 이 3개인 수는 4.13입니다.

어떤 수의 10배가 4.13이므로 어떤 수는 4.13의 $\dfrac{1}{10}$ 입니다.

4.13의 $\dfrac{1}{10}$ 은 0.413이므로 어떤 수는 0.413입니다.

15
$$\begin{array}{r} ㉢\,.\,6\;㉠ \\ +\;7\,.\,㉡\,5 \\ \hline 1\,5\,.\,8\,2 \end{array}$$
　 · ㉠ + 5 = 12, ㉠ = 7
　 · 1 + 6 + ㉡ = 8, ㉡ = 1
　 · ㉢ + 7 = 15, ㉢ = 8

16 · 17보다 크고 18보다 작으므로 자연수 부분은 17이고 소수 첫째 자리 숫자는 2입니다. ➡ 17.2□□

· 소수 둘째 자리 숫자는 소수 첫째 자리 숫자보다 7만큼 더 큰 수이므로 2 + 7 = 9입니다. ➡ 17.29□

· 17.29□를 10배 한 수는 172.9□이므로 소수 둘째 자리 숫자 □ = 6입니다.

따라서 조건을 모두 만족시키는 소수 세 자리 수는 17.296입니다.

17 가장 큰 소수 두 자리 수: 765.32
가장 작은 소수 두 자리 수: 235.67
➡ 765.32 − 235.67 = 529.65

18 520 mL = 0.52 L
(진우가 마신 우유의 양) = 3.2 − 0.52 = 2.68(L)
➡ (혜진이와 진우가 일주일 동안 마신 우유의 양)
　 = 3.2 + 2.68 = 5.88(L)

서술형
19 예 9.147을 100배 한 수는 소수점을 기준으로 수가 왼쪽으로 두 자리 이동한 914.7입니다.
따라서 소수 첫째 자리 숫자는 7이고 0.7을 나타냅니다.

평가 기준	배점(5점)
9.147을 100배 한 수를 구했나요?	3점
소수 첫째 자리 숫자가 나타내는 수를 구했나요?	2점

서술형
20 예 어떤 수를 □라고 하면 □ + 3.27 = 7.23입니다.
□ = 7.23 − 3.27 = 3.96
따라서 바르게 계산하면 3.96 − 3.27 = 0.69입니다.

평가 기준	배점(5점)
어떤 수를 구했나요?	3점
바르게 계산한 값을 구했나요?	2점

단원 평가 Level ❷

83~85쪽

1 (1) 9.04 (2) 4.857
2 ( )(○)
3 ㉡, ㉣
4 ④
5 (1) 4.58 (2) 0.391
6 ③
7 강아지
8 (1) > (2) <
9 4.6
10 14.41
11 1000배
12 5.48
13 1.143
14 3.32
15 4.3 m
16 5개
17 17.17 km
18 0.99
19 5개
20 51.12 m

2 5.48의 $\frac{1}{10}$은 0.548입니다.

3 ㉠의 4는 소수 셋째 자리 숫자이고 0.004를 나타냅니다.
㉡, ㉣의 4는 소수 둘째 자리 숫자이고 0.04를 나타냅니다.
㉢의 4는 소수 첫째 자리 숫자이고 0.4를 나타냅니다.

4 소수 둘째 자리 숫자는
① 3, ② 7, ③ 5, ④ 9, ⑤ 6입니다.

6 ③ 21.91의 100배인 수는 소수점을 기준으로 수가 왼쪽으로 두 자리 이동한 2191입니다.

7 3.55>3.049이므로 강아지가 고양이보다 더 무겁습니다.

8 (1) 0.6 + 1.4 = 2, 0.7 + 1.2 = 1.9 ➡ 2>1.9
(2) 1.45 + 0.19 = 1.64, 1.63 + 0.02 = 1.65
➡ 1.64<1.65

9 0.1이 38개인 수는 3.8이고 84의 $\frac{1}{10}$인 수는 8.4입니다. 3.8<8.4이므로 두 수의 차는
8.4 − 3.8 = 4.6입니다.

10 수직선에서 작은 눈금 한 칸의 크기는 0.01이므로
㉠ = 7.16, ㉡ = 7.25입니다.
➡ 7.16 + 7.25 = 14.41

11 ㉠은 일의 자리 숫자로 2를 나타내고, ㉡은 소수 셋째 자리 숫자로 0.002를 나타냅니다. 2는 0.002의 소수점을 기준으로 수가 왼쪽으로 세 자리 이동한 것이므로 ㉠이 나타내는 수는 ㉡이 나타내는 수의 1000배입니다.

12 5.8>5.62>5.3
➡ 5.8 + 5.3 − 5.62 = 11.1 − 5.62 = 5.48

13 어떤 수의 100배가 114.3이면 어떤 수는 114.3의 $\frac{1}{100}$입니다. 114.3의 $\frac{1}{100}$은 1.143이므로 어떤 수는 1.143입니다.

14 1.94 + 4.1 = 6.04이므로 □ + 2.72 = 6.04입니다.
□ = 6.04 − 2.72 = 3.32

15 (색 테이프 2장의 길이의 합)
= 2.54 + 2.54 = 5.08(m)
(남은 색 테이프의 길이)
= 5.08 − 0.78 = 4.3(m)

16 0.1이 6개, 0.01이 9개, 0.001이 4개인 수는 0.694입니다. 따라서 0.694보다 크고 0.7보다 작은 소수 세 자리 수는 0.695, 0.696, 0.697, 0.698, 0.699로 모두 5개입니다.

17 38250 m = 38.25 km
(버스를 타고 간 거리)
= 55.42 − 38.25 = 17.17(km)

18 가장 큰 소수 두 자리 수: 975.04
둘째로 큰 소수 두 자리 수: 974.05
➡ 975.04 − 974.05 = 0.99

서술형
19 예 4.7 − 1.26 = 3.44이므로 3.44<3.□4입니다.
따라서 4<□이므로 □ 안에 들어갈 수 있는 수는 5, 6, 7, 8, 9로 모두 5개입니다.

평가 기준	배점(5점)
4.7−1.26을 계산했나요?	2점
□ 안에 들어갈 수 있는 수는 모두 몇 개인지 구했나요?	3점

서술형
20 예 56.8의 $\frac{1}{10}$은 5.68이므로 첫째로 튀어 오른 공의 높이는 5.68 m입니다.
따라서 첫째로 튀어 오른 공의 높이와 처음 높이의 차는 56.8 − 5.68 = 51.12(m)입니다.

평가 기준	배점(5점)
첫째로 튀어 오른 공의 높이를 구했나요?	3점
첫째로 튀어 오른 공의 높이와 처음 높이의 차를 구했나요?	2점

4 사각형

일상생활에서 운동장의 철봉이나 책장 등에서 수직과 평행을 찾을 수 있습니다. 수직과 평행은 실생활과 밀접할 뿐 아니라 수학적인 측면에서도 중요한 의미를 가집니다. 도형의 구성 요소인 선분이나 직선의 관계를 규정하거나 사각형의 이름을 정할 때에도 절대적으로 필요합니다. 이 단원에서는 3-1에서 각과 직각 등을 통해 직각삼각형, 직사각형, 정사각형에 대해 배운 내용을 바탕으로 수직과 평행을 학습한 후 사각형을 분류해 봄으로써 여러 가지 사각형의 성질을 이해할 수 있습니다. 이후 다각형을 학습함으로써 평면도형에 대한 마무리를 하게 됩니다.

1 수직과 수선
88쪽

1 직선 다, 직선 마

2 (1) 변 ㄴㄷ (또는 변 ㄷㄴ) (2) 변 ㄱㄹ (또는 변 ㄹㄱ)

3 예 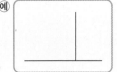 예

1 직선 가와 만나서 이루는 각이 직각인 직선을 찾으면 직선 다, 직선 마입니다.

2 변 ㄱㄴ과 만나서 이루는 각이 직각인 변을 찾습니다.
(1)  (2)

3 삼각자의 직각을 낀 한 변을 주어진 직선에 맞추고, 삼각자의 직각을 낀 다른 한 변을 따라 직선을 긋습니다.

2 평행과 평행선
89쪽

4 (1) 직선 가와 직선 나 (2) 직선 다와 직선 라

5 나, 마

6 (   ) (○) (   )

4 한 직선에 수직인 두 직선을 찾습니다.
(1) 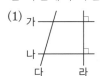 (2)

5 아무리 길게 늘여도 서로 만나지 않는 두 변이 있는 도형을 찾으면 나, 마입니다.

6 두 직선이 서로 만나지 않게 그은 것을 찾습니다.

3 평행선 사이의 거리
90쪽

7 ㉡, ㉣

8 (1) 2 cm (2) 3 cm

9 (1) 예 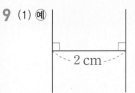 (2) 예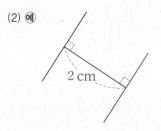

7 평행선 사이에 수직인 선분을 찾으면 ㉡, ㉣입니다.

8 삼각자로 평행선에 수직인 선분을 긋고, 수직인 선분의 길이를 잽니다.

9 주어진 직선에 수선을 그어 그 길이가 2 cm인 곳에 점을 찍고 그 점을 지나는 평행선을 긋습니다.

기본에서 응용으로
91~94쪽

1 직선 가와 직선 다, 직선 나와 직선 라

2 가, 라

3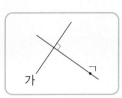

4 선분 ㄱㄹ (또는 선분 ㄹㄱ)

5 2개 **6** E, T

7 6개 **8** 50°

9 65°   **10** 30°

11 40°   **12** 변 ㄱㄹ (또는 변 ㄹㄱ)

13
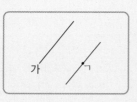

14 은진 / 예 평행한 두 직선을 평행선이라고 해.

15 나   **16**

17

18 변 ㅇㅅ (또는 변 ㅅㅇ), 변 ㅂㅁ (또는 변 ㅁㅂ),
변 ㄹㄷ (또는 변 ㄷㄹ)

19 6쌍   **20** 2 cm

21
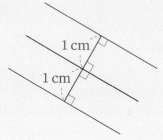

22 6 cm   **23** 12 cm

24 6.5 cm   **25** 8 cm

1 두 직선이 만나서 이루는 각이 직각인 두 직선을 찾습
니다.
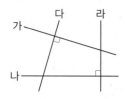

2 두 변이 서로 직각으로 만나는 곳이 있는 도형은 가와
라입니다.

3 삼각자의 직각 부분이나 각도기를 사용하여 수선을 긋
습니다.

> 참고 한 점을 지나고 한 직선에 수직인 직선은 1개밖에 없습
> 니다.

4

변 ㄴㅁ에 수직인 선분은 선분 ㄱㄹ입니다.

5
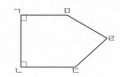

변 ㄱㄴ과 만나서 이루는 각이 직각인 변은 변 ㄱㅁ과
변 ㄴㄷ으로 모두 2개입니다.

6 수직인 선분이 있는 알파벳은 E, T입니다.

7
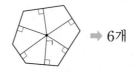 ➡ 6개

8 직선 가와 직선 나가 만나서 이루는 각이 90°이므로
㉠=90°−40°=50°입니다.

서술형
9 예 선분 ㄴㅁ은 선분 ㄷㅁ에 대한 수선이므로
(각 ㄴㅁㄷ)=90°입니다.
한 직선이 이루는 각도는 180°이므로
(각 ㄱㅁㄴ)=180°−90°−25°=65°입니다.

단계	문제 해결 과정
①	각 ㄴㅁㄷ의 크기를 구했나요?
②	각 ㄱㅁㄴ의 크기를 구했나요?

10 선분 ㄷㄹ은 선분 ㄱㄴ에 대한 수선이므로
(각 ㄷㄹㄴ)=90°입니다.
➡ (각 ㅁㄹㅂ)=90°÷3=30°

11
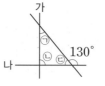

직선 가는 직선 나에 대한 수선이므로 ㉡=90°이고,
한 직선이 이루는 각도는 180°이므로
㉢=180°−130°=50°입니다.
삼각형의 세 각의 크기의 합은 180°이므로
㉠=180°−90°−50°=40°입니다.

12
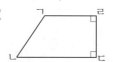

변 ㄴㄷ과 변 ㄱㄹ이 변 ㄷㄹ에 각각 수직이므로
변 ㄴㄷ과 변 ㄱㄹ은 평행합니다.

13

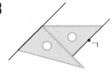

15 평행한 두 직선을 모두 찾습니다. ➡ 가: 2쌍, 나: 4쌍

17 주어진 두 선분과 각각 평행한 선분을 그어 사각형을 완성합니다.

18 ・변 ㄱㄴ과 변 ㅇㅅ은 변 ㄱㅇ에 각각 수직이므로 변 ㄱㄴ과 변 ㅇㅅ은 평행합니다.
・변 ㅇㅅ과 변 ㅂㅁ은 변 ㅅㅂ에 각각 수직이므로 변 ㅇㅅ과 변 ㅂㅁ은 평행합니다.
・변 ㅂㅁ과 변 ㄹㄷ은 변 ㅁㄹ에 각각 수직이므로 변 ㅂㅁ과 변 ㄹㄷ은 평행합니다.
따라서 변 ㄱㄴ과 평행한 변은 변 ㅇㅅ, 변 ㅂㅁ, 변 ㄹㄷ 입니다.

19 평행선을 모두 찾아보면 다음과 같습니다.

따라서 평행선은 모두 6쌍입니다.

20 평행한 두 변은 변 ㄱㄴ과 변 ㅁㄹ이므로 이 두 변 사이에 수직인 선분을 긋고 그 선분의 길이를 재면 2 cm 입니다.

22 평행한 두 변은 변 ㄱㄹ과 변 ㄴㄷ이고, 이 두 변에 수직인 선분은 변 ㄹㄷ이므로 평행선 사이의 거리는 6 cm입니다.

23 (직선 가와 직선 다 사이의 거리)
＝(직선 가와 직선 나 사이의 거리)
＋(직선 나와 직선 다 사이의 거리)
＝4＋8＝12(cm)

24 (직선 가와 직선 나 사이의 거리)
＝(직선 가와 직선 다 사이의 거리)
－(직선 나와 직선 다 사이의 거리)
＝11－4.5＝6.5(cm)

서술형
25 예 평행한 두 변은 변 ㄱㄹ과 변 ㄴㄷ이고 이 두 변에 수직인 선분은 변 ㄹㄷ입니다.
(각 ㄱㄷㄹ)＝180°－90°－45°＝45°이므로 삼각형 ㄱㄷㄹ은 이등변삼각형입니다.

따라서 평행선 사이의 거리는
(변 ㄹㄷ)＝(변 ㄹㄱ)＝8 cm입니다.

단계	문제 해결 과정
①	평행한 두 변에 수직인 선분을 찾았나요?
②	평행선 사이의 거리를 구했나요?

4 사다리꼴   95쪽

1 나, 다

2 예

3 (1) 예   (2) 예

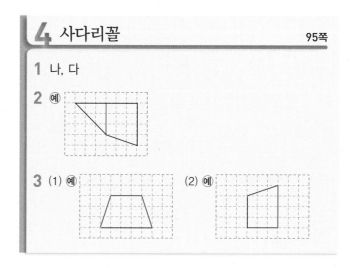

1 평행한 변이 있는 사각형을 찾습니다.

2 평행한 변이 있도록 선을 긋습니다.

3 주어진 선분을 사용하여 한 쌍 또는 두 쌍의 평행한 변이 있도록 사각형을 그립니다.

5 평행사변형   96쪽

❶ 두에 ○표

4 나, 마, 바

5

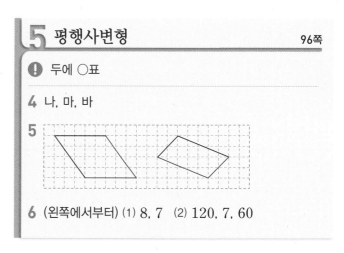

6 (왼쪽에서부터) (1) 8, 7   (2) 120, 7, 60

4 마주 보는 두 쌍의 변이 서로 평행한 사각형을 찾으면 나, 마, 바입니다.

5 마주 보는 두 쌍의 변이 서로 평행하도록 사각형을 그립니다.

6 평행사변형은 마주 보는 두 변의 길이가 같고 마주 보는 두 각의 크기가 같습니다.

6 마름모
97쪽

❶ 같습니다에 ○표 / 수직에 ○표

7 가, 다

8 (예)

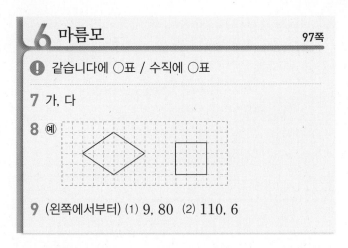

9 (왼쪽에서부터) (1) 9, 80 (2) 110, 6

---

7 네 변의 길이가 모두 같은 사각형은 가, 다입니다.

> 주의 나, 라는 평행사변형이지만 네 변의 길이가 모두 같지는 않으므로 마름모가 아닙니다.

8 주어진 선분과 모든 변의 길이가 같도록 사각형을 그립니다.

9 (1) 마름모는 네 변의 길이가 모두 같고 마주 보는 두 각의 크기가 같습니다.
(2) 마름모는 이웃하는 두 각의 크기의 합이 180°입니다.

---

7 여러 가지 사각형
98쪽

10 (1) × (2) ○ (3) ○ (4) ×

11 가, 나, 다, 라, 마 / 가, 다, 마 / 마 / 가, 마 / 마

---

10 (1) 직사각형은 마주 보는 두 변의 길이가 같습니다.
(4) 마주 보는 꼭짓점끼리 이은 두 선분이 수직으로 만나는 사각형은 정사각형입니다.

기본에서 응용으로
99~103쪽

26 ㉠, ㉢

27 4개

28 사다리꼴입니다. / (예) 평행한 변이 있기 때문입니다.

29 사다리꼴

30 42 cm

31
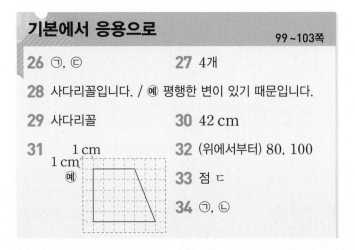

32 (위에서부터) 80, 100

33 점 ㄷ

34 ㉠, ㉡

---

35 26 cm

36 12 cm

37 24 cm

38 50°

39 (왼쪽에서부터) 3, 90

40 20 cm

41 마름모가 아닙니다. /
(예) 네 변의 길이가 같지 않기 때문입니다.

42 마름모

43 50°, 130°

44 72°

45 6 cm

46 50°

47 ㉢

48
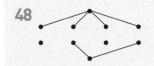

49 정사각형이 아닙니다. / (예) 직사각형 중에는 네 변의 길이가 모두 같지 않은 것도 있기 때문입니다.

50 사다리꼴, 평행사변형, 직사각형에 ○표

51 마름모, 정사각형

52
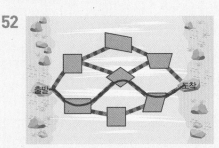

53 9개

54 14개

55 10개

---

26 ㉠ 또는 ㉢과 연결하면 평행한 변이 있는 사각형이 완성됩니다.

27

사다리꼴은 ①, ②, ③, ⑤로 모두 4개입니다.

29 평행한 변이 있는 사다리꼴이 만들어집니다.

30 (변 ㄹㄷ)=12 cm이므로 사다리꼴 ㄱㄴㄷㄹ의 네 변의 길이의 합은 13+11+12+6=42(cm)입니다.

32

평행사변형은 마주 보는 두 각의 크기가 같고 이웃하는 두 각의 크기의 합이 180°입니다.

⊙=80°, ⓒ=180°−80°=100°

33

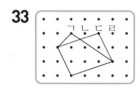

마주 보는 두 쌍의 변이 서로 평행하도록 점 ㄱ을 점 ㄷ으로 옮겨야 합니다.

34 ⓒ 평행사변형은 이웃하는 두 변의 길이가 항상 같은 것은 아닙니다.

35 평행사변형은 마주 보는 두 변의 길이가 같습니다.
(네 변의 길이의 합)=5+8+5+8=26(cm)

서술형
36 ⑩ 평행사변형은 마주 보는 두 변의 길이가 같으므로
(변 ㄱㄴ)=(변 ㄹㄷ)=6 cm입니다.
(변 ㄱㄹ)+(변 ㄴㄷ)=36−6−6=24(cm)이므로
(변 ㄴㄷ)=24÷2=12(cm)입니다.

단계	문제 해결 과정
①	마주 보는 두 변의 길이가 같음을 알았나요?
②	변 ㄴㄷ의 길이를 구했나요?

37 정삼각형은 세 변의 길이가 같으므로
(변 ㄹㄷ)=(변 ㄷㅁ)=(변 ㄹㅁ)=4 cm입니다.
평행사변형은 마주 보는 두 변의 길이가 같으므로
(변 ㄱㄹ)=(변 ㄴㄷ)=6 cm,
(변 ㄱㄴ)=(변 ㄹㄷ)=4 cm입니다.
➡ (사각형 ㄱㄴㅁㄹ의 네 변의 길이의 합)
   =4+6+4+4+6=24(cm)

38 평행사변형은 이웃하는 두 각의 크기의 합이 180°이므로
(각 ㄴㄷㄹ)=180°−40°=140°입니다.
➡ (각 ㄱㄷㄹ)=140°−90°=50°

39 마름모는 마주 보는 꼭짓점끼리 이은 두 선분이 서로 수직으로 만나고 서로를 똑같이 둘로 나눕니다.

40 마름모는 네 변의 길이가 모두 같습니다.
(네 변의 길이의 합)=5+5+5+5=20(cm)

42 평행사변형과 직사각형은 네 변의 길이가 모두 같지는 않습니다.

43 마름모는 마주 보는 두 각의 크기가 같으므로
⊙=50°입니다.
마름모는 이웃하는 두 각의 크기의 합이 180°이므로
ⓒ=180°−50°=130°입니다.

서술형
44 ⑩ 마름모는 이웃하는 두 각의 크기의 합이 180°이므로 (각 ㄴㄷㄹ)=180°−72°=108°입니다.
한 직선이 이루는 각도는 180°이므로
⊙=180°−108°=72°입니다.

단계	문제 해결 과정
①	각 ㄴㄷㄹ의 크기를 구했나요?
②	⊙의 각도를 구했나요?

45 정삼각형은 세 변의 길이가 같으므로
(철사의 길이)=8×3=24(cm)입니다.
마름모는 네 변의 길이가 모두 같으므로
(마름모의 한 변의 길이)=24÷4=6(cm)입니다.

46 마름모는 마주 보는 두 각의 크기가 같으므로
(각 ㄴㄷㄹ)=80°입니다.
삼각형 ㄴㄷㄹ은 (변 ㄴㄷ)=(변 ㄹㄷ)이므로 이등변삼각형입니다.
(각 ㄷㄴㄹ)+(각 ㄴㄹㄷ)=180°−80°=100°이므로
(각 ㄴㄹㄷ)=100°÷2=50°입니다.

47 ⓒ 마름모는 네 변의 길이가 모두 같은 사각형이므로 정사각형은 마름모라고 할 수 있습니다.

48 마주 보는 두 쌍의 변이 서로 평행한 사각형은 평행사변형, 마름모, 직사각형, 정사각형이고, 네 변의 길이가 모두 같은 사각형은 마름모, 정사각형입니다.

50 두 개씩 길이가 같은 막대로 만들 수 있는 사각형은 사다리꼴, 평행사변형, 직사각형입니다. 마름모와 정사각형은 네 변의 길이가 모두 같아야 하므로 만들 수 없습니다.

51 마주 보는 두 각의 크기가 같은 사각형은 평행사변형, 마름모, 직사각형, 정사각형이고 이 중 네 변의 길이가 모두 같은 사각형은 마름모, 정사각형입니다.

52 평행사변형이지만 정사각형은 아닌 사각형은 평행사변형, 마름모, 직사각형입니다.

53

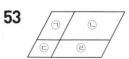

도형 1개짜리: ⊙, ⓒ, ⓒ, ② → 4개
도형 2개짜리: ⊙+ⓒ, ⓒ+②, ⊙+ⓒ, ⓒ+②
            → 4개
도형 4개짜리: ⊙+ⓒ+ⓒ+② → 1개
➡ 4+4+1=9(개)

54 도형 1개짜리: ◇ → 9개

도형 4개짜리: ◇◇ → 4개

도형 9개짜리: 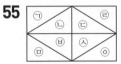 → 1개

➡ 9+4+1=14(개)

55

| ㉠ | ㉡ | ㉢ | ㉣ |
| ㉤ | ㉥ | ㉦ | ㉧ |

도형 2개짜리: ㉠+㉡, ㉢+㉣, ㉤+㉥, ㉦+㉧
　　　　　　 → 4개

도형 4개짜리: ㉠+㉡+㉢+㉣, ㉤+㉥+㉦+㉧,
　　　　　　 ㉠+㉡+㉤+㉥, ㉢+㉣+㉦+㉧,
　　　　　　 ㉡+㉢+㉥+㉦ → 5개

도형 8개짜리: ㉠+㉡+㉢+㉣+㉤+㉥+㉦+㉧
　　　　　　 → 1개

➡ 4+5+1=10(개)

응용에서 최상위로
104~107쪽

1 26 cm　　**1-1** 23 cm　　**1-2** 13 cm

2 35°　　**2-1** 136°　　**2-2** 130°

3 40°　　**3-1** 60°　　**3-2** 30°

4 1단계

가
㉠
50°
70°
나

㉲ 직선 가와 직선 나 사이에 그은 수선이 이루는 각도는 90°이고, 한 직선이 이루는 각도는 180°입니다. ㉠을 제외한 세 각의 크기는 각각 90°−50°=40°, 90°, 180°−70°=110°입니다.

2단계 ㉲ 사각형의 네 각의 크기의 합은 360°이므로 ㉠=360°−40°−90°−110°=120°입니다.

/ 120°

4-1 85°

1 (변 ㄱㅇ과 변 ㅂㅅ 사이의 거리)
　　=(변 ㄱㄴ)+(변 ㄷㄹ)+(변 ㅁㅂ)
　　=7+14+5=26(cm)

1-1 (변 ㄱㄴ과 변 ㄹㄷ 사이의 거리)
　　=(변 ㄱㅇ)+(변 ㅅㅂ)+(변 ㅁㄹ)
　　=5+6+12=23(cm)

1-2 네 도형이 모두 직사각형이므로 변 ㄱㄴ과 변 ㅍㅌ은 서로 평행합니다.
　(변 ㄱㄴ과 변 ㅍㅌ 사이의 거리)
　=(변 ㄱㄹ)+(변 ㅁㅇ)+(변 ㅇㅋ)+(변 ㅎㅍ)
　=47(cm)
　(변 ㅇㅋ)=(변 ㄱㄴ과 변 ㅍㅌ 사이의 거리)
　　　　　−(변 ㄱㄹ)−(변 ㅁㅇ)−(변 ㅎㅍ)
　　　　=47−18−11−5=13(cm)

2 평행사변형은 마주 보는 두 각의 크기가 같으므로
(각 ㄴㄷㄹ)=(각 ㄴㄱㄹ)=65°입니다.
삼각형 ㄹㄴㄷ에서
(각 ㄹㄴㄷ)=180°−65°−80°=35°입니다.
따라서 접은 각과 접힌 각의 크기는 같으므로
(각 ㄹㄴㅂ)=(각 ㄹㄴㄷ)=35°입니다.

2-1 접은 각과 접힌 각의 크기는 같으므로
(각 ㅈㅇㅅ)=(각 ㅅㅇㄴ)=22°입니다.
➡ (각 ㄴㅇㅈ)=22°+22°=44°
따라서 사각형 ㄱㄴㅇㅈ에서
(각 ㅅㅈㅇ)=360°−90°−90°−44°=136°입니다.

2-2 평행사변형은 이웃하는 두 각의 크기의 합이 180°이므로
(각 ㄱㄹㄷ)=180°−60°=120°이고,
(각 ㅂㄹㄴ)=120°−95°=25°입니다.
평행사변형은 마주 보는 두 각의 크기가 같으므로
(각 ㄴㄷㄹ)=(각 ㄴㄱㄹ)=60°입니다.
삼각형 ㄹㄴㄷ에서
(각 ㄹㄴㄷ)=180°−60°−95°=25°입니다.
접은 각과 접힌 각의 크기는 같으므로
(각 ㄹㄴㅂ)=(각 ㄹㄴㄷ)=25°입니다.
따라서 삼각형 ㅂㄴㄹ에서
(각 ㄴㅂㄹ)=180°−25°−25°=130°입니다.

3 평행사변형은 이웃하는 두 각의 크기의 합이 180°이므로 (각 ㄴㄷㄹ)=180°−130°=50°입니다.
정사각형의 네 각의 크기는 모두 90°이므로
(각 ㄹㄷㅁ)=90°입니다.
따라서 한 직선이 이루는 각도는 180°이므로
㉠=180°−50°−90°=40°입니다.

3-1 평행사변형은 마주 보는 두 각의 크기가 같으므로
(각 ㄴㄷㄹ)=(각 ㄴㄱㄹ)=60°입니다.
마름모는 이웃하는 두 각의 크기의 합이 180°이므로
(각 ㄹㄷㅁ)=180°−120°=60°입니다.
따라서 한 직선이 이루는 각도는 180°이므로
㉠=180°−60°−60°=60°입니다.

3-2 평행사변형은 이웃하는 두 각의 크기의 합이 180°이므
로 (각 ㄴㄷㄹ)=180°−50°=130°입니다.
한 바퀴가 이루는 각도는 360°이므로
(각 ㄴㄷㅂ)=360°−130°−80°=150°입니다.
평행사변형은 마주 보는 두 각의 크기가 같으므로
(각 ㄴㅁㅂ)=(각 ㄴㄷㅂ)=150°입니다.
따라서 한 직선이 이루는 각도는 180°이므로
㉠=180°−150°=30°입니다.

4-1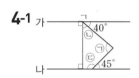

평행선 사이에 점 ㄱ을 지나는 수선을 긋습니다.
직선 가와 직선 나 사이에 그은 수선이 이루는 각도는
90°이고, 한 직선이 이루는 각도는 180°이므로
㉡=90°−40°=50°, ㉢=180°−45°=135°입니다.
따라서 사각형의 네 각의 크기의 합은 360°이므로
㉠=360°−50°−90°−135°=85°입니다.

단원 평가 Level ❶
108~110쪽

1 직선 가, 직선 다   **2** 2개
3 ( ) ( ) (○)   **4** 다
5 8 cm   **6** (왼쪽에서부터) 7, 50
7   **8** ⟨예⟩
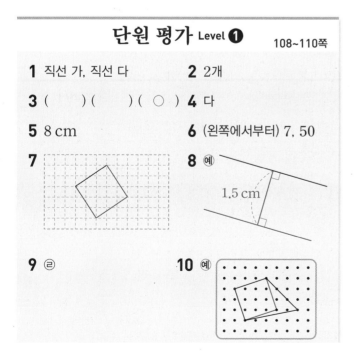

9 ㉣   **10** ⟨예⟩

---

11 24 cm   **12** 70°
13 사다리꼴, 평행사변형, 마름모에 ○표
14 ㉢   **15** 10 cm
16 ⟨예⟩ 정사각형, 4 cm   **17** 34 cm
18 18개   **19** 55°
20 12 cm

1
직선 라와 만나서 이루는 각이 직각인 직선은 직선 가
와 직선 다입니다.

2
변 ㄹㄷ과 만나서 이루는 각이 직각인 변은 변 ㄱㄹ, 변
ㄴㄷ으로 모두 2개입니다.

3 삼각자에서 직각을 낀 변 중 한 변을 직선 가에 맞추고
직각을 낀 다른 한 변을 따라 직선을 긋습니다.

4 수선을 가지고 있는 도형은 다, 마입니다.
평행선을 가지고 있는 도형은 가, 나, 다, 라입니다.
따라서 수선과 평행선을 모두 가지고 있는 도형은 다입
니다.

5 평행한 두 변은 길이가 12 cm인 변과 길이가 18 cm인
변이고 이 두 변 사이의 거리는 8 cm입니다.

6 마름모는 네 변의 길이가 모두 같고, 이웃하는 두 각의
크기의 합이 180°입니다.
➡ □°=180°−130°=50°

7 네 변의 길이가 모두 같고 네 각이 모두 직각인 사각형
을 그립니다.

8 주어진 직선에 수선을 그어 그 길이가 1.5 cm인 곳에
점을 찍고 그 점을 지나는 평행한 직선을 긋습니다.

9 • 사다리꼴: 가, 나, 다, 라, 마, 바
• 평행사변형: 나, 라, 바
• 직사각형: 바

10 네 변의 길이가 모두 같도록 한 꼭짓점을 옮겨 사각형을 그립니다.

11 평행사변형은 마주 보는 두 변의 길이가 같습니다.
(네 변의 길이의 합)$=7+5+7+5=24$(cm)

12 마름모는 네 변의 길이가 같으므로 삼각형 ㄱㄴㄷ은 이등변삼각형입니다.
(각 ㄴㄱㄷ)$+$(각 ㄴㄷㄱ)$=180°-40°=140°$이고
(각 ㄴㄷㄱ)$=140°÷2=70°$입니다.

13 퍼즐 조각으로 만든 사각형의 이름으로 알맞은 것은 사다리꼴, 평행사변형, 마름모입니다.

14 ㉢ 직사각형은 네 각의 크기는 모두 직각이지만 네 변의 길이가 같지 않은 것도 있기 때문에 정사각형이라고 할 수 없습니다.

15 (직선 가와 직선 다 사이의 거리)
$=$(직선 가와 직선 나 사이의 거리)
$+$(직선 나와 직선 다 사이의 거리)
$=6+4=10$(cm)

16 직사각형을 그림과 같이 자르면 한 변의 길이가 4 cm인 정사각형이 됩니다.

17 마름모는 네 변의 길이가 모두 같으므로
(변 ㄹㄷ)$=$(변 ㄷㅁ)$=$(변 ㄹㅂ)$=$(변 ㅂㅁ)$=5$ cm입니다.
평행사변형은 마주 보는 두 변의 길이가 같으므로
(변 ㄱㄹ)$=$(변 ㄴㄷ)$=7$ cm,
(변 ㄱㄴ)$=$(변 ㄹㄷ)$=5$ cm입니다.
➡ (사각형 ㄱㄴㅁㅂ의 네 변의 길이의 합)
$=5+7+5+5+7+5=34$(cm)

18

도형 1개짜리: ㉠, ㉡, ㉢, ㉣, ㉤, ㉥ → 6개
도형 2개짜리: ㉠+㉡, ㉡+㉢, ㉣+㉤, ㉤+㉥,
㉠+㉣, ㉡+㉤, ㉢+㉥ → 7개
도형 3개짜리: ㉠+㉡+㉢, ㉣+㉤+㉥ → 2개
도형 4개짜리: ㉠+㉡+㉣+㉤, ㉡+㉢+㉤+㉥
→ 2개
도형 6개짜리: ㉠+㉡+㉢+㉣+㉤+㉥ → 1개
➡ $6+7+2+2+1=18$(개)

19 예 선분 ㄷㄹ은 선분 ㄱㄴ에 대한 수선이므로
(각 ㄷㄹㄴ)$=90°$입니다.
따라서 ㉠$=90°-35°=55°$입니다.

평가 기준	배점(5점)
각 ㄷㄹㄴ의 크기를 구했나요?	2점
㉠의 각도를 구했나요?	3점

서술형
20 예 평행한 두 변은 변 ㄱㄴ과 변 ㄹㄷ이고 이 두 변에 수직인 선분은 변 ㄴㄷ입니다.
(각 ㄱㄷㄴ)$=180°-45°-90°=45°$이므로
삼각형 ㄱㄴㄷ은 이등변삼각형입니다.
따라서 평행선 사이의 거리는
(변 ㄴㄷ)$=$(변 ㄱㄴ)$=12$ cm입니다.

평가 기준	배점(5점)
평행한 두 변에 수직인 선분을 찾았나요?	2점
평행선 사이의 거리를 구했나요?	3점

단원 평가 Level ❷   111~113쪽

1 선분 ㄴㅁ (또는 선분 ㅁㄴ)

2 ②, ④   **3** 서아

4 8 cm   **5** (왼쪽에서부터) 8, 12, 90

6 가, 나, 다, 라 / 가, 다, 라 / 가, 라

7 2.5 cm   **8** ㉢

9 (왼쪽에서부터) 5, 90   **10** 135°

11 마름모

12 사다리꼴, 평행사변형, 직사각형에 ○표

13 11 cm   **14** 직사각형, 정사각형

15 5쌍   **16** 7 cm

17 30°   **18** 94°

19 7.5 cm   **20** 10개

1 변 ㄱㄷ과 수직인 선분을 찾습니다.

2 아무리 길게 늘여도 서로 만나지 않는 두 직선을 찾습니다.

3

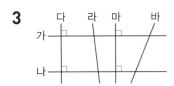

민지: 서로 평행한 직선은 직선 가와 직선 나, 직선 다와 직선 마로 2쌍입니다.

서아: 직선 라와 직선 나는 서로 수직이 아닙니다.

4 평행한 두 변은 6 cm인 변과 21 cm인 변이고 이 두 변 사이의 거리는 8 cm입니다.

5 직사각형은 네 각이 모두 직각이고, 마주 보는 두 변의 길이가 같습니다.

7

변 ㄱㄴ과 변 ㄹㅁ이 서로 평행하므로 이 두 변 사이에 수직인 선분을 긋고 그 선분의 길이를 재면 2.5 cm입니다.

8 ㄷ 한 직선에 평행한 직선은 셀 수 없이 많습니다.

9 마름모는 마주 보는 꼭짓점끼리 이은 두 선분이 서로 수직으로 만나고 서로를 똑같이 둘로 나눕니다.

10 평행사변형은 이웃하는 두 각의 크기의 합이 $180°$이므로 ㉠$=180°-45°=135°$입니다.

11 네 변의 길이가 모두 같은 마름모가 만들어집니다.

12 마주 보는 두 쌍의 변이 서로 평행하므로 평행사변형이고 사다리꼴입니다. 네 각이 모두 직각이고, 마주 보는 두 변의 길이가 같으므로 직사각형입니다.

13 마름모는 네 변의 길이가 모두 같으므로 한 변의 길이는 $44÷4=11$(cm)입니다.

14 마주 보는 두 쌍의 변이 서로 평행한 사각형은 평행사변형, 마름모, 직사각형, 정사각형이고 이 중 네 각의 크기가 모두 같은 사각형은 직사각형, 정사각형입니다.

15  ➡ 5쌍

16 평행사변형은 마주 보는 두 변의 길이가 같으므로 (네 변의 길이의 합)$=6+8+6+8=28$(cm)입니다. 정사각형은 네 변의 길이가 모두 같으므로 (한 변의 길이)$=28÷4=7$(cm)입니다.

17 평행사변형은 이웃하는 두 각의 크기의 합이 $180°$이므로 (각 ㄴㄷㅂ)$=180°-120°=60°$입니다. 직사각형은 네 각의 크기가 모두 $90°$이므로 (각 ㅂㄷㄹ)$=90°$입니다. 따라서 한 직선이 이루는 각도는 $180°$이므로 ㉠$=180°-60°-90°=30°$입니다.

18 접은 각과 접힌 각의 크기는 같으므로 (각 ㅂㅁㅈ)$=$(각 ㄱㅁㅂ)$=43°$이고 (각 ㄹㅁㅈ)$=180°-43°-43°=94°$입니다. 사각형 ㅁㅈㄷㄹ에서 (각 ㅁㅈㄷ)$=360°-94°-90°-90°=86°$입니다. 따라서 한 직선이 이루는 각도는 $180°$이므로 (각 ㅁㅈㅂ)$=180°-86°=94°$입니다.

19 예 평행선 사이의 거리는 평행선 사이의 수직인 선분의 길이의 합이므로 변 ㄱㅂ과 변 ㄹㅁ 사이의 거리는 (변 ㄱㄴ)$+$(변 ㄷㄹ)$=4+3.5=7.5$(cm)입니다.

평가 기준	배점(5점)
변 ㄱㅂ과 변 ㄹㅁ 사이의 거리를 구하는 식을 세웠나요?	2점
변 ㄱㅂ과 변 ㄹㅁ 사이의 거리를 구했나요?	3점

20 예

도형 2개짜리: ③$+$⑤, ④$+$⑩, ⑧$+$⑭, ⑪$+$⑬ → 4개

도형 4개짜리: ①$+$②$+$③$+$④, ⑤$+$⑥$+$⑦$+$⑧, ⑨$+$⑩$+$⑪$+$⑫, ⑬$+$⑭$+$⑮$+$⑯ → 4개

도형 8개짜리: ④$+$③$+$⑤$+$⑧$+$⑩$+$⑪$+$⑬$+$⑭ → 1개

도형 16개짜리: ①$+$②$+$③$+$④$+$⑤$+$⑥$+$⑦$+$⑧$+$⑨$+$⑩$+$⑪$+$⑫$+$⑬$+$⑭$+$⑮$+$⑯ → 1개

➡ $4+4+1+1=10$(개)

평가 기준	배점(5점)
도형 수에 따라 정사각형은 몇 개인지 구했나요?	3점
크고 작은 정사각형은 모두 몇 개인지 구했나요?	2점

5 꺾은선그래프

그래프는 조사한 자료의 값을 한눈에 정리하여 나타낸 것입니다. 그중 꺾은선그래프는 시간에 따른 자료의 값을 꺾은선으로 나타내 알아보기 쉽게 나타낸 것으로 각종 보고서나 신문 등에서 자주 사용되고 있습니다. 꺾은선그래프는 시간의 흐름에 따라 변화하는 자료의 값을 나타낸 것이므로 측정하지 않은 값을 예상해 볼 수 있는 장점이 있습니다. 따라서 꺾은선그래프를 배움으로써 다양한 표현 방법과 자료를 해석하는 능력을 기를 수 있습니다. 3-2에서는 그림그래프를, 4-1에서는 막대그래프를 학습한 내용을 바탕으로 자료의 종류에 따라 꺾은선그래프로 나타냄으로써 자료 표현 능력을 기를 수 있도록 합니다.

1 꺾은선그래프 알아보기   116쪽

1 월, 온도

2 1 ℃

3 (나) 그래프

2 세로 눈금 5칸이 5 ℃를 나타내므로 세로 눈금 한 칸은 5÷5=1(℃)를 나타냅니다.

3 시간에 따른 자료의 변화 정도를 한눈에 알아보기 쉬운 것은 꺾은선그래프입니다.

2 꺾은선그래프의 내용 알아보기   117쪽

4 (나) 그래프

5 8월

6 5월과 6월 사이

4 필요 없는 부분을 물결선으로 생략하여 나타내면 수도 사용량의 변화를 더 뚜렷하게 알 수 있습니다.

5 한 달 전과 비교하여 꺾은선이 오른쪽 아래로 내려간 때는 8월입니다.

6 5월과 6월 사이의 꺾은선이 가장 많이 기울어져 있습니다.

3 꺾은선그래프로 나타내기   118쪽

7 예 0권과 20권 사이

8 예 1권

9 예
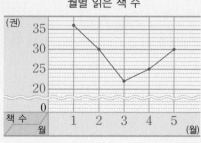

7 가장 적은 책 수가 22권이므로 물결선을 0권과 20권 사이에 넣으면 좋을 것 같습니다.

8 읽은 책 수를 모두 나타낼 수 있도록 세로 눈금 한 칸은 1권으로 나타내면 좋을 것 같습니다.

9 가로에 월, 세로에 책 수를 쓰고, 각 월에 해당하는 책 수를 점으로 표시한 후 점들을 차례로 선분으로 잇습니다.

4 꺾은선그래프 해석하기   119쪽

10 10일과 15일 사이

11 336개

12 (1) 늘어납니다에 ○표 (2) 줄어듭니다에 ○표

10 기온의 변화가 가장 큰 때는 꺾은선이 가장 많이 기울어진 10일과 15일 사이입니다.

11 기온이 가장 높은 날은 점이 가장 높게 찍힌 8월 10일입니다. 8월 10일의 아이스크림 판매량은 336개입니다.

12 (1) 기온이 올라간 때는 5일과 10일 사이입니다. 5일과 10일 사이의 아이스크림 판매량은 늘어났습니다.
(2) 기온이 내려간 때는 10일과 20일 사이입니다. 10일과 20일 사이의 아이스크림 판매량은 줄어들었습니다.

기본에서 응용으로

120~127쪽

1 꺾은선그래프

2 같은 점 예 가로는 월, 세로는 무게를 나타냅니다.
다른 점 예 막대그래프는 자료의 값을 막대로, 꺾은선그래프는 자료의 값을 선분으로 나타냈습니다.

3 시각, 기온   **4** 1 ℃

5 시각별 기온의 변화   **6** 예 17 ℃

7 3월   **8** 180대

9 20대   **10** ㉢

11 목요일과 금요일 사이   **12** 160권

13 연우   **14** 7 kg

15 날짜, 식물의 키   **16** 예 2 cm

17

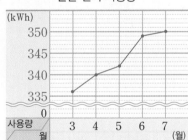

식물의 날짜별 키

18 예 0 kWh와 335 kWh 사이

19 예 1 kWh

20 예

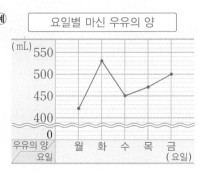

월별 전기 사용량

21 6월

22 420, 530, 450, 470, 500

23 예

요일별 마신 우유의 양

24 예 • 우유를 가장 많이 마신 요일은 화요일입니다.
• 전날보다 우유를 적게 마신 요일은 수요일입니다.

25 2023년과 2024년 사이

26 28만 톤

27 예 2024년보다 늘어날 것 같습니다.

28 90개   **29** 재훈

30 예 재훈

31 (1) 늘어납니다에 ○표 (2) 줄어듭니다에 ○표

32 336개   **33** 1 ℃

34 꺾은선그래프

35

막대의 시각별 그림자 길이

36 ㉠, ㉣, ㉫ / ㉡, ㉢, ㉭

37 (나) / 예 꺾은선그래프는 시간에 따른 자료의 값의 변화를 알아보기 쉬우므로 꺾은선그래프로 나타내기 알맞은 것은 (나)입니다.

38 220, 240, 280, 340, 420

39 1500 kg   **40** 15000000원

41 3주 차   **42** 328 cm

43

연도별 4학년 학생 수

44 A 학교   **45** 2023년, 2024년

46 2024년

1 강아지의 월별 무게의 변화를 한눈에 알아보기 쉬운 것은 꺾은선그래프입니다.

서술형 **2**

단계	문제 해결 과정
①	두 그래프의 같은 점을 썼나요?
②	두 그래프의 다른 점을 썼나요?

3 꺾은선그래프를 그릴 때 가로는 시간의 흐름을, 세로는 변화하는 양을 나타냅니다.

4 세로 눈금 5칸이 5 ℃를 나타내므로 세로 눈금 한 칸은 $5 \div 5 = 1$(℃)를 나타냅니다.

6 오후 2시의 기온은 19 ℃이고 오후 3시의 기온은 15 ℃이므로 오후 2시 30분은 그 중간인 약 17 ℃였을 것 같습니다.

7 전월에 비해 꺾은선이 오른쪽 아래로 가장 많이 내려간 때는 3월입니다.

8 1월의 휴대 전화 판매량: 240대
5월의 휴대 전화 판매량: 60대
➡ (휴대 전화 판매량의 차)$= 240 - 60 = 180$(대)

9 3월: 140대, 4월: 100대, 5월: 60대이므로 40대씩 줄어들었습니다.
따라서 6월의 휴대 전화 판매량은 $60 - 40 = 20$(대)로 예상할 수 있습니다.

10 ㉢ 세로 눈금 5칸이 100권을 나타내므로 세로 눈금 한 칸은 $100 \div 5 = 20$(권)을 나타냅니다.
따라서 책 대여량이 240권인 때는 수요일입니다.

11 꺾은선이 가장 많이 기울어진 때는 목요일과 금요일 사이입니다.

12 책 대여량이 화요일에는 260권, 목요일에는 100권이므로 $260 - 100 = 160$(권) 더 줄어들었습니다.

13 연우: 2023년부터 2024년까지는 변화가 없습니다.

14 ㉮ 쌀 소비량이 가장 많은 때는 2020년으로 64 kg이고, 쌀 소비량이 가장 적은 때는 2023년 또는 2024년으로 57 kg입니다.
따라서 쌀 소비량의 차는 $64 - 57 = 7$(kg)입니다.

단계	문제 해결 과정
①	쌀 소비량이 가장 많은 때와 가장 적은 때의 쌀 소비량을 각각 구했나요?
②	쌀 소비량의 차를 구했나요?

15 식물의 날짜별 키에 대한 꺾은선그래프이므로 가로에는 날짜를, 세로에는 식물의 키를 나타내면 좋을 것 같습니다.

16 식물의 키를 모두 나타낼 수 있도록 세로 눈금 한 칸은 2 cm로 나타내면 좋을 것 같습니다.

18 가장 적은 사용량이 336 kWh이므로 물결선을 0 kWh와 335 kWh 사이에 넣으면 좋을 것 같습니다.

19 전기 사용량을 모두 나타낼 수 있도록 세로 눈금 한 칸은 1 kWh로 나타내면 좋을 것 같습니다.

21 전월에 비해 꺾은선이 오른쪽 위로 가장 많이 올라간 때는 6월입니다.

23 0 mL부터 400 mL까지는 필요 없으므로 물결선으로 나타냅니다. 각 요일에 해당하는 우유의 양을 점으로 표시한 후 점들을 차례로 선분으로 잇습니다.

24

단계	문제 해결 과정
①	꺾은선그래프를 보고 알 수 있는 내용을 한 가지 썼나요?
②	알 수 있는 또 다른 내용을 한 가지 더 썼나요?

25 꺾은선이 가장 적게 기울어진 때는 2023년과 2024년 사이입니다.

26 2021년의 플라스틱 배출량은 16만 톤이고, 2024년의 플라스틱 배출량은 44만 톤이므로
$44 - 16 = 28$(만 톤) 더 늘어났습니다.

27 플라스틱 배출량은 2021년부터 계속 늘어나고 있으므로 2025년의 플라스틱 배출량은 44만 톤보다 늘어날 것 같습니다.

28 수요일에 세 학생의 제기차기 수는
미주: 28개, 재훈: 32개, 승지: 30개입니다.
➡ $28 + 32 + 30 = 90$(개)

29 월요일보다 일요일에 점이 더 높게 찍힌 학생을 찾으면 재훈입니다.

> **참고** 미주의 일요일 제기차기 수는 월요일 제기차기 수보다 4개 더 적습니다. 승지의 일요일 제기차기 수는 월요일 제기차기 수보다 14개 더 적습니다.

30 재훈이의 제기차기 수는 꾸준히 늘어나고 있으므로 재훈이를 반 대표로 뽑으면 우승할 가능성이 큽니다.

31 (1) 기온이 내려간 때는 5일과 15일 사이입니다. 5일과 15일 사이의 호빵 판매량은 늘어났습니다.
(2) 기온이 올라간 때는 15일과 20일 사이입니다. 15일과 20일 사이의 호빵 판매량은 줄어들었습니다.

32 기온이 가장 낮은 때는 점이 가장 낮게 찍힌 11월 15일입니다. 11월 15일의 호빵 판매량은 336개입니다.

서술형
33 ㉠ 호빵 판매량의 변화가 가장 큰 때는 꺾은선이 가장 많이 기울어진 5일과 10일 사이입니다. 기온이 5일은 1.7 ℃, 10일은 0.7 ℃이므로 이때의 기온의 차는 1.7−0.7=1(℃)입니다.

단계	문제 해결 과정
①	호빵 판매량의 변화가 가장 큰 때를 구했나요?
②	기온의 차를 구했나요?

34 막대의 시각별 그림자 길이의 변화를 한눈에 알아보기 쉬운 것은 꺾은선그래프입니다.

35 막대의 시각별 그림자 길이를 점으로 표시한 후 점들을 차례로 선분으로 이어서 꺾은선그래프를 그립니다.

36 자료의 값을 비교할 때는 막대그래프가 알맞고, 시간에 따른 자료의 값의 변화를 알아볼 때는 꺾은선그래프가 알맞습니다.

서술형
37

단계	문제 해결 과정
①	꺾은선그래프로 나타내기 알맞은 것의 기호를 썼나요?
②	까닭을 썼나요?

38 세로 눈금 5칸이 100 kg을 나타내므로 세로 눈금 한 칸은 100÷5=20(kg)을 나타냅니다.

39 (월요일부터 금요일까지의 콩 판매량)
=220+240+280+340+420=1500(kg)

40 (5일 동안 판매한 금액)=1500×10000
=15000000(원)

41 두 꺾은선이 만나는 때는 3주 차 때입니다.

42 재원이의 기록이 동희의 기록보다 4 cm만큼 더 높은 때는 4주 차 때입니다.
4주 차 때 재원이의 기록은 166 cm, 동희의 기록은 162 cm이므로 기록의 합은 166+162=328(cm)입니다.

43 표에서 A 학교의 학생 수는 2021년 126명, 2024년 92명입니다.
B 학교의 학생 수는 2021년 102명, 2024년 124명입니다.

44 A 학교의 학생 수를 나타내는 꺾은선이 오른쪽 아래로 점점 내려가고 있습니다.

45 B 학교의 학생 수를 나타내는 점이 A 학교의 학생 수를 나타내는 점보다 높게 찍힌 때를 찾습니다.

46 두 점 사이의 세로 눈금 칸 수의 차가 클수록 학생 수의 차가 큽니다.

응용에서 최상위로
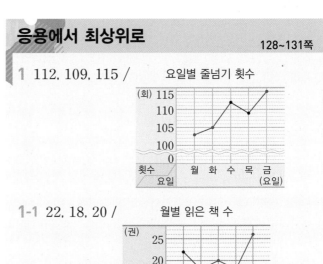

128~131쪽

1 112, 109, 115 /
요일별 줄넘기 횟수

1-1 22, 18, 20 /
월별 읽은 책 수

1-2
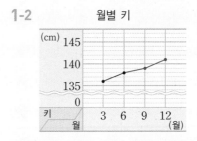
월별 키

2 260개	**2-1** 1920 kg	**2-2** 90 km
3 8칸	**3-1** 6칸	**3-2** 22칸

4 1단계 ㉠ 미국과 중국의 로켓 발사 횟수의 차가 가장 큰 때는 두 점 사이의 세로 눈금 칸 수의 차가 가장 큰 2019년입니다.

2단계 ㉠ 2019년의 세로 눈금 칸 수의 차는 13칸이고, 세로 눈금 한 칸은 1회를 나타내므로 로켓 발사 횟수의 차는 13회입니다.

/ 13회

4-1 73회

1 표에서 줄넘기 횟수는 월요일 103회, 화요일 105회이므로 꺾은선그래프에 나타냅니다.
꺾은선그래프에서 줄넘기 횟수는 수요일 112회, 목요일 109회이므로 표의 빈칸에 써넣습니다.
금요일은 목요일보다 줄넘기를 6회 더 많이 했으므로
$109+6=115$(회)입니다.

1-1 꺾은선그래프에서 책 수는 3월 22권, 4월 18권이므로 표의 빈칸에 써넣습니다.
표에서 책 수는 6월 18권, 7월 26권이므로 꺾은선그래프에 나타냅니다.
5월은 4월보다 책 수가 2권 더 많으므로
$18+2=20$(권)입니다.

1-2 키가 6월은 138 cm이고 9월은 6월보다 1 cm만큼 더 자랐으므로 $138+1=139$(cm)입니다.
키가 12월은 9월보다 2 cm만큼 더 자랐으므로
$139+2=141$(cm)입니다.

2 음료수 판매량은 5월 200개, 6월 230개, 8월 290개입니다. 판매량의 변화가 일정하므로 매월
$230-200=30$(개)씩 늘어나고 있습니다.
따라서 7월의 음료수 판매량은 $230+30=260$(개)입니다.

2-1 음식물 쓰레기 배출량은 2021년 1980 kg, 2023년 1860 kg, 2024년 1800 kg입니다.
배출량의 변화가 일정하므로 매월
$1860-1800=60$(kg)씩 줄어들고 있습니다.
따라서 2022년의 음식물 쓰레기 배출량은
$1980-60=1920$(kg)입니다.

2-2 한 시간마다 조사한 것이고 세로 눈금이 4칸(20 km), 2칸(10 km)씩 번갈아 가며 늘어나는 규칙입니다.
6시간 후에 달린 거리는 5시간일 때 달린 거리인 70 km보다 20 km만큼 더 늘어난
$70+20=90$(km)입니다.

3 세로 눈금 5칸이 10 kg을 나타내므로 세로 눈금 한 칸은 $10÷5=2$(kg)을 나타냅니다.
몸무게가 3학년일 때 24 kg, 4학년일 때 32 kg이므로 몸무게의 차는 $32-24=8$(kg)입니다.
따라서 세로 눈금 한 칸의 크기를 1 kg으로 하여 그래프를 다시 그린다면 8칸 차이가 납니다.

3-1 세로 눈금 5칸이 15초를 나타내므로 세로 눈금 한 칸은 $15÷5=3$(초)를 나타냅니다.

기록이 목요일 30초, 금요일 42초이므로 기록의 차는
$42-30=12$(초)입니다.
따라서 세로 눈금 한 칸의 크기를 2초로 하여 그래프를 다시 그린다면 $12÷2=6$(칸) 차이가 납니다.

3-2 세로 눈금 5칸이 100개를 나타내므로 세로 눈금 한 칸은 $100÷5=20$(개)를 나타냅니다.
생산량이 가장 많은 때는 2023년에 2140개, 생산량이 가장 적은 때는 2020년에 1920개이므로
생산량의 차는 $2140-1920=220$(개)입니다.
따라서 세로 눈금 한 칸의 크기를 10개로 하여 그래프를 다시 그린다면 $220÷10=22$(칸) 차이가 납니다.

4-1 세로 눈금 칸 수의 차가 3칸일 때는 2021년입니다.
2021년 로켓 발사 횟수는 미국 38회, 중국 35회이므로 횟수의 합은 $38+35=73$(회)입니다.

단원 평가 Level ❶ 132~134쪽

1 ㉡

2 ㉠, ㉣, ㉱ / ㉤, ㉢, ㉲

3 연도, 인구수

4 (나) 그래프

5 50명

6 400명

7

연도별 입장객 수

8 2020년과 2024년 사이

9 2024년, 3600명

10 예 3000명

11 예 2024년보다 늘어날 것 같습니다.

12 17, 22, 29, 25

13 예 15가구

14 예
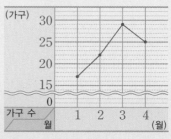
월별 이사 온 가구 수

15 12가구

16
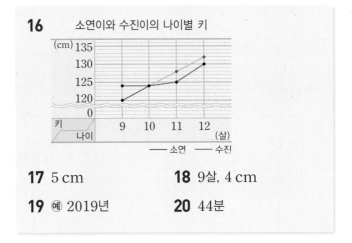
소연이와 수진이의 나이별 키

17 5 cm   **18** 9살, 4 cm

19 예 2019년   **20** 44분

---

1 ㉡ 세로 눈금 5칸이 30마리를 나타내므로 세로 눈금 한 칸은 $30 \div 5 = 6$(마리)를 나타냅니다.

2 막대그래프는 자료의 크기를 비교하는 데 알맞고, 꺾은선 그래프는 시간에 따른 변화를 나타내는 데 알맞습니다.

4 필요 없는 부분을 물결선으로 생략하여 나타내면 인구 수의 변화를 더 뚜렷하게 알 수 있습니다.

5 세로 눈금 5칸이 250명을 나타내므로 세로 눈금 한 칸은 $250 \div 5 = 50$(명)을 나타냅니다.

6 인구수는 2021년 2000명, 2024년 1600명입니다. 따라서 줄어든 인구수는 $2000 - 1600 = 400$(명)입니다.

8 꺾은선이 가장 많이 기울어진 때는 2020년과 2024년 사이입니다.

9 점이 가장 높게 찍힌 곳을 찾으면 2024년이고 이때 입장객 수는 3600명입니다.

10 입장객 수가 2020년에는 2400명이고, 2024년에는 3600명이므로 2022년은 그 중간인 약 3000명이었을 것 같습니다.

11 입장객 수가 계속 늘어나고 있으므로 2028년의 입장객 수도 2024년의 입장객 수보다 늘어날 것으로 예상할 수 있습니다.

13 그래프를 그리는 데 꼭 필요한 부분은 17가구부터 29가구입니다.

14 15가구 아래는 필요 없으므로 물결선으로 나타냅니다.

15 이사 온 가구 수가 가장 많은 때는 3월에 29가구이고, 가장 적은 때는 1월에 17가구입니다.
➡ (가구 수의 차)$= 29 - 17 = 12$ (가구)

16 소연이의 키가 9살 120 cm, 10살 124 cm이므로 매년 $124 - 120 = 4$(cm)씩 자라고 있습니다.
11살: $124 + 4 = 128$(cm),
12살: $128 + 4 = 132$(cm)

17 소연이의 키가 가장 큰 때는 12살 때입니다.
수진이의 키는 11살 때 125 cm, 12살 때 130 cm이므로 $130 - 125 = 5$(cm)만큼 더 자랐습니다.

18 두 점 사이의 세로 눈금 칸 수의 차가 클수록 키 차이가 큽니다. 두 사람의 키 차이가 가장 큰 때는 9살 때이고 이때 소연이의 키는 120 cm, 수진이의 키는 124 cm이므로 $124 - 120 = 4$(cm)만큼 차이가 납니다.

서술형
19 예 세로 눈금 한 칸이 1곳을 나타내므로 세로 눈금이 348곳일 때의 가로 눈금을 읽으면 됩니다.
따라서 초등학교 수가 348곳이었을 때는 2018년과 2020년의 중간이므로 2019년이었을 것 같습니다.

평가 기준	배점(5점)
세로 눈금이 348곳일 때의 가로 눈금을 읽으면 되는지 알았나요?	2점
초등학교 수가 348곳이었을 때는 언제였는지 구했나요?	3점

서술형
20 예 세로 눈금이 2칸(4분), 3칸(6분)씩 번갈아 가며 늘어나는 규칙입니다. 따라서 일요일의 컴퓨터 사용 시간은 $40 + 4 = 44$(분)일 것입니다.

평가 기준	배점(5점)
컴퓨터 사용 시간이 늘어나는 규칙을 찾았나요?	3점
일요일의 컴퓨터 사용 시간을 구했나요?	2점

단원 평가 Level ❷   135~137쪽

1 100상자   **2** 1400상자

3 2020년   **4** (나)

5 효민   **6** 오후 5시

7 0.7 ℃   **8** 0.3 ℃

9 140, 180, 150 /
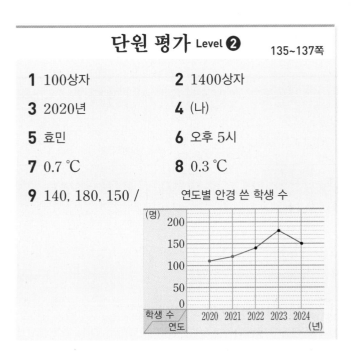
연도별 안경 쓴 학생 수

10 2020년과 2021년 사이

11 700명 　　　　**12** 오후 2시 42분

13 목요일 　　　　**14** 8분

15 예 오전 5시 2분, 예 오후 3시 12분

16 62일, 48일

17 　　울릉도의 연도별 눈이 온 날수

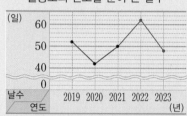

18 8칸 　　　　**19** 예 2.4 L

20 920000000원

---

1 세로 눈금 5칸이 500상자를 나타내므로 세로 눈금 한 칸은 500÷5=100(상자)를 나타냅니다.

3 점이 가장 낮게 찍힌 때를 찾으면 2020년입니다.

4 (가)는 자료의 값을 비교하기 쉬운 막대그래프로, (나)는 시간에 따른 자료의 값의 변화를 알아보기 쉬운 꺾은선 그래프로 나타내기 알맞습니다.

5 세로 눈금 한 칸은 0.1 ℃를 나타내므로 오후 6시에 연서의 체온은 36.6 ℃입니다.

6 꺾은선이 오른쪽 위로 올라가기 시작한 시각이 체온이 높아지기 시작한 시각이므로 오후 5시입니다.

7 체온이 가장 높은 때는 오후 7시로 37 ℃이고, 가장 낮은 때는 오후 5시로 36.3 ℃입니다.
➡ (체온의 차)=37−36.3=0.7(℃)

8 체온이 오후 5시 36.3 ℃, 오후 6시 36.6 ℃이므로 36.6−36.3=0.3(℃) 더 올랐습니다.

> **다른 풀이**
> 오후 5시와 오후 6시의 세로 눈금이 3칸 차이가 나므로 체온은 0.3 ℃ 더 올랐습니다.

10 꺾은선이 가장 적게 오른쪽 위로 올라간 때는 2020년과 2021년 사이입니다.

11 (2020년부터 2024년까지의 안경 쓴 학생 수)
　　=110+120+140+180+150=700(명)

---

12 물 들어온 시각이 오전 4시 38분인 날은 화요일입니다. 화요일의 물 빠진 시각은 오후 2시 42분입니다.

13 물 빠진 시각을 나타낸 그래프에서 점이 가장 높게 찍힌 때를 찾으면 목요일입니다.

14 물 들어온 시각을 나타낸 그래프에서 화요일과 수요일은 4칸 차이가 납니다. 세로 눈금 한 칸의 크기가 2분이므로 수요일에 물 들어온 시각은 화요일보다
4×2=8(분) 늦어졌습니다.

15 물 들어온 시각은 일정하게 8분씩 늦어졌고, 물 빠진 시각은 일정하게 10분씩 늦어졌습니다.
따라서 금요일에 물 들어오는 시각은 오전 4시 54분보다 8분 늦은 오전 5시 2분, 물 빠지는 시각은 오후 3시 2분보다 10분 늦은 오후 3시 12분으로 예상할 수 있습니다.

16 (2022년에 눈이 온 날수)=50+12=62(일)
(2023년에 눈이 온 날수)=62−14=48(일)

18 눈이 온 날 수는 2020년 42일, 2021년 50일이므로 날수의 차는 50−42=8(일)입니다.
따라서 세로 눈금 한 칸의 크기를 1일로 하여 그래프를 다시 그린다면 8칸 차이가 납니다.

서술형
19 예 받은 물의 양은 10초 후 0.4 L, 20초 후 0.8 L, 30초 후 1.2 L, 40초 후 1.6 L, 50초 후 2.0 L입니다. 물을 10초 동안 0.4 L씩 받으므로 1분 후, 즉 60초 후에 받은 물의 양은 2.0+0.4=2.4(L)로 예상할 수 있습니다.

평가 기준	배점(5점)
10초 동안 받는 물의 양을 구했나요?	2점
1분 후에 받은 물의 양을 예상했나요?	3점

서술형
20 예 전년과 비교하여 판매량이 가장 많아진 때는 2022년입니다. 2022년의 에어컨 판매량은 920대이므로 에어컨 판매 금액은 920×1000000=920000000(원)입니다.

평가 기준	배점(5점)
전년과 비교하여 판매량이 가장 많아진 때의 판매량을 구했나요?	2점
에어컨 판매 금액을 구했나요?	3점

6 다각형

1, 2학년 때에는 △, □, ○ 모양을 삼각형, 사각형, 원이라 하고, 변과 꼭짓점의 개념을 학습하였습니다. 3학년 때에는 선의 종류와 각을 알아보면서 직각삼각형, 직사각형, 정사각형의 개념과 원을, 4-1에서는 각도와 삼각형, 사각형의 내각의 합과 평면도형의 이동을 배웠습니다. 이렇듯 앞에서 배운 도형들을 다각형으로 분류하고 여러 가지 모양을 만들고 채워 보는 활동을 통해 문제 해결 및 도형에 대해 학습한 내용을 총괄적으로 평가해 볼 수 있는 단원입니다. 생활 주변에서 다각형을 찾아보고 다각형을 구성하는 다양한 활동 등을 통해 수학의 유용성과 심미성을 경험할 수 있도록 지도합니다.

1 다각형　　140쪽

❶ 6에 ○표, 6에 ○표

1 ( ) ( ) (○) (○)

2 (1) 육각형 　(2) 팔각형

3 (1) 예 　　　　오각형　　(2) 예 　　　　칠각형

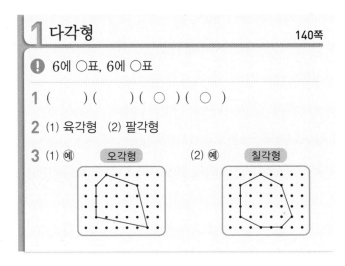

2 (1) 변이 6개인 다각형이므로 육각형입니다.
　(2) 변이 8개인 다각형이므로 팔각형입니다.

3 (1) 변이 5개가 되도록 다각형을 그립니다.
　(2) 변이 7개가 되도록 다각형을 그립니다.

2 정다각형　　141쪽

❶ 정다각형

4 나, 라

5 (1) 예 　　　　정사각형　　(2) 예 　　　　정육각형

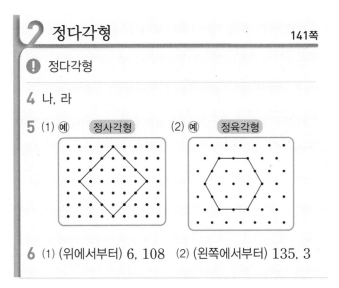

6 (1) (위에서부터) 6, 108 　(2) (왼쪽에서부터) 135, 3

4 변의 길이가 모두 같고, 각의 크기가 모두 같은 도형은
나, 라입니다.

5 (1) 변의 길이가 모두 같고, 각의 크기가 모두 같은 사각형을 그립니다.
　(2) 변의 길이가 모두 같고, 각의 크기가 모두 같은 육각형을 그립니다.

6 정다각형은 변의 길이가 모두 같고, 각의 크기가 모두 같습니다.

3 대각선　　142쪽

❶ 대각선

7 (1) 　　　　(2) 　　　　(3)

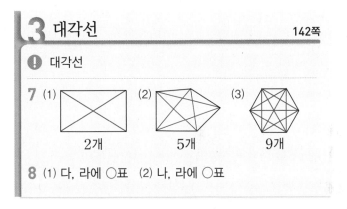

　　2개　　　　5개　　　　9개

8 (1) 다, 라에 ○표 　(2) 나, 라에 ○표

8 가: 평행사변형, 나: 마름모, 다: 직사각형, 라: 정사각형
　(1) 두 대각선의 길이가 같은 사각형은 직사각형, 정사각형입니다.
　(2) 두 대각선이 서로 수직으로 만나는 사각형은 마름모, 정사각형입니다.

4 모양 만들기　　143쪽

9 4, 3, 2　　　　　10 가

11 예

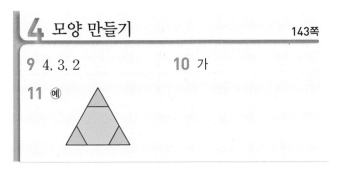

9 정삼각형 4개, 마름모 3개, 정육각형 2개를 사용하여 만든 나비 모양입니다.

10 　　　　가 모양 조각을 3개 사용하면 나 모양 조각을 만들 수 있습니다.

11 가 모양 조각 3개와 바 모양 조각 1개를 이어 붙여 삼각형을 만들 수 있습니다.

5 모양 채우기
144쪽

12

13 7개

13

다 모양 조각 2개를 이어 붙이면 ⬡ 모양이 되므로 다 모양 조각은 7개 필요합니다.

기본에서 응용으로
145~150쪽

1 나, 마, 아

2

구각형	십각형
9	10
9	10

3 14개

4 ③, ⑤

5 정육각형

6 ⒠ 6154 / ⒠

7 72 cm

8 정칠각형

9 1260°

10 36 cm

11 ③

12 은호

13 ⬡ / 3

14 ②, ⑤

15 (위에서부터) 9, 5

16 (위에서부터) 90, 6

17 90°

18 18 cm

19 70°

20 6개

21 ㉠, ㉢

22 ⒠

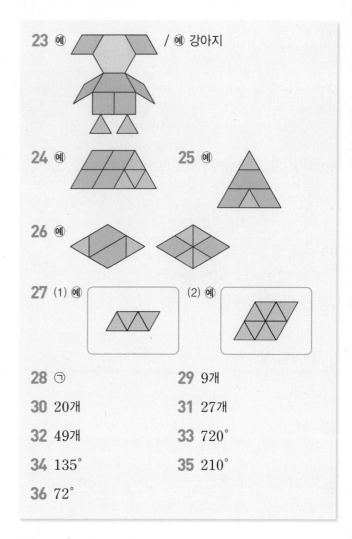

23 ⒠ / ⒠ 강아지

24 ⒠

25 ⒠

26 ⒠

27 (1) ⒠　　　(2) ⒠

28 ㉠

29 9개

30 20개

31 27개

32 49개

33 720°

34 135°

35 210°

36 72°

1 나, 마, 아는 선분으로만 둘러싸인 도형이 아니므로 다각형이 아닙니다.

2 변의 수에 따라 다각형의 이름이 정해집니다.
다각형의 변의 수와 꼭짓점의 수는 같습니다.

3 칠각형의 변의 수와 꼭짓점의 수는 각각 7개입니다.
➡ 7+7=14(개)

4 정다각형은 변의 길이가 모두 같고, 각의 크기가 모두 같습니다. ③은 정오각형, ⑤는 정팔각형입니다.

5 6개의 선분으로 둘러싸인 다각형이므로 육각형이고, 변의 길이와 각의 크기가 모두 같으므로 정육각형입니다.

6 비밀번호 4352의 힌트를 정사각형 3개, 정오각형 2개로 나타냈습니다.
⒠ 비밀번호 6154는 정육각형 1개, 정오각형 4개로 나타냅니다.

7 정팔각형은 변이 8개이고 변의 길이가 모두 같습니다.
(정팔각형의 모든 변의 길이의 합)
$=9×8=72$(cm)

8 정다각형은 모든 변의 길이가 같습니다.
따라서 변이 $21 \div 3 = 7$(개)이므로 정칠각형입니다.

9 정구각형은 각이 9개이고 각의 크기가 모두 같습니다.
(정구각형의 모든 각의 크기의 합)
$= 140° \times 9 = 1260°$

10 정육각형과 정오각형의 한 변의 길이는 $4\,\mathrm{cm}$로 같고 굵은 선의 길이는 한 변의 길이의 9배입니다.
(굵은 선의 길이)$= 4 \times 9 = 36(\mathrm{cm})$

11 ③ 삼각형은 모든 꼭짓점이 서로 이웃하고 있기 때문에 대각선을 그을 수 없습니다.

12 은호: 서로 이웃하지 않는 두 꼭짓점을 이은 선분을 대각선이라고 합니다.

14 두 대각선의 길이가 같은 사각형은 직사각형, 정사각형입니다.

15 평행사변형은 한 대각선이 다른 대각선을 똑같이 둘로 나눕니다.

16 마름모는 두 대각선이 서로 수직으로 만나고, 한 대각선이 다른 대각선을 똑같이 둘로 나눕니다.

17 색종이를 서로 이웃하지 않는 꼭짓점끼리 만나도록 접었으므로 접었던 선은 정사각형의 대각선입니다.
정사각형은 두 대각선이 서로 수직으로 만납니다.

서술형
18 **예** 평행사변형은 한 대각선이 다른 대각선을 똑같이 둘로 나누므로 (선분 ㅁㄷ)=(선분 ㄱㅁ)=5 cm입니다.
(선분 ㄴㄹ의 길이)$=28-$(선분 ㄱㅁ)$-$(선분 ㄷㅁ)
$=28-5-5=18(\mathrm{cm})$

단계	문제 해결 과정
①	선분 ㅁㄷ의 길이를 구했나요?
②	선분 ㄴㄹ의 길이를 구했나요?

19 직사각형은 두 대각선의 길이가 같고, 한 대각선이 다른 대각선을 똑같이 둘로 나누므로 삼각형 ㄱㄴㅇ은 이등변삼각형입니다.
(각 ㅇㄱㄴ)=(각 ㅇㄴㄱ)$=55°$
➡ (각 ㄱㅇㄴ)$=180°-55°-55°=70°$

20 다 모양 조각 1개는 가 모양 조각 2개로 만들 수 있습니다.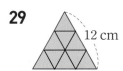
따라서 다 모양 조각 3개를 만들려면 가 모양 조각은 모두 $2 \times 3 = 6$(개) 필요합니다.

21
정삼각형   평행사변형

23 6가지 모양 조각을 서로 겹치지 않게 빈틈없이 이어 붙여 모양을 만들어 봅니다.

24  모양 조각에 한 대각선을 그으면 △ 모양 조각 2개가 됩니다.

26 다음과 같이 채울 수도 있습니다.
예

28 ㉡   ㉢

29
12 cm
정삼각형은 세 변의 길이가 같습니다.
채우려는 정삼각형의 한 변의 길이가 12 cm이므로 한 변에 정삼각형 모양 조각을 3개씩 놓을 수 있습니다.

30 팔각형의 한 꼭짓점에서 그을 수 있는 대각선은
$8-3=5$(개)입니다.
8개의 꼭짓점에서 대각선은 $5 \times 8 = 40$(개) 그을 수 있고, 40개는 대각선을 두 번씩 센 것이므로 팔각형의 대각선은 모두 $40 \div 2 = 20$(개)입니다.

31 변이 9개이고, 꼭짓점이 9개인 다각형은 구각형입니다. 구각형의 한 꼭짓점에서 그을 수 있는 대각선은
$9-3=6$(개)입니다. 9개의 꼭짓점에서 그을 수 있는 대각선은 $6 \times 9 = 54$(개)이고 54개는 대각선을 두 번씩 센 것이므로 구각형의 대각선은 모두
$54 \div 2 = 27$(개)입니다.

32 한 꼭짓점에서 그을 수 있는 대각선이 칠각형은
$7-3=4$(개)이고, 십각형은 $10-3=7$(개)입니다.
칠각형은 7개의 꼭짓점에서 그을 수 있는 대각선이
$4 \times 7 = 28$(개)이므로 대각선은 모두
$28 \div 2 = 14$(개)입니다.
십각형은 10개의 꼭짓점에서 그을 수 있는 대각선이
$7 \times 10 = 70$(개)이므로 대각선은 모두
$70 \div 2 = 35$(개)입니다.
➡ $14 + 35 = 49$(개)

33 정육각형은 사각형 2개로 나누어지므로 정육각형의 모든 각의 크기의 합은 $360° \times 2 = 720°$입니다.

34 정팔각형은 사각형 3개로 나누어지므로 정팔각형의 모든 각의 크기의 합은 $360° \times 3 = 1080°$입니다.
정팔각형은 모든 각의 크기가 같으므로
(정팔각형의 한 각의 크기)$= 1080° \div 8 = 135°$입니다.

35 정육각형은 사각형 2개로 나누어지므로 정육각형의 모든 각의 크기의 합은 $360° \times 2 = 720°$이고
(정육각형의 한 각의 크기)$= 720° \div 6 = 120°$입니다.
정사각형은 네 각이 모두 직각이므로 한 각의 크기는 $90°$입니다.
➡ ㉠$= 120° + 90° = 210°$

서술형
36 예 정오각형은 삼각형 3개로 나누어지므로 정오각형의 모든 각의 크기의 합은 $180° \times 3 = 540°$이고
(정오각형의 한 각의 크기)$= 540° \div 5 = 108°$입니다.
➡ ㉠$= 180° - 108° = 72°$

단계	문제 해결 과정
①	정오각형의 한 각의 크기를 구했나요?
②	㉠의 각도를 구했나요?

응용에서 최상위로
151~154쪽

1 72°	**1-1** 60°	**1-2** 135°
2 6 cm	**2-1** 6 cm	**2-2** 22 cm

3 2, 5, 9, 14 / 구각형

3-1 십일각형　　**3-2** 10개

4 1단계 예 정팔각형은 사각형 3개로 나누어지므로 모든 각의 크기의 합은 $360° \times 3 = 1080°$입니다.
정다각형은 모든 각의 크기가 같으므로
(정팔각형의 한 각의 크기)
　$= 1080° \div 8 = 135°$입니다.
2단계 예 한 바퀴가 이루는 각도는 $360°$이므로
(빨간색 사각형의 한 각의 크기)
　$= 360° - 135° - 135° = 90°$입니다.
3단계 예 네 변의 길이가 모두 같고, 네 각의 크기가 모두 $90°$이므로 정사각형입니다.
／ 정사각형

4-1 348°

1

정오각형은 각의 크기가 모두 같으므로 ㉡$= 108°$이고, ㉢$= 180° - ㉡ = 180° - 108° = 72°$입니다.
평행사변형은 이웃하는 두 각의 크기의 합이 $180°$이므로 ㉣$= 180° - 72° = 108°$입니다.
➡ ㉠$= 180° - 108° = 72°$

1-1

정육각형은 각의 크기가 모두 같으므로 ㉡$= 120°$이고, ㉢$= 180° - ㉡ = 180° - 120° = 60°$입니다.
평행사변형은 이웃하는 두 각의 크기의 합이 $180°$이므로 ㉣$= 180° - 60° = 120°$입니다.
➡ ㉠$= 180° - 120° = 60°$

1-2

정팔각형은 각의 크기가 모두 같으므로 ㉡$= 135°$입니다.
직사각형은 네 각이 모두 직각이므로 ㉢$= 90°$입니다.
➡ ㉠$= 360° - 135° - 90° = 135°$

2 정사각형 가는 길이가 같은 변이 4개이므로
(가의 모든 변의 길이의 합)$= 9 \times 4 = 36$(cm)입니다.
정육각형 나는 길이가 같은 변이 6개이므로
(나의 한 변의 길이)$= 36 \div 6 = 6$(cm)입니다.

2-1 정삼각형 가는 길이가 같은 변이 3개이므로
(가의 세 변의 길이의 합)$= 14 \times 3 = 42$(cm)입니다.
정칠각형 나는 길이가 같은 변이 7개이므로
(나의 한 변의 길이)$= 42 \div 7 = 6$(cm)입니다.

2-2 정팔각형은 길이가 같은 변이 8개이므로
(철사 전체의 길이)$= 11 \times 8 = 88$(cm)입니다.
정사각형은 길이가 같은 변이 4개이므로
(가장 큰 정사각형의 한 변의 길이)
　$= 88 \div 4 = 22$(cm)입니다.

3

사각형	오각형	육각형	칠각형	팔각형	구각형
2	5	9	14	20	27

$+3$　$+4$　$+5$　$+6$　$+7$

대각선의 수가 3, 4, 5, ... 늘어나는 규칙이므로 대각선이 27개인 다각형은 구각형입니다.

3-1

사각형	오각형	육각형	칠각형	팔각형	구각형
2	5	9	14	20	27

$+3$ $+4$ $+5$ $+6$ $+7$

대각선의 수가 3, 4, 5, … 늘어나는 규칙이므로 대각
선이 십각형은 $27+8=35$(개), 십일각형은
$35+9=44$(개)입니다.

3-2

사각형	오각형	육각형	칠각형	팔각형	구각형	십각형
2	5	9	14	20	27	35

$+3$ $+4$ $+5$ $+6$ $+7$ $+8$

대각선이 35개인 정다각형은 정십각형입니다.
정십각형의 변은 10개입니다.

4-1 표시한 각은 정오각형의 한 각의 크기와 정육각형의 두
각의 크기의 합과 같습니다.
정오각형의 모든 각의 크기의 합은 $180°×3=540°$
이므로 정오각형의 한 각의 크기는 $540°÷5=108°$
입니다.
정육각형의 모든 각의 크기의 합은 $180°×4=720°$
이므로 정육각형의 한 각의 크기는 $720°÷6=120°$
입니다.
따라서 표시한 각의 크기는
$108°+120°+120°=348°$입니다.

단원 평가 Level ❶

155~157쪽

1 나, 라

2 십각형

3 예

4 (왼쪽에서부터) 120, 5

5 28 cm

6 9개

7 직사각형, 정사각형

8 마름모, 정사각형

9 6개, 2개, 3개

10 ㉢

11 예

---

12 예

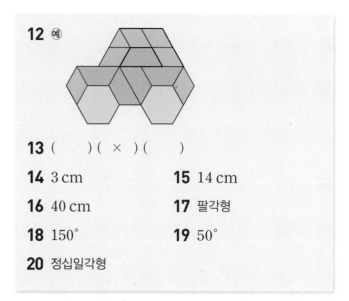

13 ( ) (×) ( )

14 3 cm

15 14 cm

16 40 cm

17 팔각형

18 150°

19 50°

20 정십일각형

---

1 가는 곡선으로 이루어져 있고, 다는 직선과 곡선으로
이루어져 있으므로 다각형이 아닙니다.

2 변이 10개인 다각형은 십각형입니다.

3 팔각형은 8개의 선분으로 둘러싸인 도형입니다.

4 정다각형은 변의 길이가 모두 같고, 각의 크기가 모두
같습니다.

5 변이 7개이고 정다각형이므로 변의 길이가 모두 같습
니다.
(모든 변의 길이의 합)$=4×7=28$(cm)

6

서로 이웃하지 않는 두 꼭짓점을 선분으로 모두 이어
보면 대각선은 모두 9개입니다.

7 두 대각선의 길이가 같은 사각형은 직사각형, 정사각형
입니다.

8 두 대각선이 서로 수직으로 만나는 사각형은 마름모,
정사각형입니다.

9

6개   2개   3개

10 ➡ 사다리꼴

정답과 풀이 **47**

12 먼저 가장 큰 라 모양 조각으로 채운 다음 가, 나, 다 모양 조각으로 채워 봅니다.

13 왼쪽부터 차례로 정사각형, 정오각형, 정육각형입니다. 정오각형의 한 각의 크기는 $108°$이므로 꼭짓점을 중심으로 $360°$를 만들 수 없습니다.

14 굵은 선의 길이는 정오각형의 한 변의 길이의 8배입니다. 따라서 정오각형의 한 변의 길이는 $24 \div 8 = 3(cm)$입니다.

15 (철사 전체의 길이)$= 6 \times 7 = 42(cm)$
➡ (가장 큰 정삼각형의 한 변의 길이)
$= 42 \div 3 = 14(cm)$

16 직사각형은 한 대각선이 다른 대각선을 똑같이 둘로 나누므로 (선분 ㄴㅁ)=(선분 ㅁㄹ)$=10$ cm입니다.
(한 대각선의 길이)$= 10 + 10 = 20(cm)$
직사각형은 두 대각선의 길이가 같으므로
(두 대각선의 길이의 합)$= 20 \times 2 = 40(cm)$입니다.

17

사각형	오각형	육각형	칠각형	팔각형
2	5	9	14	20

$+3 \quad +4 \quad +5 \quad +6$

따라서 대각선이 20개인 다각형은 팔각형입니다.

18 정육각형은 사각형 2개로 나누어지므로 정육각형의 모든 각의 크기의 합은 $360° \times 2 = 720°$입니다.
정다각형은 모든 각의 크기가 같으므로
ⓒ$= 720° \div 6 = 120°$입니다.
(변 ㄱㄴ)=(변 ㄴㄷ)이므로 삼각형 ㄱㄴㄷ은 이등변삼각형이고, (각 ㄱㄴㄷ)$= 120°$이므로
㉠$+$㉠$= 180° - 120° = 60°$,
㉠$= 60° \div 2 = 30°$입니다.
➡ ㉠$+$ⓒ$= 30° + 120° = 150°$

서술형
19 예 마름모는 네 변의 길이가 모두 같으므로
삼각형 ㄱㄴㄹ은 이등변삼각형이고
(각 ㄱㄹㄴ)=(각 ㄱㄴㄹ)$= 40°$입니다.
마름모는 두 대각선이 서로 수직으로 만나므로
(각 ㄱㅇㄹ)$= 90°$입니다.
➡ (각 ㅇㄱㄹ)$= 180° - 90° - 40° = 50°$

평가 기준	배점(5점)
각 ㄱㄹㄴ과 각 ㄱㅇㄹ의 크기를 각각 구했나요?	3점
각 ㅇㄱㄹ의 크기를 구했나요?	2점

서술형
20 예 선분으로만 둘러싸여 있고, 모든 변의 길이와 모든 각의 크기가 같으므로 정다각형입니다.
한 꼭짓점에서 그을 수 있는 대각선이 8개이므로 이 다각형의 꼭짓점은 $8 + 3 = 11$(개)입니다.
따라서 도형의 이름은 정십일각형입니다.

평가 기준	배점(5점)
조건을 만족시키는 도형이 정다각형임을 알았나요?	2점
꼭짓점의 수를 구하여 도형의 이름을 썼나요?	3점

단원 평가 Level ❷

158~160쪽

1 ⑤

2 구각형

3 ⓒ

4 예

5 (1) × (2) ×

6 20개

7 ③

8 정팔각형

9 가, 마, 바

10 예

11 8개

12 $90°$

13 35 cm

14 15개

15 18 cm

16 15 cm

17 $36°$

18 7개

19 이등변삼각형

20 2 cm

1 변의 길이가 모두 같고, 각의 크기가 모두 같은 다각형은 ⑤입니다.

2 선분으로만 둘러싸여 있는 도형은 다각형입니다. 변이 9개인 다각형은 구각형입니다.

3 대각선은 다각형에서 서로 이웃하지 않는 두 꼭짓점을 이은 선분입니다. ⓒ은 두 꼭짓점을 이은 선분이 아니므로 대각선이 아닙니다.

4 칠각형은 7개의 선분으로 둘러싸인 도형입니다.

5 (1) 직사각형은 네 변의 길이가 항상 같지는 않습니다.
　　(2) 정다각형은 네 각의 크기가 모두 같습니다.

6 다각형은 변의 수와 꼭짓점의 수가 같습니다.
　　십각형의 변의 수는 10개, 꼭짓점의 수는 10개이므로
　　㉠＋㉡＝10＋10＝20(개)입니다.

7 대각선을 직접 그어 봅니다.

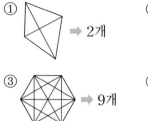

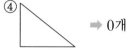

다른 풀이
꼭짓점의 수가 많은 다각형일수록 더 많은 대각선을 그을 수 있습니다.

8 정다각형은 모든 변의 길이가 같습니다.
　　따라서 변이 32÷4＝8(개)이므로 정팔각형입니다.

9 정다각형에 대한 설명입니다. 가는 정삼각형, 마는 정사각형, 바는 정육각형입니다.

11

먼저 다 모양 조각 2개로 모양을 채운 후 나머지 부분을 가 모양 조각으로 채우면 가 모양 조각은 8개 필요합니다.

12 네 변의 길이가 모두 같으므로 마름모입니다. 마름모의 두 대각선은 서로 수직으로 만납니다.

13 정오각형과 마름모의 한 변의 길이는 5 cm로 같고 굵은 선의 길이는 한 변의 길이의 7배입니다.
　　(굵은 선의 길이)＝5×7＝35(cm)

14 한 꼭짓점에서 그을 수 있는 대각선이 오각형은
　　5－3＝2(개)이고 팔각형은 8－3＝5(개)입니다.
　　오각형은 5개의 꼭짓점에서 그을 수 있는 대각선이
　　2×5＝10(개)이므로 대각선은 모두 10÷2＝5(개)입니다.
　　팔각형은 8개의 꼭짓점에서 그을 수 있는 대각선이
　　5×8＝40(개)이므로 대각선은 모두
　　40÷2＝20(개)입니다.
　　➡ 20－5＝15(개)

15 직사각형은 두 대각선의 길이가 같고, 한 대각선이 다른 대각선을 똑같이 둘로 나눕니다.
　　(선분 ㄴㅁ)＝(선분 ㅁㄹ)
　　＝(선분 ㄱㅁ)＝(선분 ㅁㄷ)＝5 cm
　　➡ (삼각형 ㅁㄴㄷ의 세 변의 길이의 합)
　　　＝5＋8＋5＝18(cm)

16 정삼각형의 한 변의 길이는 9÷3＝3(cm)이고, 정삼각형과 정오각형의 한 변의 길이가 같으므로 정오각형의 한 변의 길이는 3 cm입니다.
　　➡ (정오각형의 모든 변의 길이의 합)
　　　＝3×5＝15(cm)

17 정오각형은 삼각형 3개로 나누어지므로 정오각형의 모든 각의 크기의 합은 180°×3＝540°이고
　　(정오각형의 한 각의 크기)＝540°÷5＝108°입니다.
　　(변 ㄱㅁ)＝(변 ㅁㄹ)이므로 삼각형 ㄱㅁㄹ은 이등변삼각형이고, (각 ㄱㅁㄹ)＝108°이므로
　　㉠＋㉠＝180°－108°＝72°,
　　㉠＝72°÷2＝36°입니다.

18 정사각형　정오각형　정육각형　정칠각형

대각선이 14개인 정다각형은 정칠각형입니다.
정칠각형의 꼭짓점은 7개입니다.

서술형
19 ⑩ 직사각형은 두 대각선의 길이가 같고, 한 대각선이 다른 대각선을 똑같이 둘로 나누므로 4개의 삼각형은 두 변의 길이가 모두 같습니다.
따라서 만들어진 삼각형은 모두 이등변삼각형입니다.

평가 기준	배점(5점)
직사각형의 대각선의 성질을 알았나요?	2점
만들어진 삼각형은 모두 어떤 삼각형인지 구했나요?	3점

서술형
20 ⑩ 마름모는 네 변의 길이가 모두 같으므로 모든 변의 길이의 합은 5×4＝20(cm)입니다.
따라서 정십각형의 한 변의 길이는 20÷10＝2(cm)입니다.

평가 기준	배점(5점)
마름모의 모든 변의 길이의 합을 구했나요?	2점
정십각형의 한 변의 길이를 구했나요?	3점

1 분수의 덧셈과 뺄셈

서술형 문제
2~5쪽

1 ⑩ 자연수 부분끼리 빼고, 분수 부분끼리 뺀 결과를 더해야 하는데 빼서 틀렸습니다. /

⑩ $5\frac{7}{10} - 2\frac{3}{10} = 3 + \frac{4}{10} = 3\frac{4}{10}$

2 ㉠ **3** 2 **4** 4개

5 $5\frac{1}{9}$ **6** $17\frac{1}{5}$ cm **7** 시장, $\frac{5}{10}$ km

8 $3\frac{2}{7}$

1

단계	문제 해결 과정
①	잘못 계산한 까닭을 썼나요?
②	바르게 계산했나요?

2 ⑩ ㉠ $1\frac{4}{7} + 3\frac{5}{7} = 4 + \frac{9}{7} = 4 + 1\frac{2}{7} = 5\frac{2}{7}$

㉡ $6\frac{2}{7} - 1\frac{3}{7} = 5\frac{9}{7} - 1\frac{3}{7} = 4\frac{6}{7}$

따라서 $5\frac{2}{7} > 4\frac{6}{7}$이므로 ㉠이 더 큽니다.

단계	문제 해결 과정
①	㉠, ㉡을 각각 계산했나요?
②	계산 결과가 더 큰 것의 기호를 썼나요?

3 ⑩ $1\frac{1}{9} - \frac{2}{9} = \frac{10}{9} - \frac{2}{9} = \frac{8}{9}$,

$3\frac{7}{9} - 2\frac{8}{9} = 2\frac{16}{9} - 2\frac{8}{9} = \frac{8}{9}$이므로 $\frac{8}{9}$씩 커지는 규칙입니다.

따라서 빈칸에 알맞은 수는

$1\frac{1}{9} + \frac{8}{9} = 1 + \frac{9}{9} = 2$입니다.

단계	문제 해결 과정
①	규칙을 찾았나요?
②	빈칸에 알맞은 수를 구했나요?

4 ⑩ $1\frac{5}{9} + 1\frac{\square}{9}$에서 □=4일 때 계산 결과가 3이므로

□ 안에 들어갈 수 있는 수는 4보다 크고 9보다 작은 수입니다.

따라서 □ 안에 들어갈 수 있는 자연수는 5, 6, 7, 8로 모두 4개입니다.

단계	문제 해결 과정
①	$1\frac{5}{9} + 1\frac{\square}{9}$의 계산 결과가 3일 때 □ 안에 알맞은 수를 구했나요?
②	□ 안에 들어갈 수 있는 자연수는 모두 몇 개인지 구했나요?

5 ⑩ 만들 수 있는 가장 큰 대분수는 $8\frac{6}{9}$이고 가장 작은 대분수는 $3\frac{5}{9}$입니다.

따라서 두 대분수의 차는 $8\frac{6}{9} - 3\frac{5}{9} = 5 + \frac{1}{9} = 5\frac{1}{9}$ 입니다.

단계	문제 해결 과정
①	가장 큰 대분수와 가장 작은 대분수를 각각 구했나요?
②	두 대분수의 차를 구했나요?

6 ⑩ 색 테이프 3장의 길이의 합은 6×3=18(cm)이고, 겹쳐진 부분의 길이의 합은 $\frac{2}{5} + \frac{2}{5} = \frac{4}{5}$(cm)입니다.

따라서 이어 붙인 색 테이프의 전체 길이는

$18 - \frac{4}{5} = 17\frac{5}{5} - \frac{4}{5} = 17\frac{1}{5}$(cm)입니다.

단계	문제 해결 과정
①	색 테이프 3장의 길이의 합과 겹쳐진 부분의 길이의 합을 각각 구했나요?
②	이어 붙인 색 테이프의 전체 길이를 구했나요?

7 ⑩ (학교에서 약국을 지나 서점까지의 거리)

$= 1\frac{4}{10} + 2\frac{2}{10} = 3\frac{6}{10}$(km)

(학교에서 시장을 지나 서점까지의 거리)

$= 1\frac{3}{10} + 1\frac{8}{10} = 2 + \frac{11}{10}$

$= 2 + 1\frac{1}{10} = 3\frac{1}{10}$(km)

따라서 $3\frac{6}{10} > 3\frac{1}{10}$이므로 시장을 지나가는 길이

$3\frac{6}{10} - 3\frac{1}{10} = \frac{5}{10}$(km) 더 가깝습니다.

단계	문제 해결 과정
①	학교에서 약국을 지나 서점까지의 거리와 시장을 지나 서점까지의 거리를 각각 구했나요?
②	어느 곳을 지나가는 길이 몇 km 더 가까운지 구했나요?

8 예 $3\dfrac{5}{7}$ ● $\dfrac{6}{7}=3\dfrac{5}{7}-\dfrac{6}{7}+\dfrac{3}{7}$

$\qquad\qquad =2\dfrac{12}{7}-\dfrac{6}{7}+\dfrac{3}{7}=2\dfrac{6}{7}+\dfrac{3}{7}$

$\qquad\qquad =2+\dfrac{9}{7}=2+1\dfrac{2}{7}=3\dfrac{2}{7}$

단계	문제 해결 과정
①	약속에 맞게 식을 세웠나요?
②	바르게 계산했나요?

다시 점검하는 **단원 평가** Level ❶

6~8쪽

1 4, 7, 11 / 11, 1, 2　　**2** (1) $3\dfrac{5}{7}$　(2) $\dfrac{5}{8}$

3 ㉡　　　　　　　　**4** $1\dfrac{11}{15}$

5 (　) (　) (○)　　**6** $2\dfrac{3}{5}$ cm

7 (위에서부터) $1\dfrac{6}{8}$, $1\dfrac{4}{11}$　**8** $5\dfrac{8}{13}$

9 <　　　　　　　　**10** $4\dfrac{1}{6}$ kg

11 $2\dfrac{4}{5}$ cm　　　　**12** $1\dfrac{16}{20}$

13 $14\dfrac{2}{10}$　　　　**14** $\dfrac{1}{7}$, $\dfrac{5}{7}$

15 $3\dfrac{7}{12}$　　　　　**16** $9\dfrac{4}{8}$ cm

17 1, 2　　　　　　　**18** $\dfrac{1}{5}$ kg

19 $2\dfrac{6}{9}$　　　　　**20** $14\dfrac{2}{7}$

2 (2) $1-\dfrac{3}{8}=\dfrac{8}{8}-\dfrac{3}{8}=\dfrac{5}{8}$

3 ㉠ $\dfrac{7}{11}$ ㉡ $\dfrac{11}{11}=1$ ㉢ $\dfrac{10}{11}$ ㉣ $\dfrac{8}{11}$

$\Rightarrow 1>\dfrac{10}{11}>\dfrac{8}{11}>\dfrac{7}{11}$

4 $6\dfrac{3}{15}-4\dfrac{7}{15}=5\dfrac{18}{15}-4\dfrac{7}{15}=1\dfrac{11}{15}$

5 ・$6\dfrac{1}{7}-1\dfrac{4}{7}$는 분수 부분끼리 뺄 수 없으므로 1을 받아내림해야 합니다.

　따라서 계산 결과는 5보다 작습니다.

・$3\dfrac{2}{5}+2\dfrac{4}{5}$는 $3+2=5$이고 분수 부분의 합이 1보다 크므로 계산 결과는 6보다 큽니다.

・$7-1\dfrac{1}{4}$은 $7-1=6$이고 $\dfrac{1}{4}$은 1보다 작으므로 계산 결과는 5와 6 사이입니다.

6 (가로)-(세로)$=4-1\dfrac{2}{5}=3\dfrac{5}{5}-1\dfrac{2}{5}=2\dfrac{3}{5}$(cm)

7

$1\dfrac{2}{5}$	$1\dfrac{3}{5}$
$1\dfrac{2}{8}$	㉠
㉡	$1\dfrac{7}{11}$

두 수의 합은 $1\dfrac{2}{5}+1\dfrac{3}{5}=2+\dfrac{5}{5}=2+1=3$입니다.

・$1\dfrac{2}{8}+㉠=3$

$\Rightarrow ㉠=3-1\dfrac{2}{8}=2\dfrac{8}{8}-1\dfrac{2}{8}=1\dfrac{6}{8}$

・$㉡+1\dfrac{7}{11}=3$

$\Rightarrow ㉡=3-1\dfrac{7}{11}=2\dfrac{11}{11}-1\dfrac{7}{11}=1\dfrac{4}{11}$

8 가장 큰 수: 8, 가장 작은 수: $2\dfrac{5}{13}$

$\Rightarrow$ (가장 큰 수)-(가장 작은 수)

$\quad =8-2\dfrac{5}{13}=7\dfrac{13}{13}-2\dfrac{5}{13}=5\dfrac{8}{13}$

9 $6\dfrac{2}{7}-2\dfrac{4}{7}=5\dfrac{9}{7}-2\dfrac{4}{7}=3\dfrac{5}{7}$

$2\dfrac{2}{7}+1\dfrac{6}{7}=3+\dfrac{8}{7}=3+1\dfrac{1}{7}=4\dfrac{1}{7}$

$\Rightarrow 3\dfrac{5}{7}<4\dfrac{1}{7}$

10 (책을 넣은 가방의 무게)

$\quad =$(가방의 무게)+(책의 무게)

$\quad =1\dfrac{2}{6}+2\dfrac{5}{6}=3+\dfrac{7}{6}$

$\quad =3+1\dfrac{1}{6}=4\dfrac{1}{6}$(kg)

정답과 풀이 **51**

11 (나정이가 쌓은 높이) − (정연이가 쌓은 높이)

$$= 23\frac{2}{5} - 20\frac{3}{5} = 22\frac{7}{5} - 20\frac{3}{5} = 2\frac{4}{5}(\text{cm})$$

12 $4\frac{3}{20} - \square = 2\frac{7}{20}$에서 $4\frac{3}{20} - 2\frac{7}{20} = \square$입니다.

➡ $\square = 4\frac{3}{20} - 2\frac{7}{20} = 3\frac{23}{20} - 2\frac{7}{20} = 1\frac{16}{20}$

13 수직선에서 작은 눈금 한 칸의 크기는 $\frac{1}{10}$입니다.

$\bigcirc = 6\frac{5}{10}$, $\bigcirc = 7\frac{7}{10}$

➡ $\bigcirc + \bigcirc = 6\frac{5}{10} + 7\frac{7}{10} = 13 + \frac{12}{10}$

$$= 13 + 1\frac{2}{10} = 14\frac{2}{10}$$

14 두 분수의 분자는 7보다 작습니다. 7보다 작은 두 수 중에서 합이 6인 경우는 (1, 5), (2, 4), (3, 3)이고 이 중 차가 4인 경우는 (1, 5)입니다.

따라서 두 진분수는 $\frac{1}{7}$, $\frac{5}{7}$입니다.

15 $10\frac{2}{12} - 1\frac{11}{12} = 9\frac{14}{12} - 1\frac{11}{12} = 8\frac{3}{12}$이므로

$8\frac{3}{12} = 4\frac{8}{12} + \bigcirc$입니다.

$8\frac{3}{12} - 4\frac{8}{12} = \bigcirc$,

$\bigcirc = 8\frac{3}{12} - 4\frac{8}{12} = 7\frac{15}{12} - 4\frac{8}{12} = 3\frac{7}{12}$

16 색 테이프 2장의 길이의 합은

$5\frac{5}{8} + 6\frac{7}{8} = 11 + \frac{12}{8} = 11 + 1\frac{4}{8} = 12\frac{4}{8}(\text{cm})$입니다.

따라서 이어 붙인 색 테이프의 전체 길이는

$12\frac{4}{8} - 3 = 9\frac{4}{8}(\text{cm})$입니다.

17 $4\frac{1}{7} - 2\frac{5}{7} = 3\frac{8}{7} - 2\frac{5}{7} = 1\frac{3}{7}$이므로 $1\frac{3}{7} > 1\frac{\square}{7}$입니다.

따라서 $\square$ 안에 들어갈 수 있는 자연수는 1, 2입니다.

18 케이크 4개를 만드는 데 필요한 밀가루의 양은

$\frac{3}{5} + \frac{3}{5} + \frac{3}{5} + \frac{3}{5} = \frac{12}{5} = 2\frac{2}{5}(\text{kg})$입니다.

따라서 더 준비해야 하는 밀가루의 양은

$2\frac{2}{5} - 2\frac{1}{5} = \frac{1}{5}(\text{kg})$입니다.

서술형
19 예 $4\frac{4}{9} \circledcirc 2\frac{6}{9} = 4\frac{4}{9} - 2\frac{6}{9} + \frac{8}{9}$

$$= 3\frac{13}{9} - 2\frac{6}{9} + \frac{8}{9} = 1\frac{7}{9} + \frac{8}{9}$$

$$= 1 + \frac{15}{9} = 1 + 1\frac{6}{9} = 2\frac{6}{9}$$

평가 기준	배점(5점)
약속에 맞게 식을 세웠나요?	2점
바르게 계산했나요?	3점

서술형
20 예 합이 가장 큰 덧셈을 만들려면 가장 큰 수와 둘째로 큰 수를 더해야 합니다.

가장 큰 수: $8\frac{4}{7}$, 둘째로 큰 수: $5\frac{5}{7}$

➡ $8\frac{4}{7} + 5\frac{5}{7} = 13 + \frac{9}{7} = 13 + 1\frac{2}{7} = 14\frac{2}{7}$

평가 기준	배점(5점)
가장 큰 수와 둘째로 큰 수를 찾았나요?	2점
가장 큰 합은 얼마인지 구했나요?	3점

다시 점검하는 **단원 평가** Level ❷

9~11쪽

1 $1\frac{2}{11}$ **2** 3, 14 / 2, 7, 2, 7

3 $3\frac{7}{17}$

4 예 $3\frac{2}{6} - \frac{3}{6} = 2\frac{8}{6} - \frac{3}{6} = 2 + \frac{5}{6} = 2\frac{5}{6}$ /

예 $3\frac{2}{6} - \frac{3}{6} = \frac{20}{6} - \frac{3}{6} = \frac{17}{6} = 2\frac{5}{6}$

5 $4\frac{2}{10}$ km   **6** $1\frac{3}{14}$

7 ⓒ, ⓒ, ⓒ   **8** 1, 2, 3

9 현미, 수수   **10** $2\frac{8}{10}$ kg

11 $16\frac{6}{13}$ cm   **12** 6, 5 / $\frac{6}{11}$

13 2개, $1\frac{3}{13}$ m   **14** ⓒ

15 $1\frac{18}{23}$ **16** $2\frac{2}{7}$ m

17 21

18 8, 6, 3, 4, $5\dfrac{2}{7}$

19 $4\dfrac{3}{10}$

20 $1\dfrac{5}{8}$시간

1 $\dfrac{10}{11}-\dfrac{6}{11}=\dfrac{4}{11}$, $\dfrac{4}{11}+\dfrac{9}{11}=\dfrac{13}{11}=1\dfrac{2}{11}$

3 $\dfrac{1}{17}$이 18개인 수는 $\dfrac{18}{17}=1\dfrac{1}{17}$입니다.

따라서 $1\dfrac{1}{17}$보다 $2\dfrac{6}{17}$만큼 더 큰 수는

$1\dfrac{1}{17}+2\dfrac{6}{17}=3\dfrac{7}{17}$입니다.

4 **방법 1** 자연수에서 1만큼을 분수로 바꾸어 계산합니다.
방법 2 대분수를 가분수로 바꾸어 계산합니다.

5 (집에서 은행을 지나 학교까지 가는 거리)
　= (집에서 은행까지의 거리)
　　+ (은행에서 학교까지의 거리)
　$=2\dfrac{4}{10}+1\dfrac{8}{10}=3+\dfrac{12}{10}$
　$=3+1\dfrac{2}{10}=4\dfrac{2}{10}$(km)

6 $3\dfrac{9}{14}-\square=2\dfrac{6}{14}$에서 $3\dfrac{9}{14}-2\dfrac{6}{14}=\square$입니다.

➡ $\square=3\dfrac{9}{14}-2\dfrac{6}{14}=1\dfrac{3}{14}$

7 ㉠ $2\dfrac{14}{17}+5\dfrac{9}{17}=7+\dfrac{23}{17}=7+1\dfrac{6}{17}=8\dfrac{6}{17}$

㉡ $6\dfrac{12}{17}+1\dfrac{8}{17}=7+\dfrac{20}{17}=7+1\dfrac{3}{17}=8\dfrac{3}{17}$

㉢ $3\dfrac{15}{17}+4\dfrac{6}{17}=7+\dfrac{21}{17}=7+1\dfrac{4}{17}=8\dfrac{4}{17}$

➡ $8\dfrac{6}{17}>8\dfrac{4}{17}>8\dfrac{3}{17}$

8 $\dfrac{8}{12}+\dfrac{\square}{12}=\dfrac{8+\square}{12}$이고 분모가 12인 분수 중에서

가장 큰 진분수는 $\dfrac{11}{12}$입니다.

$\dfrac{8+\square}{12}=\dfrac{11}{12}$일 때 $\square=3$이므로 $\square$ 안에 들어갈 수

있는 자연수는 1, 2, 3입니다.

9 (현미)+(수수)$=2\dfrac{3}{5}+1\dfrac{2}{5}=3+\dfrac{5}{5}=3+1=4$(kg)

따라서 현미와 수수를 사야 합니다.

10 (강아지의 무게)
　= (강아지를 안고 잰 무게) − (현우의 몸무게)
　$=45\dfrac{3}{10}-42\dfrac{5}{10}=44\dfrac{13}{10}-42\dfrac{5}{10}$
　$=2\dfrac{8}{10}$(kg)

11 (가로)+(세로)$=4\dfrac{7}{13}+3\dfrac{9}{13}=7+\dfrac{16}{13}$
　　　　　　　$=7+1\dfrac{3}{13}=8\dfrac{3}{13}$(cm)

직사각형은 마주 보는 두 변의 길이가 같습니다.
➡ (직사각형의 네 변의 길이의 합)
　$=8\dfrac{3}{13}+8\dfrac{3}{13}=16\dfrac{6}{13}$(cm)

12 계산 결과가 가장 작으려면 가장 큰 수를 빼야 합니다.

만들 수 있는 가장 큰 수는 $6\dfrac{5}{11}$이므로

$7-6\dfrac{5}{11}=6\dfrac{11}{11}-6\dfrac{5}{11}=\dfrac{6}{11}$입니다.

13 (상자 1개를 포장하고 남는 끈의 길이)

　$=4-1\dfrac{5}{13}=3\dfrac{13}{13}-1\dfrac{5}{13}=2\dfrac{8}{13}$(m)

(상자 2개를 포장하고 남는 끈의 길이)

　$=2\dfrac{8}{13}-1\dfrac{5}{13}=1\dfrac{3}{13}$(m)

$1\dfrac{3}{13}$ m로는 상자를 포장할 수 없으므로 포장할 수 있

는 상자는 2개이고, 남는 끈은 $1\dfrac{3}{13}$ m입니다.

14 ㉠ $10-2\dfrac{5}{8}=9\dfrac{8}{8}-2\dfrac{5}{8}=7\dfrac{3}{8}$

㉡ $13-6\dfrac{1}{8}=12\dfrac{8}{8}-6\dfrac{1}{8}=6\dfrac{7}{8}$

㉢ $9-1\dfrac{6}{8}=8\dfrac{8}{8}-1\dfrac{6}{8}=7\dfrac{2}{8}$

㉣ $11-4\dfrac{4}{8}=10\dfrac{8}{8}-4\dfrac{4}{8}=6\dfrac{4}{8}$

7과 계산 결과의 차가 작을수록 7에 가깝습니다.

㉠ $7\dfrac{3}{8}-7=\dfrac{3}{8}$　㉡ $7-6\dfrac{7}{8}=6\dfrac{8}{8}-6\dfrac{7}{8}=\dfrac{1}{8}$

㉢ $7\dfrac{2}{8}-7=\dfrac{2}{8}$　㉣ $7-6\dfrac{4}{8}=6\dfrac{8}{8}-6\dfrac{4}{8}=\dfrac{4}{8}$

따라서 $\dfrac{1}{8}<\dfrac{2}{8}<\dfrac{3}{8}<\dfrac{4}{8}$이므로 계산 결과가 7에 가장

가까운 뺄셈은 ㉡입니다.

15 어떤 수를 □라고 하면 $□+1\frac{4}{23}=4\frac{3}{23}$입니다.

$□=4\frac{3}{23}-1\frac{4}{23}=3\frac{26}{23}-1\frac{4}{23}=2\frac{22}{23}$

따라서 바르게 계산하면

$2\frac{22}{23}-1\frac{4}{23}=1\frac{18}{23}$입니다.

16 (두 끈의 길이의 합)

$=5\frac{3}{7}+4\frac{6}{7}=9+\frac{9}{7}=9+1\frac{2}{7}=10\frac{2}{7}$(m)

(묶는 데 사용한 끈의 길이) $=10\frac{2}{7}-8=2\frac{2}{7}$(m)

17 ㉠−㉡=7이고, ㉠과 ㉡은 15보다 작아야 하므로
(㉠, ㉡)이 될 수 있는 경우는 (14, 7), (13, 6), (12, 5),
(11, 4), (10, 3), (9, 2), (8, 1)입니다.
따라서 ㉠+㉡이 가장 클 때의 값은 14+7=21입
니다.

18 가장 큰 대분수: $8\frac{6}{7}$, 가장 작은 대분수: $3\frac{4}{7}$

➡ $8\frac{6}{7}-3\frac{4}{7}=5\frac{2}{7}$

서술형
19 ㉠ 수직선에서 작은 눈금 한 칸의 크기는 $\frac{1}{10}$이므로

㉠은 $2\frac{4}{10}$입니다.

따라서 $2\frac{4}{10}$보다 $1\frac{9}{10}$만큼 더 큰 수는

$2\frac{4}{10}+1\frac{9}{10}=3+\frac{13}{10}=3+1\frac{3}{10}=4\frac{3}{10}$입
니다.

평가 기준	배점(5점)
㉠이 나타내는 수를 구했나요?	2점
㉠이 나타내는 수보다 $1\frac{9}{10}$만큼 더 큰 수를 구했나요?	3점

서술형
20 ㉠ (어머니가 운동을 한 시간)

$=$ (아버지가 운동을 한 시간) $-1\frac{5}{8}$

$=2\frac{3}{8}-1\frac{5}{8}=1\frac{11}{8}-1\frac{5}{8}=\frac{6}{8}$(시간)

(영우가 운동을 한 시간)

$=$ (어머니가 운동을 한 시간) $+\frac{7}{8}$

$=\frac{6}{8}+\frac{7}{8}=\frac{13}{8}=1\frac{5}{8}$(시간)

평가 기준	배점(5점)
어머니가 운동을 한 시간을 구했나요?	2점
영우가 운동을 한 시간을 구했나요?	3점

2 삼각형

서술형 문제
12~15쪽

1 4개   **2** 9 cm   **3** 둔각삼각형

4 15 cm   **5** ㉡, ㉣

6 이등변삼각형, 둔각삼각형 /
㉠ (변 ㄱㄴ)=(변 ㄱㄷ)이므로 이등변삼각형입니다.
한 직선이 이루는 각도는 180°이므로
(각 ㄱㄷㄴ)=180°−140°=40°입니다.
(각 ㄱㄴㄷ)=(각 ㄱㄷㄴ)=40°이므로
(각 ㄴㄱㄷ)=180°−40°−40°=100°입니다.
한 각이 100°로 둔각이므로 둔각삼각형입니다.

7 30°   **8** 30 cm

1 ㉠ 예각삼각형은 세 각이 모두 예각인 삼각형이므로
나, 다, 바, 아입니다.
따라서 예각삼각형은 모두 4개입니다.

단계	문제 해결 과정
①	예각삼각형의 성질을 알았나요?
②	예각삼각형은 모두 몇 개인지 구했나요?

2 ㉠ 이등변삼각형의 세 변의 길이의 합이 30 cm이므로
(변 ㄱㄴ)+(변 ㄱㄷ)=30−12=18(cm)입니다.
이등변삼각형은 두 변의 길이가 같으므로
(변 ㄱㄴ)=(변 ㄱㄷ)입니다.
따라서 변 ㄱㄷ의 길이는 18÷2=9(cm)입니다.

단계	문제 해결 과정
①	이등변삼각형의 성질을 알았나요?
②	변 ㄱㄷ의 길이를 구했나요?

3 ㉠ 삼각형의 세 각의 크기의 합은 180°이므로 나머지
한 각의 크기는 180°−45°−30°=105°입니다.
따라서 한 각이 105°로 둔각이므로 둔각삼각형입니다.

단계	문제 해결 과정
①	나머지 한 각의 크기를 구했나요?
②	어떤 삼각형인지 구했나요?

4 ㉠ 이등변삼각형의 세 변의 길이의 합은
13+13+19=45(cm)입니다.
이등변삼각형과 정삼각형의 세 변의 길이의 합이 같으
므로 정삼각형의 세 변의 길이의 합은 45 cm입니다.

따라서 정삼각형의 한 변의 길이는 $45 \div 3 = 15$(cm) 입니다.

단계	문제 해결 과정
①	이등변삼각형의 세 변의 길이의 합을 구했나요?
②	정삼각형의 한 변의 길이를 구했나요?

5 예 삼각형의 세 각의 크기의 합은 $180°$이므로 나머지 한 각의 크기를 구해 봅니다.

ⓒ $180° - 40° - 60° = 80°$
ⓛ $180° - 35° - 110° = 35°$
ⓒ $180° - 55° - 100° = 25°$
ⓒ $180° - 75° - 30° = 75°$

이등변삼각형은 두 각의 크기가 같으므로 두 각의 크기가 같은 삼각형은 ⓛ, ⓒ입니다.

단계	문제 해결 과정
①	나머지 한 각의 크기를 각각 구했나요?
②	이등변삼각형을 모두 찾아 기호를 썼나요?

6

단계	문제 해결 과정
①	이등변삼각형임을 알고 까닭을 썼나요?
②	둔각삼각형임을 알고 까닭을 썼나요?

7 예 정삼각형의 한 각의 크기는 $60°$입니다.
한 직선이 이루는 각도는 $180°$이므로
(각 ㄱㄷㄹ) $= 180° - 60° = 120°$입니다.
(각 ㄷㄹㄱ) + (각 ㄷㄱㄹ) $= 180° - 120° = 60°$이고, 이등변삼각형은 두 각의 크기가 같으므로
(각 ㄷㄹㄱ) $= 60° \div 2 = 30°$입니다.

단계	문제 해결 과정
①	각 ㄱㄷㄹ의 크기를 구했나요?
②	각 ㄷㄹㄱ의 크기를 구했나요?

8 예 굵은 선의 길이는 작은 정삼각형 한 변의 길이의 12배이므로 작은 정삼각형의 한 변의 길이는
$120 \div 12 = 10$(cm)입니다.
따라서 작은 정삼각형의 세 변의 길이의 합은
$10 \times 3 = 30$(cm)입니다.

단계	문제 해결 과정
①	작은 정삼각형의 한 변의 길이를 구했나요?
②	작은 정삼각형의 세 변의 길이의 합을 구했나요?

1 3개
2 (위에서부터) 5, 60
3 ⓜ
4 $180°$
5 ⓒ
6 34 cm
7 $50°$
8 105
9 11 cm
10 예

11 이등변삼각형, 예각삼각형
12 20 cm
13 7, 10
14 8개
15 $20°$
16 18 cm
17 54 cm
18 $110°$
19 둔각삼각형, 이등변삼각형
20 $30°$

1 둔각삼각형은 한 각이 둔각인 삼각형입니다.
둔각삼각형: 나, 라, 바 ➡ 3개

2 정삼각형은 세 변의 길이가 모두 같고, 세 각의 크기가 $60°$로 모두 같습니다.

3 ㉠, ㉡, ㉢은 예각삼각형, ㉣은 직각삼각형, ㉤은 둔각삼각형이 됩니다.

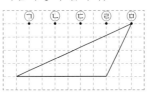

4 정삼각형의 한 각의 크기는 $60°$이므로 ㉠$= 60°$입니다. 한 직선이 이루는 각도는 $180°$이므로
㉡$= 180° - 60° = 120°$입니다.
➡ ㉠$+$㉡$= 60° + 120° = 180°$

5 삼각형의 세 각의 크기의 합은 $180°$이므로 나머지 한 각의 크기를 구하면 ㉠ $120°$, ㉡ $100°$, ㉢ $75°$, ㉣ $90°$ 입니다. 예각삼각형은 세 각이 모두 예각이므로 예각삼각형은 ㉢입니다.

6 (변 ㄴㄷ)=(변 ㄱㄷ)=13 cm이므로 세 변의 길이의 합은 8+13+13=34(cm)입니다.

7 한 각이 80°이므로 나머지 두 각의 크기의 합은 180°−80°=100°입니다.
두 변의 길이가 같으므로 이등변삼각형이고 이등변삼각형은 두 각의 크기가 같습니다.
➡ ㉠=100°÷2=50°

8 이등변삼각형의 나머지 두 각의 크기의 합은 180°−30°=150°이므로
(각 ㄴㄷㄱ)=(각 ㄴㄱㄷ)=150°÷2=75°입니다.
➡ □°=180°−75°=105°

9 (각 ㄴㄱㄷ)=180°−80°−20°=80°이므로 삼각형 ㄱㄴㄷ은 이등변삼각형입니다.
➡ (변 ㄱㄷ)=(변 ㄴㄷ)=11 cm

10 한 원에서 원의 반지름은 모두 같으므로 원의 반지름을 두 변으로 하는 삼각형은 이등변삼각형이고 크기가 같은 두 각은 45°, 45°입니다.
나머지 한 각의 크기는 180°−45°−45°=90°이므로 30°를 3번 포함하여 나타낼 수 있습니다.

11 (각 ㄴㄱㄷ)=180°−65°−50°=65°이므로 두 각의 크기가 같은 이등변삼각형입니다. 또 세 각이 모두 예각이므로 예각삼각형입니다.

12 (정사각형의 네 변의 길이의 합)=15×4=60(cm)
➡ (정삼각형의 한 변의 길이)=60÷3=20(cm)

13 이등변삼각형은 두 변의 길이가 같으므로 세 변의 길이는 7 cm, 7 cm, 10 cm 또는 7 cm, 10 cm, 10 cm입니다.
따라서 ●가 될 수 있는 자연수는 7, 10입니다.

> **주의** 삼각형에서 (가장 긴 변의 길이)<(다른 두 변의 길이의 합)이어야 합니다.

14 작은 삼각형 1개짜리: ①, ②, ③, ④
→ 4개
작은 삼각형 2개짜리: ①+②, ②+③,
③+④, ①+④
→ 4개
➡ 4+4=8(개)

15 (각 ㄱㄴㄷ)=(각 ㄱㄷㄴ)=180°−110°=70°이므로
(각 ㄴㄱㄷ)=180°−70°−70°=40°입니다.
➡ ㉠=(각 ㄴㄱㄷ)÷2=40°÷2=20°

16 삼각형 ㄱㄴㄷ과 삼각형 ㄹㄴㅁ은 정삼각형이므로
(변 ㄱㄴ)=(변 ㄴㄷ)=(변 ㄷㄱ)=8 cm,
(변 ㄹㄴ)=(변 ㄴㅁ)=(변 ㅁㄹ)=6 cm입니다.
(변 ㄱㄹ)=(변 ㅁㄷ)=8−6=2(cm)
➡ (사각형 ㄱㄹㅁㄷ의 네 변의 길이의 합)
=8+2+6+2=18(cm)

17

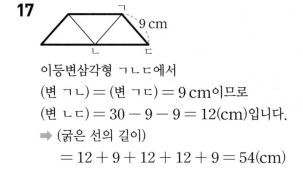

이등변삼각형 ㄱㄴㄷ에서
(변 ㄱㄴ)=(변 ㄱㄷ)=9 cm이므로
(변 ㄴㄷ)=30−9−9=12(cm)입니다.
➡ (굵은 선의 길이)
=12+9+12+12+9=54(cm)

18 삼각형 ㄱㄴㄷ은 이등변삼각형이므로
(각 ㄴㄱㄷ)+(각 ㄴㄷㄱ)=180°−50°=130°,
(각 ㄴㄷㄱ)=130°÷2=65°입니다.
삼각형 ㄱㄷㄹ은 이등변삼각형이므로
(각 ㄹㄱㄷ)+(각 ㄹㄷㄱ)=180°−90°=90°,
(각 ㄹㄷㄱ)=90°÷2=45°입니다.
➡ (각 ㄴㄷㄹ)=65°+45°=110°

19 서술형 ⑩ 나머지 한 각의 크기는 180°−40°−100°=40°입니다. 한 각이 100°로 둔각이므로 둔각삼각형이고, 두 각의 크기가 40°로 같으므로 이등변삼각형입니다.

평가 기준	배점(5점)
나머지 한 각의 크기를 구했나요?	2점
어떤 삼각형인지 모두 구했나요?	3점

20 서술형 ⑩ 삼각형 ㄱㄴㄷ은 이등변삼각형이므로
(각 ㄴㄱㄷ)+(각 ㄴㄷㄱ)=180°−40°=140°,
(각 ㄴㄷㄱ)=140°÷2=70°입니다.
삼각형 ㄱㄷㄹ은 이등변삼각형이므로
(각 ㄹㄱㄷ)+(각 ㄹㄷㄱ)=180°−100°=80°,
(각 ㄹㄷㄱ)=80°÷2=40°입니다.
➡ (각 ㄴㄷㄹ)=70°−40°=30°

평가 기준	배점(5점)
각 ㄴㄷㄱ, 각 ㄹㄷㄱ의 크기를 각각 구했나요?	3점
각 ㄴㄷㄹ의 크기를 구했나요?	2점

1 10   **2** 120

3

4 18

5 ㉠, ㉢

6 이등변삼각형, 둔각삼각형

7 24 cm   **8** 30°

9 가, 라, 바   **10** ㉢

11 50°   **12** 21 cm

13 이등변삼각형, 정삼각형, 예각삼각형

14 13개   **15** 90°

16 32 cm   **17** 24 cm

18 2개, 6개   **19** 45°

20 18 cm, 21 cm

1 두 각의 크기가 같으므로 이등변삼각형입니다.
이등변삼각형은 두 변의 길이가 같습니다.

2 정삼각형의 한 각의 크기는 60°입니다.
한 직선이 이루는 각도는 180°이므로
□° = 180° − 60° = 120°입니다.

3 예각삼각형은 세 각이 모두 예각인 삼각형입니다.
사각형에서 둔각인 두 꼭짓점을 서로 연결하면 2개의
예각삼각형이 만들어집니다.

4 이등변삼각형은 두 변의 길이가 같습니다.
길이가 같은 두 변의 길이의 합은
62 − 26 = 36(cm)입니다.
➡ □ = 36 ÷ 2 = 18(cm)

5 ㉠ 정삼각형은 세 각이 모두 60°입니다. ➡ 예각삼각형
㉡ (나머지 한 각의 크기)
    = 180° − 30° − 30° = 120° ➡ 둔각삼각형
㉢ (나머지 한 각의 크기)
    = 180° − 50° − 60° = 70° ➡ 예각삼각형
따라서 예각삼각형은 ㉠, ㉢입니다.

6 두 변의 길이가 같으므로 이등변삼각형이고
(각 ㄱㄴㄷ) = (각 ㄱㄷㄴ) = 20°,
(각 ㄴㄱㄷ) = 180° − 20° − 20° = 140°입니다.
한 각이 140°로 둔각이므로 둔각삼각형입니다.

7 나머지 한 각의 크기는 180° − 60° − 60° = 60°입니다.
따라서 정삼각형이므로 세 변의 길이의 합은
8 × 3 = 24(cm)입니다.

8 한 직선이 이루는 각도는 180°이므로
(각 ㄱㄷㄴ) = 180° − 60° = 120°입니다.
삼각형 ㄱㄴㄷ은 이등변삼각형이므로
(각 ㄱㄴㄷ) + (각 ㄴㄱㄷ) = 180° − 120° = 60°,
(각 ㄱㄴㄷ) = 60° ÷ 2 = 30°입니다.

9 예각삼각형은 세 각이 모두 예각인 삼각형이므로 예각
삼각형은 가, 라, 바입니다.

10 나머지 한 각의 크기를 구해 봅니다.
㉠ 180° − 80° − 40° = 60° ➡ 예각삼각형
㉡ 180° − 70° − 50° = 60° ➡ 예각삼각형
㉢ 180° − 55° − 30° = 95° ➡ 둔각삼각형

11 삼각형 ㄱㄴㄹ과 삼각형 ㄱㄷㄹ이 완전히 겹쳐지므로
(각 ㄱㄹㄴ) = (각 ㄱㄴㄷ) = 40°입니다.
(각 ㄴㄱㄷ) = 180° − 40° − 40° = 100°이므로
㉠ = 100° ÷ 2 = 50°입니다.

12 (철사의 길이) = (이등변삼각형의 세 변의 길이의 합)
            = 26 + 26 + 11 = 63(cm)
정삼각형은 세 변의 길이가 같으므로 한 변의 길이는
63 ÷ 3 = 21(cm)입니다.

13 두 각의 크기가 같으므로 이등변삼각형입니다. 나머지
한 각의 크기는 180° − 60° − 60° = 60°입니다.
세 각이 모두 60°로 같으므로 정삼각형입니다.
또 세 각이 모두 예각이므로 예각삼각형입니다.

14 작은 정삼각형 1개짜리: ①, ②, ③,
④, ⑤, ⑥, ⑦, ⑧, ⑨ → 9개
작은 정삼각형 4개짜리:
①+②+③+④, ②+⑤+⑥+⑦,
④+⑦+⑧+⑨ → 3개
작은 정삼각형 9개짜리:
①+②+③+④+⑤+⑥+⑦+⑧+⑨ → 1개
➡ 9 + 3 + 1 = 13(개)

15 삼각형 ㄱㄴㄷ은 이등변삼각형이므로
(각 ㄴㄷㄱ)＋(각 ㄴㄱㄷ)＝180°－120°＝60°,
(각 ㄴㄷㄱ)＝60°÷2＝30°입니다.
삼각형 ㅁㄷㄹ은 정삼각형이므로 (각 ㅁㄷㄹ)＝60°입
니다.
따라서 한 직선이 이루는 각도는 180°이므로
㉠＝180°－30°－60°＝90°입니다.

16 삼각형 ㄱㄷㄹ은 이등변삼각형이므로
(변 ㄹㄱ)＝(변 ㄹㄷ)＝7 cm입니다.
이등변삼각형의 세 변의 길이의 합이 23 cm이므로
(변 ㄱㄷ)＝23－7－7＝9(cm)입니다.
정삼각형은 세 변의 길이가 모두 같으므로
(변 ㄱㄴ)＝(변 ㄴㄷ)＝(변 ㄱㄷ)＝9 cm입니다.
➡ (사각형 ㄱㄴㄷㄹ의 네 변의 길이의 합)
  ＝9＋9＋7＋7＝32(cm)

17 (각 ㄱㄴㄷ)＝(각 ㄹㄱㅁ)＝30°이므로
(각 ㄱㅁㄴ)＝180°－30°－30°＝120°입니다.
(각 ㄱㅁㄷ)＝180°－120°＝60°이고
(각 ㅁㄱㄷ)＝90°－30°＝60°,
(각 ㄱㄷㅁ)＝180°－60°－60°＝60°이므로
삼각형 ㄱㅁㄷ은 정삼각형입니다.
➡ (삼각형 ㄱㅁㄷ의 세 변의 길이의 합)
  ＝8×3＝24(cm)

18 • 이웃하지 않는 세 점을 이으면 예각삼각 형이 만들어집니다.
  ①-③-⑤, ②-④-⑥
  ➡ 2개

• 서로 이웃하는 세 점을 이으면 둔각삼각 형이 만들어집니다.
  ①-②-③, ②-③-④,
  ③-④-⑤, ④-⑤-⑥,
  ⑤-⑥-①, ⑥-①-② ➡ 6개

19 예 (선분 ㄱㄷ)＝(선분 ㄱㄴ)＝12 cm이므로 이등변 삼각형입니다.
이등변삼각형은 두 각의 크기가 같으므로
(각 ㄱㄴㄷ)＋(각 ㄱㄷㄴ)＝180°－90°＝90°,
(각 ㄱㄴㄷ)＝90°÷2＝45°입니다.

평가 기준	배점(5점)
이등변삼각형은 두 각의 크기가 같음을 알았나요?	2점
각 ㄱㄴㄷ의 크기를 구했나요?	3점

20 예 세 변이 5 cm, 5 cm, 8 cm인 경우 세 변의 길이 의 합은 5＋5＋8＝18(cm)입니다.
세 변이 5 cm, 8 cm, 8 cm인 경우 세 변의 길이의 합은 5＋8＋8＝21(cm)입니다.
따라서 세 변의 길이의 합이 될 수 있는 경우는 18 cm, 21 cm입니다.

평가 기준	배점(5점)
세 변의 길이의 합을 한 가지 구했나요?	3점
세 변의 길이의 합을 또 한 가지 구했나요?	2점

주의 삼각형에서 가장 긴 변의 길이는 나머지 두 변의 길이의 합보다 짧습니다.

3 소수의 덧셈과 뺄셈

<table>
<tr><td colspan="2">서술형 문제</td><td align="right">22~25쪽</td></tr>
<tr><td>1 7개</td><td>2 1000배</td><td>3 0.6</td></tr>
<tr><td>4 1.01</td><td>5 9.61</td><td>6 4개</td></tr>
<tr><td colspan="2">7 479.16</td><td></td></tr>
<tr><td colspan="3">8 예서네 집, 0.17 km</td></tr>
<tr><td>9 2.65</td><td colspan="2">10 건우, 0.78 kg</td></tr>
</table>

1 예 5.992보다 크고 6보다 작은 소수 세 자리 수는
5.993, 5.994, 5.995, 5.996, 5.997, 5.998, 5.999입니다.
따라서 조건에 맞는 소수 세 자리 수는 모두 7개입니다.

단계	문제 해결 과정
①	5.992보다 크고 6보다 작은 소수 세 자리 수를 모두 구했나요?
②	조건에 맞는 소수는 모두 몇 개인지 구했나요?

2 예 ㉠은 일의 자리 숫자이므로 4를 나타내고, ㉡은 소수
셋째 자리 숫자이므로 0.004를 나타냅니다.
따라서 ㉠이 나타내는 수는 ㉡이 나타내는 수의 1000
배입니다.

단계	문제 해결 과정
①	㉠과 ㉡이 나타내는 수를 각각 구했나요?
②	㉠이 나타내는 수는 ㉡이 나타내는 수의 몇 배인지 구했나요?

3 예 8.026의 100배인 수는 소수점을 기준으로 수가 왼
쪽으로 두 자리 이동한 802.6입니다.
따라서 소수 첫째 자리 숫자는 6이고 0.6을 나타냅니다.

단계	문제 해결 과정
①	8.026의 100배인 수를 구했나요?
②	소수 첫째 자리 숫자가 나타내는 수를 구했나요?

4 예 0.1이 5개, 0.01이 17개인 수는
0.5+0.17=0.67입니다.
따라서 0.67보다 0.34만큼 더 큰 수는
0.67+0.34=1.01입니다.

단계	문제 해결 과정
①	0.1이 5개, 0.01이 17개인 수를 구했나요?
②	0.1이 5개, 0.01이 17개인 수보다 0.34만큼 더 큰 수를 구했나요?

5 예 합이 가장 크려면 가장 큰 수와 둘째로 큰 수를 더해
야 합니다. 가장 큰 수는 5.71이고 둘째로 큰 수는 3.9
입니다.
따라서 합이 가장 큰 덧셈을 만들어 계산하면
5.71+3.9=9.61입니다.

단계	문제 해결 과정
①	합이 가장 큰 덧셈을 만들기 위한 두 수를 찾았나요?
②	합이 가장 큰 덧셈을 만들어 계산했나요?

6 예 3.7−1.29=2.41이므로 2.41<2.□1<2.91입
니다.
따라서 □ 안에 들어갈 수 있는 수는 5, 6, 7, 8로 모
두 4개입니다.

단계	문제 해결 과정
①	3.7−1.29를 계산했나요?
②	□ 안에 들어갈 수 있는 수는 모두 몇 개인지 구했나요?

7 예 만들 수 있는 가장 큰 소수 두 자리 수는 987.05이
고 가장 작은 소수 두 자리 수는 507.89입니다.
따라서 두 소수의 차는
987.05 − 507.89 = 479.16입니다.

단계	문제 해결 과정
①	가장 큰 소수 두 자리 수와 가장 작은 소수 두 자리 수를 각각 만들었나요?
②	두 소수의 차를 구했나요?

8 예 1.96>1.79이므로 도서관에서 더 먼 곳은 예서네
집이고 1.96−1.79=0.17(km) 더 멉니다.

단계	문제 해결 과정
①	누구네 집이 더 먼지 구했나요?
②	몇 km 더 먼지 구했나요?

9 예 어떤 수를 □라고 하면 □+2.69=8.03입니다.
□ = 8.03 − 2.69 = 5.34
따라서 바르게 계산하면 5.34 − 2.69 = 2.65입니다.

단계	문제 해결 과정
①	어떤 수를 구했나요?
②	바르게 계산한 값을 구했나요?

10 예 1730 g=1.73 kg이고 2.51>1.73이므로 건우
가 키우는 반려동물이 더 무겁고
2.51−1.73=0.78(kg) 더 무겁습니다.

단계	문제 해결 과정
①	단위를 같게 하여 무게를 비교했나요?
②	누가 키우는 반려동물이 몇 kg 더 무거운지 구했나요?

다시 점검하는 **단원 평가** Level ❶

26~28쪽

1 (1) 0.08 (2) 0.1 (3) 63

2 (1) < (2) >   **3** (1) 1.33 (2) 0.16

4 ㉠

5

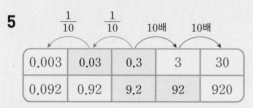

| 0.003 | 0.03 | 0.3 | 3 | 30 |
| 0.092 | 0.92 | 9.2 | 92 | 920 |

6 2.5, 0.18   **7** 유진, 0.18 m

8 5   **9** 1.24, 일 점 이사

10 0.42   **11** 5.43

12 12.41   **13** 3.01 km

14 16.13   **15** 1.57

16 (위에서부터) 2, 9, 1   **17** 0, 1, 2, 3

18 0.09   **19** 수현

20 4.94 kg

---

4 ㉡, ㉢, ㉣은 소수 둘째 자리 숫자이므로 0.02를 나타내고 ㉠은 소수 첫째 자리 숫자이므로 0.2를 나타냅니다.

5 소수의 $\frac{1}{10}$은 소수점을 기준으로 수가 오른쪽으로 한 자리 이동합니다.
어떤 수를 10배 하면 소수점을 기준으로 수가 왼쪽으로 한 자리 이동합니다.

6 1 g=0.001 kg ➡ 2500 g=2.5 kg
1 mL=0.001 L ➡ 180 mL=0.18 L

7 1 cm=0.01 m이므로 118 cm=1.18 m입니다.
1.36>1.18이므로 유진이의 키가 더 크고
1.36−1.18=0.18(m) 더 큽니다.

8 51.8의 $\frac{1}{100}$인 수는 0.518입니다.
0.518에서 소수 첫째 자리 숫자는 5입니다.

9 1보다 크고 2보다 작은 소수 두 자리 수는 1.□□입니다. 소수 첫째 자리 숫자는 1보다 1만큼 더 크므로 2입니다. 각 자리의 숫자를 모두 더하면 7이므로 소수 둘째 자리 숫자는 7−1−2=4입니다.
따라서 친구들이 설명하고 있는 소수는 1.24입니다.

10 □=0.71−0.29=0.42

11 가장 큰 수는 8.8, 가장 작은 수는 3.37입니다.
➡ 8.8−3.37=5.43

12 수직선에서 작은 눈금 한 칸의 크기는 0.01입니다.
㉠=6.17, ㉡=6.24
➡ ㉠+㉡=6.17+6.24=12.41

13 (오늘 달린 거리)=(어제 달린 거리)+0.86
=2.15+0.86=3.01(km)

14 31.49−5.6=25.89이므로 25.89=□+9.76입니다.
25.89−9.76=□, □=16.13

15 어떤 수의 10배인 수가 1570이면 어떤 수는 1570의 $\frac{1}{10}$인 수이므로 157입니다.
따라서 157의 $\frac{1}{100}$인 수는 1.57입니다.

16
```
   8 . ㉡ 8
 − 6 . 8 ㉠
 ─────────
   ㉢ . 3 9
```
소수 둘째 자리: 10+8−㉠=9,
18−㉠=9, ㉠=9
소수 첫째 자리: 10+㉡−1−8=3,
㉡+1=3, ㉡=2
일의 자리: 8−1−6=㉢, ㉢=1

17 자연수 부분과 소수 첫째 자리 숫자가 같고 소수 셋째 자리 숫자를 비교하면 3>0이므로 □ 안에는 4보다 작은 수가 들어갈 수 있습니다.
따라서 □ 안에 들어갈 수 있는 수는 0, 1, 2, 3입니다.

18 만들 수 있는 가장 큰 소수 두 자리 수는 754.32이고, 둘째로 큰 소수 두 자리 수는 754.23입니다.
➡ 754.32−754.23=0.09

서술형
19 예 수현: 4.6 m의 $\frac{1}{10}$은 0.46 m,
지우: 405 m의 $\frac{1}{1000}$은 0.405 m입니다.

$0.46 > 0.405$이므로 수현이가 사용한 끈의 길이가 더 깁니다.

평가 기준	배점(5점)
수현이와 지우가 사용한 끈의 길이를 각각 구했나요?	3점
사용한 끈의 길이가 더 긴 사람을 구했나요?	2점

서술형

20 예 (정현이가 캔 고구마의 무게)
$= 0.53 + 0.89 = 1.42(kg)$
(아버지가 캔 고구마의 무게)
$= 1.76 + 1.76 = 3.52(kg)$
(두 사람이 캔 고구마의 무게)
$= 1.42 + 3.52 = 4.94(kg)$

평가 기준	배점(5점)
정현이가 어제와 오늘 캔 고구마의 무게를 구했나요?	2점
아버지가 어제와 오늘 캔 고구마의 무게를 구했나요?	2점
두 사람이 어제와 오늘 캔 고구마의 무게를 구했나요?	1점

다시 점검하는 단원 평가 Level ❷

29~31쪽

1 0.04, 0.08	**2** 4.285, 사 점 이팔오
3 민정	**4** ④
5 ㉢	**6** ㉠
7 1.17 m	**8** $\begin{array}{r} 1 \\ 6.47 \\ +\ 6.8 \\ \hline 13.27 \end{array}$
9 =	**10** 3.17 kg
11 4.69	**12** 4.67
13 0.57	**14** 0.306
15 2.1 km	**16** 0.6 L
17 1.53 kg	**18** 3.33 m
19 2.903	**20** 1.31 kg

1 수직선에서 작은 눈금 한 칸의 크기는 0.01입니다.

2 1이 4개 ➡ 4
0.1이 2개 ➡ 0.2
0.01이 8개 ➡ 0.08
0.001이 5개 ➡ 0.005
　　　　　　　　　4.285

3 12.04는 0.01이 1204개인 수입니다.

4 ① 0.5̲1 → 5　② 7.2̲9 → 2　③ 10.0̲9 → 0
④ 38.8̲2 → 8　⑤ 17.6̲4 → 6
따라서 소수 첫째 자리 숫자가 가장 큰 소수는
④ 38.82입니다.

5 ㉢ 3.528보다 0.001만큼 더 작은 수는 3.527입니다.

6 ㉠ 25.54의 $\frac{1}{10}$인 수: 2.554
㉡ 0.255의 10배인 수: 2.55
➡ $2.554 > 2.55$

7 $7.03 - 5.86 = 1.17(m)$

8 소수점의 자리를 잘못 맞추어 계산하여 틀렸습니다.
세로로 계산할 때는 소수점의 자리를 맞추어 쓰고 같은 자리 수끼리 더합니다.

9 $1.1 + 2.08 = 3.18$,
$5.34 - 2.16 = 3.18$

10 (선우가 딴 방울토마토의 무게)
$=$ (동생이 딴 방울토마토의 무게)$+ 1.5$
$= 1.67 + 1.5 = 3.17(kg)$

11 $5.78 > 3.56 > 2.47$이므로 가장 큰 수는 5.78이고 가장 작은 수는 2.47입니다.
$5.78 + 2.47 = 8.25$, $8.25 - 3.56 = 4.69$

12 $\square + 5.73 = 10.4$
➡ $\square = 10.4 - 5.73 = 4.67$

13 · $13.65 + ㉠ = 19.24$
➡ $㉠ = 19.24 - 13.65 = 5.59$
· $9.13 - ㉡ = 2.97$
➡ $9.13 - 2.97 = ㉡$, $㉡ = 6.16$
따라서 ㉠과 ㉡의 차는 $6.16 - 5.59 = 0.57$입니다.

14 10이 3개, $\frac{1}{10}$이 6개인 수는 $30 + 0.6 = 30.6$입니다.
어떤 수의 100배인 수가 30.6이므로 어떤 수는 30.6의 $\frac{1}{100}$인 수입니다.
따라서 30.6의 $\frac{1}{100}$인 수는 0.306입니다.

15 650 m＝0.65 km입니다.
(집에서 버스 정류장을 지나 은행까지 가는 거리)
＝(집에서 버스 정류장까지의 거리)
  ＋(버스 정류장에서 은행까지의 거리)
＝1.45＋0.65＝2.1(km)

16 350 mL＝0.35 L입니다.
(물통에 남아 있는 물의 양)
＝ (물통에 들어 있던 물의 양) － (마신 물의 양)
＝ 1.75 － 0.35 ＝ 1.4(L)
(더 부어야 하는 물의 양)
＝ (물통의 들이) － (물통에 남아 있는 물의 양)
＝ 2 － 1.4 ＝ 0.6(L)

17 (식빵 한 개를 만드는 데 필요한 밀가루와 버터의 무게의 합)＝0.43＋0.08＝0.51(kg)
(식빵 3개를 만드는 데 필요한 밀가루와 버터의 무게의 합)
＝ 0.51 ＋ 0.51 ＋ 0.51 ＝ 1.53(kg)

18 동생이 가진 끈의 길이를 □ m라고 하면
소은이가 가진 끈의 길이는 (□＋2.34) m입니다.
□＋□＋2.34＝9,
□＋□＝9－2.34＝6.66이고
3.33＋3.33＝6.66이므로 동생이 가진 끈의 길이는 3.33 m입니다.

서술형
19 예 3.2에서 3은 3을, 2.903에서 3은 0.003을, 0.131에서 3은 0.03을, 7.38에서 3은 0.3을 나타냅니다.
따라서 3＞0.3＞0.03＞0.003이므로 숫자 3이 나타내는 수가 가장 작은 소수는 2.903입니다.

평가 기준	배점(5점)
숫자 3이 나타내는 수를 각각 구했나요?	3점
숫자 3이 나타내는 수가 가장 작은 소수를 찾았나요?	2점

서술형
20 예 (책 4권의 무게)＝14.39－10.03
＝4.36(kg)
(책 12권의 무게)＝4.36＋4.36＋4.36
＝13.08(kg)
따라서 빈 상자의 무게는 14.39－13.08＝1.31(kg)입니다.

평가 기준	배점(5점)
책 12권의 무게를 구했나요?	3점
빈 상자의 무게를 구했나요?	2점

4 사각형

서술형 문제
32~35쪽

1 15°

2 ㄴ, ㄷ, ㄹ / 예 평행사변형은 마주 보는 두 쌍의 변이 서로 평행한 사각형입니다. 사다리꼴은 평행한 변이 있는 사각형이고 마름모, 직사각형, 정사각형은 마주 보는 두 쌍의 변이 서로 평행합니다. 따라서 평행사변형이라고 할 수 있는 사각형은 ㄴ, ㄷ, ㄹ입니다.

3 3개   **4** 5 cm   **5** 70°

6 12 cm   **7** 9개   **8** 145°

1 예 직선 가와 직선 나가 만나서 이루는 각이 90°이므로 ㉠＝90°－60°＝30°, ㉡＝90°－45°＝45°입니다. 따라서 ㉠과 ㉡의 각도의 차는 45°－30°＝15°입니다.

단계	문제 해결 과정
①	㉠과 ㉡의 각도를 각각 구했나요?
②	㉠과 ㉡의 각도의 차를 구했나요?

2

단계	문제 해결 과정
①	평행사변형이라고 할 수 있는 도형을 모두 찾았나요?
②	까닭을 썼나요?

3 예 수선이 있는 한글 자음은 ㄱ, ㄹ, ㅍ, ㅁ이고 평행선이 있는 한글 자음은 ㄹ, ㅍ, ㅁ입니다. 따라서 수선도 있고 평행선도 있는 한글 자음은 ㄹ, ㅍ, ㅁ으로 모두 3개입니다.

단계	문제 해결 과정
①	수선이 있는 한글 자음을 찾았나요?
②	평행선이 있는 한글 자음을 찾았나요?
③	수선과 평행선이 있는 한글 자음은 모두 몇 개인지 구했나요?

4 예 평행사변형은 마주 보는 두 변의 길이가 같으므로
(변 ㄱㄹ)＝(변 ㄴㄷ)＝9 cm입니다.
(변 ㄱㄴ)＋(변 ㄹㄷ)＝28－9－9＝10(cm)이므로
(변 ㄱㄴ)＝10÷2＝5(cm)입니다.

단계	문제 해결 과정
①	평행사변형은 마주 보는 두 변의 길이가 같음을 알았나요?
②	변 ㄱㄴ의 길이를 구했나요?

5 꼭짓점 ㄱ에서 변 ㄴㄷ에 수직인 선분을 그었으므로
(각 ㄱㅁㄷ)=90°입니다.
사각형 ㄱㅁㄷㄹ의 네 각의 크기의 합은 360°이므로
㉠=360°−90°−60°−140°=70°입니다.

단계	문제 해결 과정
①	꼭짓점 ㄱ에서 변 ㄴㄷ에 수직인 선분을 그었을 때 생기는 각의 크기를 알았나요?
②	㉠의 각도를 구했나요?

6 ⑩ (직선 가와 직선 다 사이의 거리)
  = (직선 가와 직선 나 사이의 거리)
    + (직선 나와 직선 다 사이의 거리)이므로
(직선 나와 직선 다 사이의 거리)
  = (직선 가와 직선 다 사이의 거리)
    − (직선 가와 직선 나 사이의 거리)입니다.
따라서 직선 나와 직선 다 사이의 거리는
21 − 9 = 12(cm)입니다.

단계	문제 해결 과정
①	직선 가와 직선 다 사이의 거리를 구하는 방법을 알았나요?
②	직선 나와 직선 다 사이의 거리를 구했나요?

7 ⑩
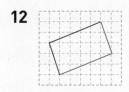
작은 사각형 1개짜리: ①, ④ → 2개
작은 사각형 2개짜리: ①+④, ②+③, ⑤+⑥
                   → 3개
작은 사각형 3개짜리: ①+②+③, ④+⑤+⑥
                   → 2개
사각형 4개짜리: ②+③+⑤+⑥ → 1개
작은 사각형 6개짜리:
①+②+③+④+⑤+⑥ → 1개
따라서 크고 작은 평행사변형은 모두
2+3+2+1+1 = 9(개)입니다.

단계	문제 해결 과정
①	작은 사각형 1개, 2개, 3개, 4개, 6개로 이루어진 평행사변형을 각각 찾았나요?
②	크고 작은 평행사변형은 모두 몇 개인지 구했나요?

8 ⑩ 마름모에서 이웃하는 두 각의 크기의 합은 180°이
므로 (각 ㄱㄹㄷ)=180°−55°=125°입니다.
정사각형의 한 각의 크기는 90°이고 한 바퀴의 각도는
360°이므로 ㉠=360°−125°−90°=145°입니
다.

단계	문제 해결 과정
①	각 ㄱㄹㄷ의 크기를 구했나요?
②	㉠의 각도를 구했나요?

1 ③, ④   **2** 가, 다, 라, 바

3 가, 라, 바

4 변 ㄱㄴ (또는 변 ㄴㄱ)과 변 ㄹㄷ (또는 변 ㄷㄹ),
   변 ㄱㅁ (또는 변 ㅁㄱ)과 변 ㄴㄷ (또는 변 ㄷㄴ)

5
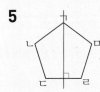
       6 105°, 75°

       7 선분 ㄹㅁ (또는 선분 ㅁㄹ)

       8 5개

9 ㉠, ㉡, ㉢   **10** ③

11 70°

12   **13** ㉢
       14 70°
       15 12 cm

16 22 cm   **17** 12 cm

18 70°

19 지수 / ⑩ 두 직선이 서로 수직일 때 한 직선을 다른
   직선에 대한 수선이라고 합니다.

20 55°

2 평행한 변이 있는 사각형은 가, 다, 라, 바입니다.

3 마주 보는 두 쌍의 변이 서로 평행한 사각형은 가, 라,
바입니다.

4 한 변에 수직인 두 변은 서로 평행합니다.

5 한 점을 지나고 한 직선과 수직인 직선은 1개 그을 수
있습니다.

6 평행사변형은 마주 보는 두 각의 크기가 같으므로
㉡=75°이고, 이웃하는 두 각의 크기의 합이 180°이
므로 ㉠+75°=180°, ㉠=180°−75°=105°입
니다.

7 선분 ㄱㄹ과 선분 ㄴㄷ이 서로 평행하므로 평행선 사이
의 거리는 이 두 선분 사이에 수직인 선분 ㄹㅁ의 길이
입니다.

8 직사각형은 마주 보는 두 쌍의 변이 서로 평행하므로
나, 다, 라, 마, 바는 평행한 변이 있는 사각형입니다.
따라서 사다리꼴은 나, 다, 라, 마, 바로 모두 5개입니다.

9 평행한 변이 있으므로 사다리꼴입니다. 마주 보는 두 쌍의 변이 서로 평행하므로 평행사변형입니다. 네 변의 길이가 모두 같으므로 마름모입니다.

10 ③ 평행선 사이의 거리를 나타내는 선분은 선분 ⓛ과 선분 ⓜ입니다.

11 평행사변형에서 이웃하는 두 각의 크기의 합은 $180°$이므로 $60°+50°+$(각 ㄱㄷㄹ)$=180°$입니다.
➡ (각 ㄱㄷㄹ)$=180°-60°-50°=70°$

12 한 선분에 평행한 선분을 긋고 다른 선분에 평행한 선분을 그어 평행사변형을 완성합니다.

13 ⓒ 평행사변형은 네 변의 길이가 항상 같은 것은 아니므로 마름모라고 할 수 없습니다.

14 마름모는 네 변의 길이가 모두 같으므로 (변 ㄴㄱ)$=$(변 ㄴㄷ)이고 삼각형 ㄱㄴㄷ은 이등변삼각형입니다.
(각 ㄴㄷㄱ)$=$(각 ㄴㄱㄷ)$=55°$이므로
(각 ㄱㄴㄷ)$=180°-55°-55°=70°$입니다.
마름모는 마주 보는 두 각의 크기가 같으므로
(각 ㄱㄹㄷ)$=$(각 ㄱㄴㄷ)$=70°$입니다.

15 평행사변형은 마주 보는 두 변의 길이가 같으므로 (변 ㄹㄷ)$=$(변 ㄱㄴ)$=8$ cm입니다.
(변 ㄱㄹ)$+$(변 ㄴㄷ)$=40-8-8=24$(cm)이므로
(변 ㄴㄷ)$=24÷2=12$(cm)입니다.

16 (각 ㄷㄹㅁ)$=180°-90°-45°=45°$이므로 삼각형 ㄹㄷㅁ은 이등변삼각형입니다.
직사각형은 마주 보는 두 변의 길이가 같으므로
(선분 ㄱㄴ)$=$(선분 ㄹㄷ)$=$(선분 ㄷㅁ)$=8$ cm입니다.
➡ (직사각형 ㄱㄴㄷㄹ의 네 변의 길이의 합)
$=8+3+8+3=22$(cm)

17 변 ㄱㅂ과 변 ㄹㅁ 사이에 수직인 변은 변 ㄱㄴ과 변 ㄷㄹ이고, 이 두 변의 길이의 합이 평행선 사이의 거리입니다. 따라서 변 ㄱㅂ과 변 ㄹㅁ 사이의 거리는 $9+3=12$(cm)입니다.

18
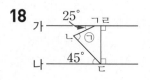

19
점 ㄷ에서 직선 가에 수선을 그어 사각형 ㄱㄴㄷㄹ을 만듭니다.
(각 ㄴㄱㄹ)$=180°-25°=155°$,
(각 ㄴㄷㄹ)$=90°-45°=45°$
사각형의 네 각의 크기의 합은 $360°$이므로
㉠$=360°-155°-45°-90°=70°$입니다.

19

평가 기준	배점(5점)
잘못 설명한 사람을 찾았나요?	2점
까닭을 썼나요?	3점

20 ⓔ 마름모에서 이웃하는 두 각의 크기의 합은 $180°$이므로 ㉠$+125°=180°$입니다.
따라서 ㉠$=180°-125°=55°$입니다.

평가 기준	배점(5점)
마름모에서 이웃하는 두 각의 크기의 합은 $180°$임을 알았나요?	2점
㉠의 각도를 구했나요?	3점

다시 점검하는 단원 평가 Level ❷

39~41쪽

1 선분 ㄱㅁ (또는 선분 ㅁㄱ) **2** 직선 마

3
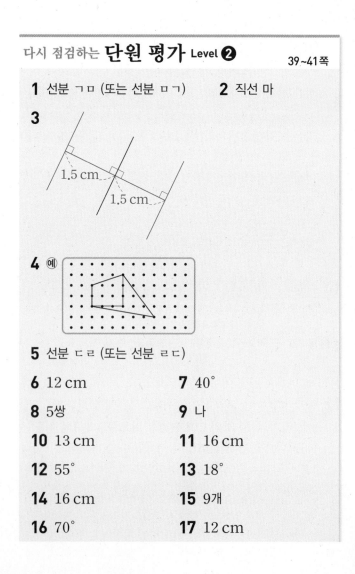

4 ⓔ

5 선분 ㄷㄹ (또는 선분 ㄹㄷ)

6 12 cm **7** 40°

8 5쌍 **9** 나

10 13 cm **11** 16 cm

12 55° **13** 18°

14 16 cm **15** 9개

16 70° **17** 12 cm

2 한 직선에 수직인 두 직선은 서로 평행합니다.
따라서 직선 다와 직선 나, 직선 마와 직선 나가 서로 수직이므로 직선 다와 평행한 직선은 직선 마입니다.

3 평행선 사이의 거리가 1.5 cm가 되도록 주어진 직선을 기준으로 양쪽 방향으로 평행선을 각각 긋습니다.

4 평행한 변이 있도록 한 꼭짓점을 옮겨서 사다리꼴을 만듭니다.

6 선분 ㄱㄹ과 선분 ㄴㄷ이 서로 평행하고 이 두 선분 사이에 수직인 선분은 선분 ㄱㄴ입니다.
따라서 평행선 사이의 거리는 12 cm입니다.

7 (각 ㄹㄱㄴ)=(각 ㄱㄴㄷ)=90°이고
사각형의 네 각의 크기의 합은 360°이므로
(각 ㄴㄷㄹ)=360°−90°−90°−40°−100°
　　　　　　=40°입니다.

8 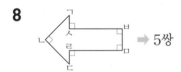 ➡ 5쌍

9 가 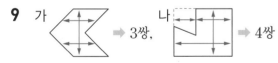 ➡ 3쌍,　나 ➡ 4쌍

따라서 평행한 변이 더 많은 도형은 나입니다.

10 마름모는 네 변의 길이가 모두 같으므로
(한 변의 길이)=52÷4=13(cm)입니다.

11 평행사변형은 마주 보는 두 변의 길이가 같습니다.
➡ (네 변의 길이의 합)=5+3+5+3=16(cm)

12 마름모는 마주 보는 두 각의 크기가 같으므로
(각 ㄴㄱㄹ)=(각 ㄴㄷㄹ)=70°입니다.
마름모는 네 변의 길이가 모두 같으므로
(변 ㄱㄴ)=(변 ㄱㄹ)이고 삼각형 ㄱㄴㄹ은 이등변삼각형입니다.
(각 ㄱㄴㄹ)+(각 ㄱㄹㄴ)=180°−70°=110°
➡ (각 ㄱㄴㄹ)=110°÷2=55°

13 (각 ㄷㄹㄴ)=90° ➡ (각 ㄷㄹㅁ)=90°÷5=18°

14 직사각형은 마주 보는 두 변의 길이가 같으므로
(변 ㄱㄴ)=(변 ㄹㄷ)=24 cm입니다.
(변 ㄱㄹ)+(변 ㄴㄷ)=80−24−24=32(cm)이므로 (변 ㄱㄹ)=32÷2=16(cm)입니다.

15 작은 사각형 1개짜리: ①, ②, ③, ④
　➡ 4개
작은 사각형 2개짜리: ①+②,
③+④, ①+③, ②+④ ➡ 4개
작은 사각형 4개짜리: ①+②+③+④ ➡ 1개
➡ 4+4+1=9(개)

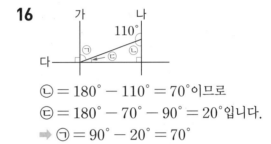

16

㉡=180°−110°=70°이므로
㉢=180°−70°−90°=20°입니다.
➡ ㉠=90°−20°=70°

17 (변 ㄱㅇ과 변 ㄴㄷ 사이의 거리)
　=(변 ㅇㅅ)+(변 ㅂㅁ)+(변 ㄹㄷ)
　=4+5+3=12(cm)

18 평행사변형과 마름모는 이웃하는 두 각의 크기의 합이 180°입니다.
(각 ㄴㄷㄹ)=180°−65°=115°,
(각 ㄹㄷㅁ)=180°−150°=30°
➡ ㉠=180°−115°−30°=35°

서술형
19 (예) 직선 가와 직선 나 사이의 거리는 7 cm이고, 직선 나와 직선 다 사이의 거리는 5 cm이므로 직선 가와 직선 다 사이의 거리는 7+5=12(cm)입니다.

평가 기준	배점(5점)
유주의 답이 틀린 까닭을 썼나요?	3점
직선 가와 직선 다 사이의 거리를 구했나요?	2점

서술형
20 (예) 사각형 ㄱㄴㅁㄹ은 평행사변형이므로 마주 보는 두 변의 길이가 같습니다.
(변 ㄴㅁ)=(변 ㄱㄹ)=9 cm
➡ (선분 ㅁㄷ)=17−9=8(cm)

평가 기준	배점(5점)
사각형 ㄱㄴㅁㄹ이 평행사변형임을 알았나요?	1점
선분 ㄴㅁ의 길이를 구했나요?	2점
선분 ㅁㄷ의 길이를 구했나요?	2점

5 꺾은선그래프

서술형 문제

42~45쪽

1 예 점들을 이을 때 선분으로 이어야 하는데 점과 점 사이를 선분으로 잇지 않았습니다.

2 예 ・4월 이후 휴대 전화 판매량이 계속 늘어나고 있습니다.
・7월의 휴대 전화 판매량은 46000대입니다.

3 예 22.6 cm

4 예 2024년보다 늘어날 것 같습니다. /
예 2021년부터 2024년까지 어린이 안전사고 수가 계속 늘어나고 있습니다. 따라서 2025년에도 2024년의 114건보다 늘어날 것으로 예상할 수 있습니다.

5 10.8, 10.4, 10.9 /

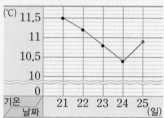

날짜별 평균 기온

6 1.1 ℃   **7** 8월

8 예 예성 / 예 꺾은선이 예성이는 계속 올라가고 나은이는 7월부터 내려가므로 9월에 개최하는 줄넘기 대회에는 예성이가 출전하는 것이 좋을 것 같습니다.

1

단계	문제 해결 과정
①	잘못된 부분을 찾았나요?
②	잘못된 까닭을 썼나요?

2 예 3월과 4월 사이에는 휴대 전화 판매량이 줄었습니다. 등 여러 가지 사실을 알 수 있습니다.

단계	문제 해결 과정
①	알 수 있는 사실을 한 가지 썼나요?
②	알 수 있는 사실을 또 한 가지 썼나요?

3 예 세로 눈금 한 칸의 크기는 $10 \div 5 = 2$(mm)
➡ 0.2 cm이므로 식물의 키는 25일에 22.4 cm, 27일에 22.8 cm입니다.
따라서 26일에 식물의 키는 22.4 cm와 22.8 cm의 중간인 약 22.6 cm였을 것 같습니다.

단계	문제 해결 과정
①	25일과 27일의 식물의 키를 각각 구했나요?
②	26일에 식물의 키는 약 몇 cm였을지 구했나요?

참고 꺾은선그래프에서는 조사하지 않은 자료의 값을 예상할 수 있습니다.

4

단계	문제 해결 과정
①	2025년 어린이 안전사고 수가 어떻게 될지 예상했나요?
②	그렇게 생각한 까닭을 썼나요?

5 예 꺾은선그래프에서 23일의 평균 기온은 10.8 ℃, 24일의 평균 기온은 10.4 ℃입니다.
25일의 평균 기온은 24일보다 0.5 ℃만큼 더 높으므로 $10.4 + 0.5 = 10.9$(℃)입니다.

단계	문제 해결 과정
①	꺾은선그래프를 보고 23일과 24일의 평균 기온을 각각 구했나요?
②	25일의 평균 기온을 구했나요?
③	표와 꺾은선그래프를 완성했나요?

6 예 평균 기온이 가장 높은 날은 21일이고 11.5 ℃입니다.
평균 기온이 가장 낮은 날은 24일이고 10.4 ℃입니다.
따라서 평균 기온의 차는 $11.5 - 10.4 = 1.1$(℃)입니다.

단계	문제 해결 과정
①	평균 기온이 가장 높은 날과 가장 낮은 날의 평균 기온을 각각 구했나요?
②	평균 기온의 차를 구했나요?

7 예 예성이와 나은이의 최고 기록을 나타낸 두 점 사이의 눈금 칸 수의 차는 4월: 2칸, 5월: 3칸, 6월: 2칸, 7월: 3칸, 8월: 5칸입니다.
따라서 줄넘기 최고 기록의 차가 가장 큰 때는 두 점 사이의 눈금 칸 수의 차가 가장 큰 때인 8월입니다.

단계	문제 해결 과정
①	예성이와 나은이의 각 월의 최고 기록을 나타낸 두 점 사이의 눈금 칸 수의 차를 구했나요?
②	예성이와 나은이의 줄넘기 최고 기록의 차가 가장 큰 때는 몇 월인지 구했나요?

8

단계	문제 해결 과정
①	줄넘기 대회에 누가 출전하면 좋을지 썼나요?
②	그렇게 생각한 까닭을 썼나요?

다시 점검하는 **단원 평가** Level ❶

1 13 ℃　　　　　　　**2** 2 ℃

3 예 19 ℃

4 예 20 ℃보다 더 높을 것 같습니다.

5 예 0.2 cm

6 132.2 cm부터 134.8 cm까지

7 예

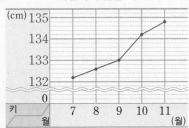

하진이의 월별 키

8 9월과 10월 사이　　　　**9** 240

10

월별 감자 수확량

11 77개　　　　　　**12** 9000명

13 예 34000명　　　**14** 월요일

15 28권

16 딸기주스와 오렌지주스의 날짜별 판매량

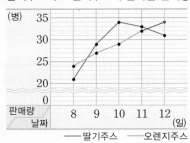

─ 딸기주스　─ 오렌지주스

17 10일, 5병　　　**18** 예 3병 늘었습니다.

19 예 2.2 cm　　　**20** 12100 kg

---

2 오전 6시: 8 ℃, 오전 7시: 10 ℃ ➡ 10−8=2(℃)

3 오전 9시 교실의 기온은 18 ℃, 오전 10시 교실의 기온은 20 ℃이므로 오전 9시 30분 교실의 기온은 그 중간인 약 19 ℃였을 것 같습니다.

---

4 기온은 오전 6시 이후로 계속 올라가고 있으므로 오전 11시 교실의 기온은 오전 10시보다 더 높아질 것이라고 예상할 수 있습니다.

5 키를 소수 첫째까지 나타내고 키의 소수 첫째 자리 숫자가 2, 6, 8이므로 세로 눈금 한 칸은 0.2 cm로 하는 것이 좋을 것 같습니다.

8 꺾은선이 가장 많이 기울어진 때는 9월과 10월 사이입니다.

9 (8월의 감자 수확량)=400−160=240(kg)

11 기록이 매일 3개씩 늘어나고 있으므로 수요일의 기록은 74+3=77(개)입니다.

12 2020년: 45000명, 2024년: 36000명
➡ 45000−36000=9000(명)

13 2021년부터 매년 2000명씩 줄어들고 있으므로 2025년에는 2024년보다 2000명 더 적은 34000명이 될 것이라고 예상할 수 있습니다.

15 가장 많이 판매한 날: 토요일 70권
가장 적게 판매한 날: 화요일 42권
➡ 70−42=28(권)

16 (12일의 오렌지주스 판매량)=32+2=34(병)

17 두 주스의 판매량을 나타낸 두 점 사이의 눈금 칸 수의 차가 가장 큰 때는 10일입니다.
➡ (판매량의 차)=34−29=5(병)

18 딸기주스의 판매량의 변화가 가장 큰 때는 8일과 9일 사이입니다. 이때 오렌지주스의 판매량은 24병에서 27병으로 3병 늘었습니다.

서술형
19 예 세로 눈금 한 칸의 크기는 0.2 cm입니다. 콩나물의 키는 수요일 2 cm, 목요일 2.4 cm이므로 수요일 오후 9시 콩나물의 키는 2 cm와 2.4 cm의 중간인 약 2.2 cm였을 것 같습니다.

평가 기준	배점(5점)
수요일과 목요일의 콩나물의 키를 각각 구했나요?	3점
수요일 오후 9시 콩나물의 키를 예상했나요?	2점

서술형
20 예 세로 눈금 한 칸의 크기는 500÷5=100(kg)입니다. 따라서 2021년부터 2024년까지 사과 수확량은 2700+2900+3100+3400=12100(kg)입니다.

평가 기준	배점(5점)
세로 눈금 한 칸의 크기를 구했나요?	1점
2021년부터 2024년까지 사과 수확량의 합을 구했나요?	4점

다시 점검하는 **단원 평가** Level ❷

49~51쪽

1 8, 10, 13, 13, 11 **2** 금요일과 토요일 사이

3 7 ℃ **4** 10칸

5 예 17 mm

6 462, 468 /

월별 아이스크림 판매량

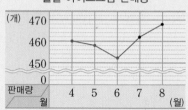

7 2300개 **8** 2023년과 2024년 사이

9 1400000원 **10** 6칸

11 1440대 **12** 5월, 50대

13 나 회사, 70대 **14** 6월

15 예 가 회사의 에어컨 판매량이 나 회사의 에어컨 판매량보다 점점 더 많아질 것 같습니다.

16 2021년, 3 kg **17** 7 kg

18

요일별 쓰레기양

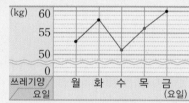

19 막대그래프 / 예 각 항목별 크기를 비교하기 쉬운 그래프는 막대그래프입니다.

20 꺾은선그래프 / 예 시간에 따른 자료 값의 변화를 알아보기 쉬운 그래프는 꺾은선그래프입니다.

3 최저 기온이 가장 높은 날: 금요일 또는 토요일 13 ℃
최저 기온이 가장 낮은 날: 월요일 6 ℃
➡ $13-6=7(℃)$

4 세로 눈금 한 칸의 크기가 1 ℃일 때 토요일과 일요일은 세로 눈금 2칸 차이가 납니다.
따라서 세로 눈금 한 칸의 크기를 0.2 ℃로 하면 세로 눈금은 $2 \times 5=10$(칸) 차이가 납니다.

5 오후 1시의 누적 강수량은 14 mm이고 오후 2시의 누적 강수량은 20 mm입니다.
따라서 오후 1시 30분의 누적 강수량은 14 mm와 20 mm의 중간인 약 17 mm였을 것 같습니다.

7 $460+458+452+462+468=2300$(개)

8 꺾은선이 기울어진 정도가 클수록 변화가 큽니다.

9 2024년의 감 수확량은 1400개이므로 감을 판매한 금액은 $1400 \times 1000=1400000$(원)입니다.

10 빵 판매량은 8월 370개, 9월 340개이고 빵 판매량의 차는 $370-340=30$(개)입니다.
따라서 세로 눈금 한 칸의 크기가 5개이면 $30 \div 5=6$(칸) 차이가 납니다.

11 가 회사: 710대, 나 회사: 730대
➡ $710+730=1440$(대)

12 두 회사의 판매량을 나타낸 두 점 사이의 눈금 칸 수의 차가 가장 큰 때는 5월입니다.
➡ (판매량의 차)$=780-730=50$(대)

13 가 회사: $710+720+730+830+860$
$=3850$(대)
나 회사: $730+760+780+820+830$
$=3920$(대)
따라서 나 회사가 $3920-3850=70$(대) 더 많습니다.

16 쌀 소비량이 가장 많이 줄어든 때는 2020년과 2021년 사이입니다. 2020년은 60 kg이고 2021년은 57 kg이므로 $60-57=3$(kg) 줄어들었습니다.

17 2020년: 60 kg, 2024년: 53 kg
➡ $60-53=7$(kg)

18 월요일의 쓰레기양은 53 kg입니다.
수요일: $53-2=51$(kg),
목요일: $51+5=56$(kg)

19 서술형

평가 기준	배점(5점)
알맞은 그래프를 썼나요?	2점
까닭을 썼나요?	3점

20 서술형

평가 기준	배점(5점)
알맞은 그래프를 썼나요?	2점
까닭을 썼나요?	3점

6 다각형

서술형 문제

52~55쪽

1 예 • 변이 6개입니다.
  • 모든 변의 길이가 같습니다.
  • 모든 각의 크기가 같습니다.

2 예 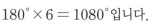 / 예 만든 다각형은 사각형입니다. 사각형은 변의 수가 4개입니다.

3 정구각형   **4** 13 cm

5 11개   **6** 49 cm

7 135°   **8** 35개

9 60°

1
단계	문제 해결 과정
①	정육각형의 특징을 한 가지 썼나요?
②	정육각형의 특징을 2가지 썼나요?
③	정육각형의 특징을 3가지 썼나요?

2
단계	문제 해결 과정
①	다각형을 만들었나요?
②	만든 다각형의 특징을 썼나요?

3 예 정다각형은 변의 길이가 모두 같으므로 변은 $108 \div 12 = 9$(개)입니다.
따라서 변이 9개인 정다각형은 정구각형입니다.

단계	문제 해결 과정
①	변의 수를 구했나요?
②	도형의 이름을 썼나요?

4 예 직사각형은 두 대각선의 길이가 같으므로
(선분 ㄴㄹ)=(선분 ㄱㄷ)=26 cm입니다.
직사각형은 한 대각선이 다른 대각선을 똑같이 둘로 나누므로 (선분 ㄴㅁ)=$26 \div 2 = 13$(cm)입니다.

단계	문제 해결 과정
①	선분 ㄴㄹ의 길이를 구했나요?
②	선분 ㄴㅁ의 길이를 구했나요?

5 예 사각형의 대각선은 2개이고 육각형의 대각선은 9개입니다.
따라서 두 도형의 대각선은 모두 $2+9=11$(개)입니다.

6 예 정오각형과 마름모의 한 변의 길이는 7 cm로 같습니다. 굵은 선의 길이는 7 cm인 변 7개의 길이의 합과 같으므로 (굵은 선의 길이)=$7 \times 7 = 49$(cm)입니다.

단계	문제 해결 과정
①	정오각형과 마름모의 한 변의 길이를 구했나요?
②	굵은 선의 길이를 구했나요?

7 예 정팔각형은 사각형 3개로 나눌 수 있으므로 모든 각의 크기의 합은 $360° \times 3 = 1080°$입니다.
정팔각형은 각의 크기가 모두 같으므로 한 각의 크기는 $1080° \div 8 = 135°$입니다.

다른 풀이

정팔각형은 삼각형 6개로 나눌 수 있으므로 모든 각의 크기의 합은 $180° \times 6 = 1080°$입니다.
정팔각형의 한 각의 크기는 $1080° \div 8° = 135°$입니다.

단계	문제 해결 과정
①	정팔각형의 모든 각의 크기의 합을 구했나요?
②	정팔각형의 한 각의 크기를 구했나요?

8 예 십각형의 한 꼭짓점에서 그을 수 있는 대각선은 7개입니다.
꼭짓점이 10개이므로 대각선을 $10 \times 7 = 70$(개) 그을 수 있습니다.
이때 70개는 대각선이 두 번씩 세어진 것이므로 십각형의 대각선은 $70 \div 2 = 35$(개)입니다.

단계	문제 해결 과정
①	십각형의 한 꼭짓점에서 그을 수 있는 대각선의 수를 구했나요?
②	십각형의 대각선 수를 구했나요?

9 예 정육각형은 삼각형 4개로 나눌 수 있으므로 모든 각의 크기의 합은 $180° \times 4 = 720°$이고, 한 각의 크기는 $720° \div 6 = 120°$입니다.
정육각형은 모든 변의 길이가 같으므로 삼각형 ㄱㄴㅂ은 이등변삼각형입니다.
(각 ㄱㄴㅂ)+(각 ㄱㅂㄴ)=$180° - 120° = 60°$,
(각 ㄱㅂㄴ)=$60° \div 2 = 30°$
같은 방법으로 (각 ㅁㅂㄹ)=$30°$입니다.
➡ ㉠=$120° - 30° - 30° = 60°$

단계	문제 해결 과정
①	정육각형의 한 각의 크기를 구했나요?
②	각 ㄱㄴㄷ, 각 ㅁㅂㄹ의 크기를 각각 구했나요?
③	㉠의 각도를 구했나요?

다시 점검하는 단원 평가 Level ❶

56~58쪽

1 나, 다, 라, 바, 아   **2** 2개

3 ㉠, ㉡   **4** ㉠, ㉢

5 54 cm   **6** ④

7 칠각형, 14개   **8** 26 cm

9 3개

10 예

11 예

12 15개   **13** 12 cm

14 36 cm   **15** 32 cm

16 36 cm   **17** 60°

18 정십각형

19 예 선분으로 둘러싸여 있지 않기 때문입니다.

20 12°

1 선분으로만 둘러싸인 도형을 모두 찾으면 나, 다, 라, 바, 아입니다.

2 변의 길이가 모두 같고, 각의 크기가 모두 같은 다각형은 다, 바이므로 정다각형은 모두 2개입니다.

3 두 대각선의 길이가 같은 사각형은 정사각형, 직사각형입니다.

4 두 대각선이 서로 수직인 사각형은 정사각형, 마름모입니다.

5 정다각형은 변의 길이가 모두 같습니다.
변이 6개인 정다각형이므로 모든 변의 길이의 합은
$9 \times 6 = 54$(cm)입니다.

6 ① 2개 ② 2개 ③ 5개 ④ 9개 ⑤ 0개
따라서 대각선이 가장 많은 도형은 ④입니다.

7 변이 7개이므로 칠각형입니다. 이웃하지 않는 두 꼭짓점을 선분으로 모두 이어 보면 대각선은 14개입니다.

다른 풀이

한 꼭짓점에서 그을 수 있는 대각선이 4개이고 꼭짓점은 7개이므로 대각선은 $4 \times 7 = 28$(개) 그을 수 있습니다. 이때 28개는 대각선이 두 번씩 세어진 것이므로 칠각형의 대각선은 $28 \div 2 = 14$(개)입니다.

8 변이 5개인 정다각형입니다.
(한 변의 길이)$= 130 \div 5 = 26$(cm)

9 ➡ 3개

12  ➡ $4 + 11 = 15$(개)

13 마름모는 한 대각선이 다른 대각선을 똑같이 둘로 나누므로 (선분 ㅁㄷ)=(선분 ㄱㅁ)=3 cm이고,
(선분 ㄱㄷ)=$3+3=6$(cm)입니다.
두 대각선의 길이의 합이 14 cm이므로
(선분 ㄴㄹ)$=14-6=8$(cm),
(선분 ㄴㅁ)$=8 \div 2=4$(cm)입니다.
➡ (삼각형 ㄱㄴㅁ의 세 변의 길이의 합)
$= 5+4+3=12$(cm)

14 가는 정오각형이고 나는 정사각형입니다.
(가의 한 변의 길이)$= 80 \div 5 = 16$(cm)
(나의 한 변의 길이)$= 80 \div 4 = 20$(cm)
➡ $16 + 20 = 36$(cm)

15 직사각형은 두 대각선의 길이가 같으므로
(선분 ㄴㄹ)=(선분 ㄱㄷ)=20 cm이고
한 대각선이 다른 대각선을 똑같이 둘로 나누므로
(선분 ㅁㄹ)=(선분 ㅁㄷ)=$20 \div 2=10$(cm)입니다.
➡ (삼각형 ㄹㅁㄷ의 세 변의 길이의 합)
$= 10+10+12=32$(cm)

16 정다각형이므로 모든 변의 길이가 3 cm로 같습니다.
굵은 선의 길이는 3 cm인 변 12개의 길이의 합과 같으므로 (굵은 선의 길이)$= 3 \times 12 = 36$(cm)입니다.

17

정육각형은 사각형 2개로 나눌 수 있으므로 모든 각의 크기의 합은 $360° \times 2 = 720°$입니다.

정육각형은 각의 크기가 모두 같으므로 한 각의 크기는 $720° \div 6 = 120°$입니다.

따라서 한 직선이 이루는 각도는 $180°$이므로
$\bigcirc = 180° - 120° = 60°$입니다.

18 변의 길이가 모두 같고 각의 크기가 모두 같으므로 정다각형입니다. 다각형의 대각선의 수를 알아보면

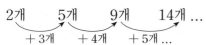

정사각형 정오각형 정육각형 정칠각형 ...
　2개　　5개　　9개　　14개 ...
　　　+3개　　+4개　　+5개 ...

$35 = 14 + 6 + 7 + 8$이므로 정십각형입니다.

_{서술형}
19

평가 기준	배점(5점)
다각형이 아닌 까닭을 썼나요?	5점

_{서술형}
20 ⑩ 정육각형의 모든 각의 크기의 합은
$180° \times 4 = 720°$이므로 한 각의 크기는
$720° \div 6 = 120°$이고, 정오각형의 모든 각의 크기의 합은 $180° \times 3 = 540°$이므로 한 각의 크기는
$540° \div 5 = 108°$입니다.
➡ $\bigcirc = 360° - 120° - 120° - 108° = 12°$

평가 기준	배점(5점)
정육각형의 한 각의 크기를 구했나요?	2점
정오각형의 한 각의 크기를 구했나요?	2점
⑦의 각도를 구했나요?	1점

다시 점검하는 단원 평가 Level ❷　59~61쪽

1

정육각형	정팔각형
30 cm	32 cm

2 나, 라 / 가, 나 / 나

3 18개　　　　**4** 5개

---

5 ⑩

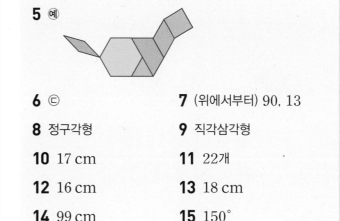

6 ⓒ　　　　**7** (위에서부터) 90, 13

8 정구각형　　　**9** 직각삼각형

10 17 cm　　　**11** 22개

12 16 cm　　　**13** 18 cm

14 99 cm　　　**15** 150°

16 72°　　　　**17** 4개

18 120°　　　**19** 9개

20 140°

1 • 변이 6개인 정다각형이므로 정육각형입니다.
(모든 변의 길이의 합)$= 5 \times 6 = 30$(cm)
• 변이 8개인 정다각형이므로 정팔각형입니다.
(모든 변의 길이의 합)$= 4 \times 8 = 32$(cm)

2 • 두 대각선의 길이가 같은 사각형: 정사각형, 직사각형
• 두 대각선이 서로 수직으로 만나는 사각형: 마름모, 정사각형
• 두 대각선의 길이가 같고 서로 수직으로 만나는 사각형: 정사각형

3 구각형의 변의 수는 9개, 꼭짓점의 수는 9개이므로
$\bigcirc + \bigcirc = 9 + 9 = 18$(개)입니다.

4

이웃하지 않는 두 꼭짓점을 선분으로 모두 이어 보면 5개입니다.

6 다각형으로 바닥을 겹치지 않게 빈틈없이 채우려면 꼭짓점을 중심으로 $360°$가 되어야 합니다.
⑦ $60° \times 6 = 360°$　ⓒ $90° \times 4 = 360°$
ⓒ $108° \times 3 = 324°$, $108° \times 4 = 432°$
ⓔ $120° \times 3 = 360°$

7 정사각형은 두 대각선의 길이가 같고, 한 대각선이 다른 대각선을 똑같이 둘로 나눕니다. 또 두 대각선이 서로 수직으로 만납니다.

8 정다각형은 모든 변의 길이가 같습니다.

따라서 변이 $45 \div 5 = 9$(개)이므로 정구각형입니다.

9

잘라낸 삼각형은 모두 한 각이 직각인 직각삼각형입니다.

10 (한 변의 길이) $= 136 \div 8 = 17$(cm)

11 대각선의 수는 사각형: 2개, 팔각형: 20개, 삼각형: 0개
입니다. ➡ $2 + 20 = 22$(개)

> **참고** 팔각형의 한 꼭짓점에서 그을 수 있는 대각선은 5개이
> 고 꼭짓점은 8개이므로 대각선은 $5 \times 8 = 40$(개)입니다. 이
> 때 40개는 대각선이 2번씩 세어진 것이므로 팔각형의 대각선
> 은 $40 \div 2 = 20$(개)입니다.

12 3개의 모양 조각으로 정육각형을 만들면 오른
쪽과 같습니다.

정육각형의 한 변의 길이가 8 cm이고 정육
각형에서 가장 긴 대각선은 정육각형의 한 변의 길이의
2배이므로

(가장 긴 대각선의 길이) $= 8 \times 2 = 16$(cm)입니다.

13 (가의 모든 변의 길이의 합) $= 24 \times 6 = 144$(cm)

(나의 한 변의 길이) $= 144 \div 8 = 18$(cm)

14 (정육각형의 한 변의 길이) $= 54 \div 6 = 9$(cm)

굵은 선의 길이는 9 cm인 변 11개의 길이의 합과 같
습니다.

➡ (굵은 선의 길이) $= 9 \times 11 = 99$(cm)

15 정육각형의 모든 각의 크기의 합은 $180° \times 4 = 720°$
이므로 한 각의 크기는 $720° \div 6 = 120°$입니다.

정사각형은 네 각이 모두 직각입니다.

➡ ㉠ $= 360° - 120° - 90° = 150°$

16 정오각형의 모든 각의 크기의 합은 $180° \times 3 = 540°$
이므로 한 각의 크기는 $540° \div 5 = 108°$입니다.

정오각형은 모든 변의 길이가 같으므로 삼각형 ㄱㄴㅁ
은 이등변삼각형이고

(각 ㄱㄴㅁ) $+$ (각 ㄱㅁㄴ) $= 180° - 108° = 72°$,

(각 ㄱㅁㄴ) $= 72° \div 2 = 36°$입니다.

➡ (각 ㄹㅁㄴ) $= 108° - 36° = 72°$

17 정다각형은 모든 변의 길이가 같습니다.

18을 나누어떨어지게 하는 수를 구하면

$18 \div 3 = 6$, $18 \div 6 = 3$, $18 \div 9 = 2$, $18 \div 18 = 1$
이므로 정삼각형, 정육각형, 정구각형, 정십팔각형을
만들 수 있습니다. ➡ 4개

> **주의** 정다각형에서 최소 변의 수는 3개입니다.

18 정육각형의 모든 각의 크기의 합은 $180° \times 4 = 720°$
이므로 한 각의 크기는 $720° \div 6 = 120°$입니다.

삼각형 ㄱㄴㅂ과 삼각형 ㅂㄱㅁ은 이등변삼각형입니다.

(각 ㄱㄴㅂ) $+$ (각 ㄱㅂㄴ) $= 180° - 120° = 60°$,

(각 ㄱㅂㄴ) $= 60° \div 2 = 30°$이고

(각 ㅂㄱㅁ) $+$ (각 ㅂㅁㄱ) $= 180° - 120° = 60°$,

(각 ㅂㄱㅁ) $= 60° \div 2 = 30°$입니다.

삼각형 ㄱㅅㅂ에서

(각 ㄱㅅㅂ) $= 180° - 30° - 30° = 120°$입니다.

서술형

19 예 정다각형의 변은 $42 \div 7 = 6$(개)이므로 정육각형입
니다. 정육각형의 한 꼭짓점에서 그을 수 있는 대각선
은 3개이고 꼭짓점은 6개이므로 대각선을
$3 \times 6 = 18$(개) 그을 수 있습니다. 이때 18개는 대각
선이 두 번씩 세어진 것이므로 정육각형의 대각선은
$18 \div 2 = 9$(개)입니다.

평가 기준	배점(5점)
정다각형의 이름을 알았나요?	3점
정다각형의 대각선은 몇 개인지 구했나요?	2점

서술형

20 예 정구각형은 삼각형 7개로 나누어지므로 모든 각의
크기의 합은 $180° \times 7 = 1260°$입니다.

정구각형은 모든 각의 크기가 같으므로 한 각의 크기는
$1260° \div 9 = 140°$입니다.

평가 기준	배점(5점)
정구각형의 모든 각의 크기의 합을 구했나요?	3점
정구각형의 한 각의 크기를 구했나요?	2점

다음에는 뭐 풀지?

최상위로 가는
'맞춤 학습 플랜'

STEP
4
Book

다음에 공부할 책을 고르기 어려우시다면, 현재 성취도를 먼저 체크해 보세요.
최상위로 가는 맞춤 학습 플랜만 있다면 내 실력에 꼭 맞는 교재를 선택할 수 있어요!
단계에 따라 내 실력을 진단해 보고, 다음 학습도 야무지게 준비해 봐요!

첫 번째, 단원평가의 맞힌 문제 수 또는 점수를 모두 더해 보세요.

단원		맞힌 문제 수 OR 점수 (문항당 5점)
1단원	1회	
	2회	
2단원	1회	
	2회	
3단원	1회	
	2회	
4단원	1회	
	2회	
5단원	1회	
	2회	
6단원	1회	
	2회	
합계		

※ 단원평가는 각 단원의 마지막 코너에 있는 20문항 문제지입니다.